Hochschultext

H. Späth

Steuerverfahren für Drehstrommaschinen

Theoretische Grundlagen

Mit 66 Abbildungen

Springer-Verlag
Berlin Heidelberg New York Tokyo 1983

Prof. Dr.-Ing. H. SPÄTH
Elektrotechnisches Institut
Universität Karlsruhe
Kaiserstraße 12
7500 Karlsruhe 1

CIP-Kurztitelaufnahme der Deutschen Bibliothek
Späth, Helmut:
Steuerverfahren für Drehstrommaschinen :
theoret. Grundlagen / H. Späth. –
Berlin ; Heidelberg ; New York : Springer, 1983.

ISBN 3-540-12353-9 Springer-Verlag Berlin Heidelberg New York
ISBN 0-387-12353-9 Springer-Verlag New York Heidelberg Berlin

Druck- und Bindearbeiten: Weihert-Druck GmbH, Darmstadt
2060/3020-543210

Vorwort

Das vorliegende Buch ist aus meiner Vorlesung „Steuerverfahren für Drehstrommaschinen" hervorgegangen, die ich für Studenten des 8. Semesters halte. Sein Hauptgegenstand ist die feldorientierte Steuerung der wichtigsten Typen von Drehstrommaschinen. Der praktische Einsatz dieser Steuerverfahren wird durch die gegenwärtige Entwicklung auf den Gebieten der Informations- und der Leistungselektronik gefördert. Es ist zu erwarten, daß sich in Zukunft bestimmte technische Standardlösungen herausbilden, die sich auch wirtschaftlich durchsetzen können. Hier werden die theoretischen Grundlagen vermittelt, die zum Verständnis dieser modernen Verfahren der Drehstromantriebstechnik notwendig sind. Ausgangspunkt sind die das dynamische Verhalten der Maschinen beschreibenden Systemgleichungen, die unter Verwendung des Raumzeigerbegriffs aufgestellt werden. Mit Hilfe der Raumzeiger kommt man zu den einfachsten mathematischen Modellen der Maschinen. Grundkenntnisse auf dem Gebiet des dynamischen Verhaltens der Maschinen erleichtern den Einstieg. Der Anhang enthält eine Kurzfassung der Herleitung der Systemgleichungen für die beiden wichtigsten Maschinentypen.

Die erste umfassende Darstellung der Methoden der Feldorientierung findet sich in der 1973 erschienenen Dissertation von F. Blaschke [1.1] , der bereits 1971 in Patentschriften auf diese Steuerverfahren aufmerksam macht. Etwa zur selben Zeit werden nur wenig modifizierte Methoden von K. Hasse in der Zeitschrift „Regelungstechnik" [1.2] und von L. Abraham in einer Patentschrift [1.3] vorgestellt. Seither ist eine Vielzahl von Arbeiten zu diesem Thema erschienen. In der Art der Darstellung der behandelten Systeme durch Strukturdiagramme lehnt sich dieses Buch an die Arbeiten von Blaschke an.

Die Aufgabe einer feldorientierten Steuerung einer Drehstrommaschine besteht darin, aus voneinander unabhängigen Steuergrößen für das innere Drehmoment und für eine den magnetischen Zustand beschreibende Größe (z.B. den Rotorfluß) die der Maschine vorzugebenden Ströme oder Spannungen derart zu ermitteln, daß die realen Größen den Steuergrößen möglichst schnell folgen. Das Spezifikum der Feldorientierung ist dabei, daß die Berechnung der der Maschine vorzugebenden

Ströme oder Spannungen aus den vorgegebenen Steuergrößen zunächst in einem feldorientierten Bezugssystem (z.B. rotorflußorientiert) erfolgt. In einem solchen Bezugssystem ergibt sich für das innere Drehmoment eine besonders einfache Berechnungsvorschrift. Durch Anwendung dieser Steuerverfahren erhält die Drehstrommaschine Eigenschaften, die denen einer fremderregten Gleichstrommaschine ähnlich sind. Bei einem üblichen Antrieb werden dem Steuerungssystem Regelungen überlagert (z.B. Drehzahlregelung, Flußregelung), die als Stellgrößen die Steuergrößen für das innere Drehmoment und den magnetischen Fluß liefern.

Zur Beschreibung des dynamischen Maschinenverhaltens werden die bekannten vereinfachten Modelle benutzt. In jedem Fall wird eine „Grundwellenmaschine" vorausgesetzt, was bedeutet, daß die räumlichen höheren Harmonischen des Luftspaltfelds unberücksichtigt bleiben. Ebenso werden Sättigungserscheinungen und Eisenverluste vernachlässigt und Stromverdrängungseffekte außer acht gelassen. Trotz der dadurch bedingten Abweichungen vom realen Maschinenverhalten eignen sich diese Modelle - wie die Erfahrung beweist - zur Herleitung und Entwicklung der zu behandelnden Steuerverfahren. Im Einzelfall kann es durch nicht ausreichende Genauigkeit der Modelle notwendig werden, an Stelle der reinen Steuerung eine Regelung einzusetzen.

Das Buch wendet sich an Studierende der höheren Semester und an Ingenieure, die sich mit der Entwicklung oder Projektierung elektrischer Antriebe beschäftigen. Es setzt Grundkenntnisse auf den Gebieten Elektrische Maschinen und Leistungselektronik voraus. Auf die schaltungstechnische Realisierung der Signalverarbeitung wird nicht eingegangen.

Für die Ausführung der Schreibarbeiten danke ich Frau A. Krisch und für die Anfertigung der Bilder Frau B. Bohn.

Karlsruhe, Januar 1983 H. Späth

Inhalt

1. Drehstromasynchronmaschine mit Kurzschlußläufer (DAM)

Die feldorientierte Steuerung der Asynchronmaschine geht von der mathematischen Beschreibung des dynamischen Maschinenverhaltens mit Raumzeigergrößen aus. Feldorientierung bedeutet, daß man die frei wählbare Bezugsachse dieses mathematischen Maschinenmodells bezüglich ihrer Winkellage fest mit dem Rotorflußraumzeiger, dem Statorflußraumzeiger oder dem Luftspaltflußraumzeiger verbindet. Die mathematisch einfachste Maschinenstruktur und damit auch die einfachste Struktur einer Steuerung ergeben sich dann, wenn der Rotorflußraumzeiger als Orientierungsgröße gewählt wird. Die Struktur der Maschine gleicht dann bei Vorgabe des Ständerstromraumzeigers der einer fremderregten kompensierten Gleichstrommaschine. Die feldorientierte Steuerung der Asynchronmaschine [1.1] wird dadurch erreicht, daß man die im feldorientierten Koordinatensystem dargestellten Komponenten des Statorstromraumzeigers der Maschine als Steuergrößen vorgibt. Mittels einer einfachen Entkopplung werden der Betrag des Flußraumzeigers und das innere Drehmoment unabhängig voneinander steuerbar. Die Steuergröße Drehmoment wird z.B. im Falle eines drehzahlgeregelten Antriebssystems vom überlagerten Drehzahlregler geliefert, während die Steuergröße Fluß mit Rücksicht auf die zulässige magnetische Beanspruchung der Maschine und die zur Verfügung stehende Spannung oder die auftretenden Verluste gewählt wird.

1.1 Allgemeines Modell der DAM in Raumzeigerdarstellung

Für eine symmetrische Maschine mit räumlich sinusförmigem Verlauf des Luftspaltfelds (Grundwellenmaschine) gilt folgendes komplexes *Spannungsgleichungssystem*, wenn in der Statorwicklung kein Nullstrom auftritt, d. h. die Statorstränge entweder im Dreieck oder im Stern mit freiem Sternpunkt geschaltet sind [1.4] :

$$\begin{bmatrix}\underline{u}_{S1}\\ 0\end{bmatrix} = \begin{bmatrix}R_S & \\ & R'_R\end{bmatrix}\begin{bmatrix}\underline{i}_{S1}\\ \underline{i}'_{R1}\end{bmatrix} - j\begin{bmatrix}\dot{\gamma}_S & \\ & \dot{\gamma}_R\end{bmatrix}\begin{bmatrix}\underline{\psi}_{S1}\\ \underline{\psi}'_{R1}\end{bmatrix} + \begin{bmatrix}\dot{\underline{\psi}}_{S1}\\ \dot{\underline{\psi}}'_{R1}\end{bmatrix} . \qquad (1.1)$$

Im Anhang ist die Herleitung der transformierten Systemgleichungen beschrieben. Die Raumzeiger der Flüsse sind mit denen der Ströme über stromunabhängig angenommene Induktivitäten verknüpft:

$$\begin{bmatrix} \underline{\Psi}_{S1} \\ \underline{\Psi}'_{R1} \end{bmatrix} = \begin{bmatrix} L_{Sh} + L_{S\sigma} & L_{Sh} \\ L_{Sh} & L_{Sh} + L'_{R\sigma} \end{bmatrix} \begin{bmatrix} \underline{i}_{S1} \\ \underline{i}'_{R1} \end{bmatrix} \qquad (1.2)$$

Die in der mathematischen Beschreibung des Maschinenverhaltens benutzten komplexen R a u m z e i g e r der Spannungen, Ströme und Flüsse werden nach folgenden Definitionsbeziehungen aus den Momentanwerten der Stranggrößen gebildet:

$$\left.\begin{aligned}
&\text{Statorspannung} && \underline{u}_{S1} = \frac{1}{\sqrt{3}}(u_{S1} + \underline{a}\, u_{S2} + \underline{a}^2\, u_{S3})\, e^{j\gamma_S} \\
&\text{Statorstrom} && \underline{i}_{S1} = \frac{1}{\sqrt{3}}(i_{S1} + \underline{a}\, i_{S2} + \underline{a}^2\, i_{S3})\, e^{j\gamma_S} \\
&\text{Rotorstrom} && \underline{i}'_{R1} = \frac{1}{\sqrt{3}}(i_{R1} + \underline{a}\, i_{R2} + \underline{a}^2\, i_{R3})\, \frac{1}{\ddot{u}}\, e^{j\gamma_R} \\
&\text{Statorfluß} && \underline{\Psi}_{S1} = \frac{1}{\sqrt{3}}(\Psi_{S1} + \underline{a}\, \Psi_{S2} + \underline{a}^2\, \Psi_{S3})\, e^{j\gamma_S} \\
&\text{Rotorfluß} && \underline{\Psi}'_{R1} = \frac{1}{\sqrt{3}}(\Psi_{R1} + \underline{a}\, \Psi_{R2} + \underline{a}^2\, \Psi_{R3})\, \ddot{u}\, e^{j\gamma_R}
\end{aligned}\right\} \qquad (1.3)$$

mit $\underline{a} = e^{j2\pi/3}$ und dem Übersetzungsverhältnis

$$\ddot{u} = w_S\, \xi_{S1}/(w_R\, \xi_{R1}\, \chi_1)\,.$$

Jedes beliebige keine Nullkomponente besitzende Dreiphasensystem wird durch einen komplexen Raumzeiger beschrieben. Die Bedeutung der in diesen Definitionen enthaltenen und von der Wahl der Bezugsachse abhängigen Winkel γ_S und γ_R geht aus Bild 1.1 hervor. Anstelle einer stromverdrängungsfreien Käfigwicklung wurde dem Modell eine gleichwertige kurzgeschlossene symmetrische dreisträngige Rotorwicklung zugrunde gelegt. L_{Sh} ist die statorbezogene Hauptinduktivität der Maschine. Rotorwiderstand und Rotorstreuinduktivität sind auf den Stator umgerechnet:

$$R'_R = \ddot{u}^2 R_R \quad , \quad L'_{R\sigma} = \ddot{u}^2 L_{R\sigma} \quad .$$

$w_S\,\xi_{S1}$ und $w_R\,\xi_{R1}$ sind die wirksamen Windungszahlen von Stator und Rotor, χ_1 ist der Schrägungsfaktor.

Das innere Drehmoment berechnet sich, wie im Anhang hergeleitet, aus den Stromraumzeigern von Stator und Rotor zu

$$M_{i1} = 2\,p\,L_{Sh}\,\mathrm{Im}\left\{\underline{i}_{S1}\,\underline{i}'^{*}_{R1}\right\} \tag{1.4}$$

mit p als Polpaarzahl [1.4]. Das mathematische Modell des aus Asynchronmaschine und Arbeitsmaschine bestehenden Antriebssystems wird durch das Spannungsgleichungssystem (1.1) und folgende für einen starren mechanischen Verband geltende Momentenbilanz eindeutig beschrieben:

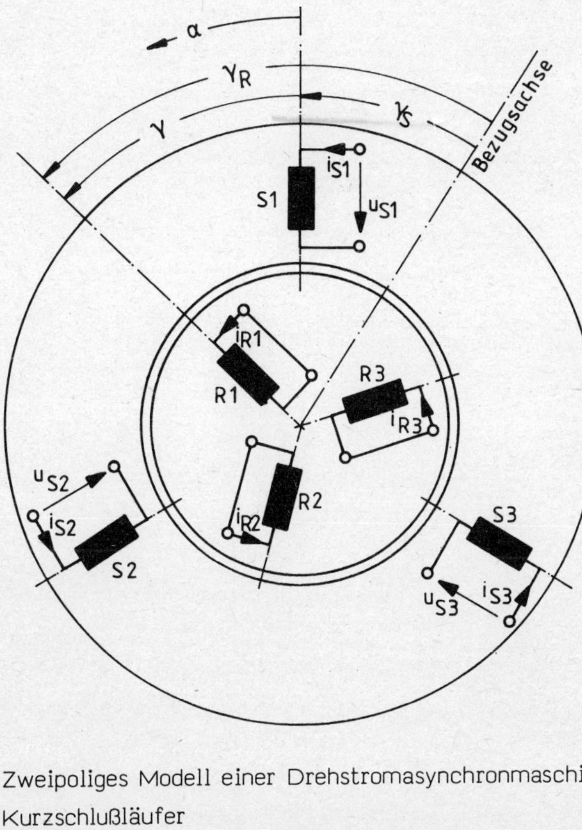

Bild 1.1: Zweipoliges Modell einer Drehstromasynchronmaschine mit Kurzschlußläufer

$$M_{i1} = \frac{1}{p} J \ddot{\gamma} + M_L \; . \qquad (1.5)$$

$\gamma = \gamma_R - \gamma_S$ ist der Rotorpositionswinkel, J das axiale Trägheitsmoment des gesamten Antriebs und M_L das von der Arbeitsmaschine verursachte Lastmoment einschließlich eines eventuell zu berücksichtigenden mechanischen Verlustmoments des Antriebs.

Der Magnetisierungsstromraumzeiger der Asynchronmaschine

$$\underline{i}_\mu = \underline{i}_{S1} + \underline{i}'_{R1} \qquad (1.6)$$

bestimmt im Falle statorfester Bezugsachse ($\gamma_S = 0$) die momentane räumliche Lage und die momentane Amplitude des räumlich sinusförmigen Luftspaltfelds. Die mittlere Radialkomponente der Luftspaltinduktion [1.4] ist in Abhängigkeit vom Umfangswinkel α (gemäß Bild 1.1 gemessen bezüglich der Achse des Statorstrangs S1) und der Zeit t

$$B(\alpha,t) = \sqrt{3}\, \mu_0 \frac{w_S\, \xi_{S1}}{p\, \pi\, \delta''} 2\, \mathrm{Re}\left\{ \underline{i}_\mu\, e^{-j(\alpha + \gamma_S)} \right\} \qquad (1.7)$$

mit δ'' als dem Nutung und magnetische Spannung im Eisen pauschal berücksichtigenden Ersatzluftspalt. Dieser Zusammenhang ist im Anhang hergeleitet. Wählt man für den Magnetisierungsstromraumzeiger den Ansatz

$$\underline{i}_\mu = \frac{1}{\sqrt{2}}\, i_\mu\, e^{j(\varphi_S + \gamma_S)} \qquad (1.8)$$

(Bild 1.2), dann folgt damit aus (1.7) für die Luftspaltinduktion

$$B(\alpha,t) = \sqrt{6}\, \mu_0 \frac{w_S\, \xi_{S1}}{p\, \pi\, \delta''} \cdot i_\mu \cos(\varphi_S - \alpha) \; . \qquad (1.9)$$

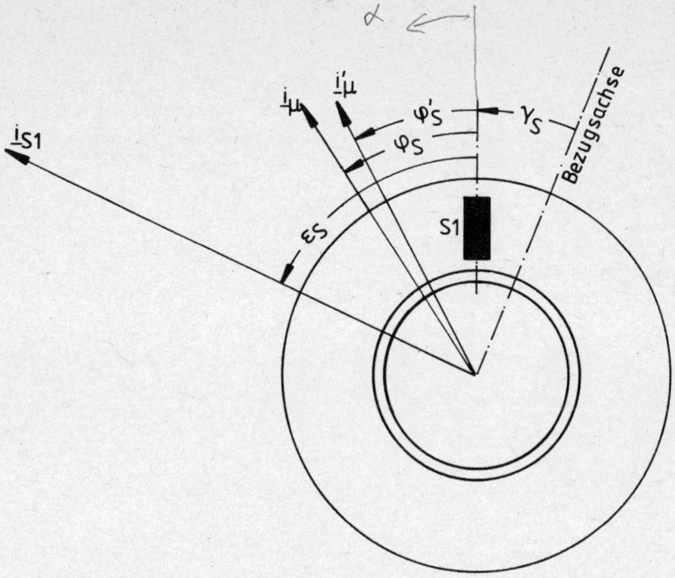

Bild 1.2: Definition der Raumzeiger bei beliebiger Lage der Bezugsachse (Annahme $\sigma_R = 0{,}1$)

Wenn die Maschinenkonstanten bekannt sind, kann man i_μ und φ_S z.B. durch Messung der Induktion im Luftspalt an den Stellen $\alpha = 0$ und $\alpha = \pi/2$ bestimmen:

$$B(\alpha = 0,t) = \sqrt{6}\,\mu_0 \frac{w_S\,\xi_{S1}}{p\,\pi\,\delta''} \cdot i_\mu \cos\varphi_S \,,$$

$$B(\alpha = \frac{\pi}{2}, t) = \sqrt{6}\,\mu_0 \frac{w_S\,\xi_{S1}}{p\,\pi\,\delta''} \cdot i_\mu \sin\varphi_S \,.$$

Über die praktische Durchführung solcher Messungen wird in [1.5] berichtet.

Die Wahl der Bezugsachse für das hier erläuterte allgemeine Maschinenmodell erfolgt durch beliebige Vorgabe eines der Winkel γ_S, γ_R. Der andere resultiert dann aus der Beziehung $\gamma_R - \gamma_S = \gamma$ (Bild 1.1).

1.2 Rotorflußorientiertes Modell der DAM

Eine besonders einfache mathematische Struktur der Asynchronmaschine erhält man, wenn man die Bezugsachse mit dem Rotorflußraumzeiger zusammenfallen läßt. Zunächst wird ein dem Rotorflußraumzeiger proportionaler Magnetisierungsstromraumzeiger definiert. Aus (1.2) folgt der R o t o r f l u ß r a u m z e i g e r

$$\underline{\Psi}'_{R1} = (L_{Sh} + L'_{R\sigma})\,\underline{i}'_{R1} + L_{Sh}\,\underline{i}_{S1}$$

und daraus mit (1.6)

$$\underline{\Psi}'_{R1} = (L_{Sh} + L'_{R\sigma})\,\underline{i}_{\mu} - L'_{R\sigma}\,\underline{i}_{S1} \quad ,$$

$$\underline{\Psi}'_{R1} = L_{Sh}\left[(1 + \sigma_R)\,\underline{i}_{\mu} - \sigma_R\,\underline{i}_{S1}\right] , \tag{1.10}$$

mit $\sigma_R = L'_{R\sigma} / L_{Sh}$.

Vergleicht man die Definitionsbeziehung

$$\underline{\Psi}'_{R1} = L_{Sh}\,\underline{i}'_{\mu} \tag{1.11}$$

mit (1.10), dann wird der dem Rotorflußraumzeiger proportionale Magnetisierungsstromraumzeiger

$$\underline{i}'_{\mu} = (1 + \sigma_R)\,\underline{i}_{\mu} - \sigma_R\,\underline{i}_{S1} \quad . \tag{1.12}$$

Bei Vernachlässigung der Rotorstreuinduktivität ($\sigma_R = 0$) ist $\underline{i}'_{\mu} = \underline{i}_{\mu}$, d. h. Rotorfluß und Luftspaltfluß sind dann identisch. Aus dem (1.8) entsprechenden Ansatz (Bild 1.2)

$$\underline{i}'_{\mu} = \frac{1}{\sqrt{2}}\, i'_{\mu}\, e^{j(\varphi'_S + \gamma_S)} \tag{1.13}$$

folgt für die geforderte F e s t l e g u n g d e r B e z u g s a c h s e in Richtung von $\underline{\Psi}'_{R1}$ bzw. $\underline{i}'_{\mu}$

$$\gamma_S = -\varphi'_S \;, \quad \gamma_R = -\varphi'_S + \gamma \;. \tag{1.14}$$

Aus (1.13) resultiert dann mit (1.14)

$$\underline{i}'_{\mu} = \frac{1}{\sqrt{2}}\, i'_{\mu} \quad , \tag{1.15}$$

d.h. der Magnetisierungsstromraumzeiger $\underline{i}'_{\mu}$ und die Bezugsachse (die reelle Achse) haben die gleiche Winkellage (Bild 1.3). Der folgenden Betrachtung wird die Wahl der Bezugsachse nach (1.14) zugrunde gelegt.

Die R o t o r s p a n n u n g s g l e i c h u n g von (1.1) erhält unter Beachtung von (1.11), (1.14) und (1.15) die Form:

$$0 = R'_R\, \underline{i}'_{R1} + j\,(\dot{\varphi}'_S - \dot{\gamma})\, \frac{1}{\sqrt{2}}\, L_{Sh}\, i'_{\mu} + \frac{1}{\sqrt{2}}\, L_{Sh}\, \dot{i}'_{\mu} \quad .$$

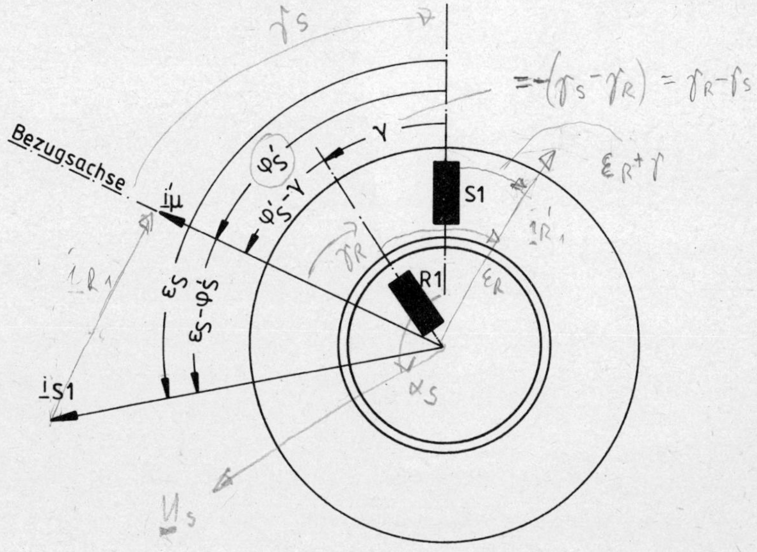

Bild 1.3: Stromraumzeiger bei rotorflußfester Bezugsachse ($\gamma_S = -\varphi'_S$)

Der Rotorstromraumzeiger wird mit Hilfe von (1.6), (1.12) und (1.15) ersetzt durch:

$$\underline{i}'_{R1} = \underline{i}_{\mu} - \underline{i}_{S1} \quad ,$$

$$\underline{i}'_{R1} = \frac{1}{1+\sigma_R} \cdot \frac{1}{\sqrt{2}}\, i'_{\mu} + \frac{\sigma_R}{1+\sigma_R}\, \underline{i}_{S1} - \underline{i}_{S1} \quad ,$$

$$\underline{i}'_{R1} = \frac{1}{1+\sigma_R} \left(\frac{1}{\sqrt{2}}\, i'_{\mu} - \underline{i}_{S1} \right) \quad . \tag{1.16}$$

Damit folgt

$$0 = \frac{R'_R}{1+\sigma_R} (i'_{\mu} - \sqrt{2}\, \underline{i}_{S1}) + j\, (\dot{\varphi}'_S - \dot{\gamma})\, L_{Sh}\, i'_{\mu} + L_{Sh}\, \dot{i}'_{\mu}$$

und mit der Rotor-Zeitkonstanten

$$\tau_R = \frac{(1+\sigma_R)\, L_{Sh}}{R'_R} \tag{1.17}$$

die endgültige komplexe Rotorspannungsgleichung

$$i'_{\mu} + \tau_R\, \dot{i}'_{\mu} = \sqrt{2}\, \underline{i}_{S1} - j\, (\dot{\varphi}'_S - \dot{\gamma})\, \tau_R\, i'_{\mu} \quad . \tag{1.18}$$

Drückt man den komplexen Statorstromraumzeiger gemäß der für alle Raumzeiger analog verwendeten Aufspaltung in Real- und Imaginärteil

$$\underline{i}_{S1} = \frac{1}{\sqrt{2}} (i_{Sp} + j\, i_{Sq}) \tag{1.19}$$

durch seine reellen Komponenten aus, dann resultieren aus (1.18) die beiden reellen Gleichungen:

$$i'_{\mu} + \tau_R\, \dot{i}'_{\mu} = i_{Sp} \tag{1.20}$$

$$0 = i_{Sq} - (\dot{\varphi}'_S - \dot{\gamma})\, \tau_R\, i'_{\mu} \quad . \tag{1.21}$$

Diese beiden wichtigen Gleichungen besagen, daß i'_μ mit i_{Sp}, der in der Bezugsachse liegenden Komponente von $\sqrt{2}\,\underline{i}_{S1}$, über ein VZ1-Glied verknüpft ist und daß i_{Sq}, die senkrecht zur Bezugsachse liegende Komponente von $\sqrt{2}\,\underline{i}_{S1}$, bei konstantem i'_μ der Winkelgeschwindigkeit $(\dot{\varphi}'_S - \dot{\gamma})$ proportional ist. Diese Winkelgeschwindigkeit beschreibt die Drehung des Magnetisierungsstromraumzeigers $\underline{i}'_\mu$ - also der Bezugsachse - relativ zum Rotor (Bild 1.3).

Für das **innere Drehmoment** erhält man nach (1.4) mit (1.16) und (1.19)

$$M_{i1} = 2\,p\,L_{Sh}\,\mathrm{Im}\left\{ \frac{1}{\sqrt{2}}(i_{Sp} + j\,i_{Sq})\,\frac{1}{1+\sigma_R}\left[\frac{1}{\sqrt{2}}\,i'_\mu - \frac{1}{\sqrt{2}}(i_{Sp} - j\,i_{Sq})\right]\right\} ,$$

$$M_{i1} = K_1\,i'_\mu\,i_{Sq} \tag{1.22}$$

mit der Konstanten

$$K_1 = \frac{p\,L_{Sh}}{1+\sigma_R} \;. \tag{1.23}$$

(1.22) ist die dritte wichtige Gleichung und besagt, daß bei konstantem i'_μ das innere Drehmoment der senkrecht zur Bezugsachse liegenden Komponente von $\underline{i}_{S1}$, nämlich i_{Sq}, oder gemäß (1.21) der Winkelgeschwindigkeit $(\dot{\varphi}'_S - \dot{\gamma})$ proportional ist.

Macht man analog zu (1.8) und (1.13) einen allgemeinen Ansatz für den **Statorstromraumzeiger** (Bild 1.2 u. 1.3)

$$\underline{i}_{S1} = \frac{1}{\sqrt{2}}\,i_S\,e^{j(\varepsilon_S + \gamma_S)} , \tag{1.24}$$

dann lauten die Komponenten nach (1.19) mit γ_S nach (1.14):

$$i_{Sp} = i_S \cos(\varepsilon_S - \varphi'_S) ,$$

$$i_{Sq} = i_S \sin(\varepsilon_S - \varphi'_S) \;. \tag{1.25}$$

Die beiden Gleichungen (1.20) und (1.22) lassen auf eine Analogie zur fremderregten kompensierten Gleichstrommaschine schließen, wobei i_{Sp} dem Erregerstrom, i'_{μ} dem Hauptfluß und i_{Sq} dem Ankerstrom entspricht. Die durch (2.20), (2.21), (2.22) und (1.5) bestimmte mathematische *Struktur der Asynchronmaschine in rotorflußorientierten Koordinaten* ist dem rechten Teil des Strukturdiagramms in Bild 1.4 zu entnehmen.

Aus dem Stromraumzeiger (1.24) kann man nach der allgemeinen bei verschwindender Nullkomponente geltenden Vorschrift

$$\begin{bmatrix} i_{S1} \\ i_{S2} \\ i_{S3} \end{bmatrix} = \frac{2}{\sqrt{3}} \cdot \mathrm{Re} \left\{ \begin{bmatrix} 1 \\ \underline{a}^2 \\ \underline{a} \end{bmatrix} \underline{i}_{S1}\, e^{-j\gamma_S} \right\} \qquad (1.26)$$

das System der Strangströme ermitteln

$$\begin{bmatrix} i_{S1} \\ i_{S2} \\ i_{S3} \end{bmatrix} = \sqrt{\frac{2}{3}}\, i_S \begin{bmatrix} \cos \varepsilon_S \\ \cos(\varepsilon_S - 2\pi/3) \\ \cos(\varepsilon_S - 4\pi/3) \end{bmatrix} , \qquad (1.27)$$

das durch i_S und ε_S bestimmt ist. Um die *Struktur der stromgespeisten Asynchronmaschine* zu erhalten, muß der Struktur im rotorflußfesten Bezugssystem eine Transformation des Stromraumzeigers (1.24) vom statorfesten Bezugssystem ($\gamma_S = 0$) ins rotorflußfeste Bezugssystem ($\gamma_S = -\varphi'_S$) vorgeschaltet werden (Bild 1.4). Für diese Transformation wird der Winkel φ'_S (Bild 1.3) benötigt, der mit Hilfe der Gleichungen (1.5) und (1.21) aus i'_{μ}, i_{Sq} und M_L gebildet werden kann. Die den $\sqrt{2}$-fachen Stromraumzeiger (1.24) mit $\gamma_S = -\varphi'_S$

$$\sqrt{2}\, \underline{i}_{S1} = i_S\, e^{j(\varepsilon_S - \varphi'_S)}$$

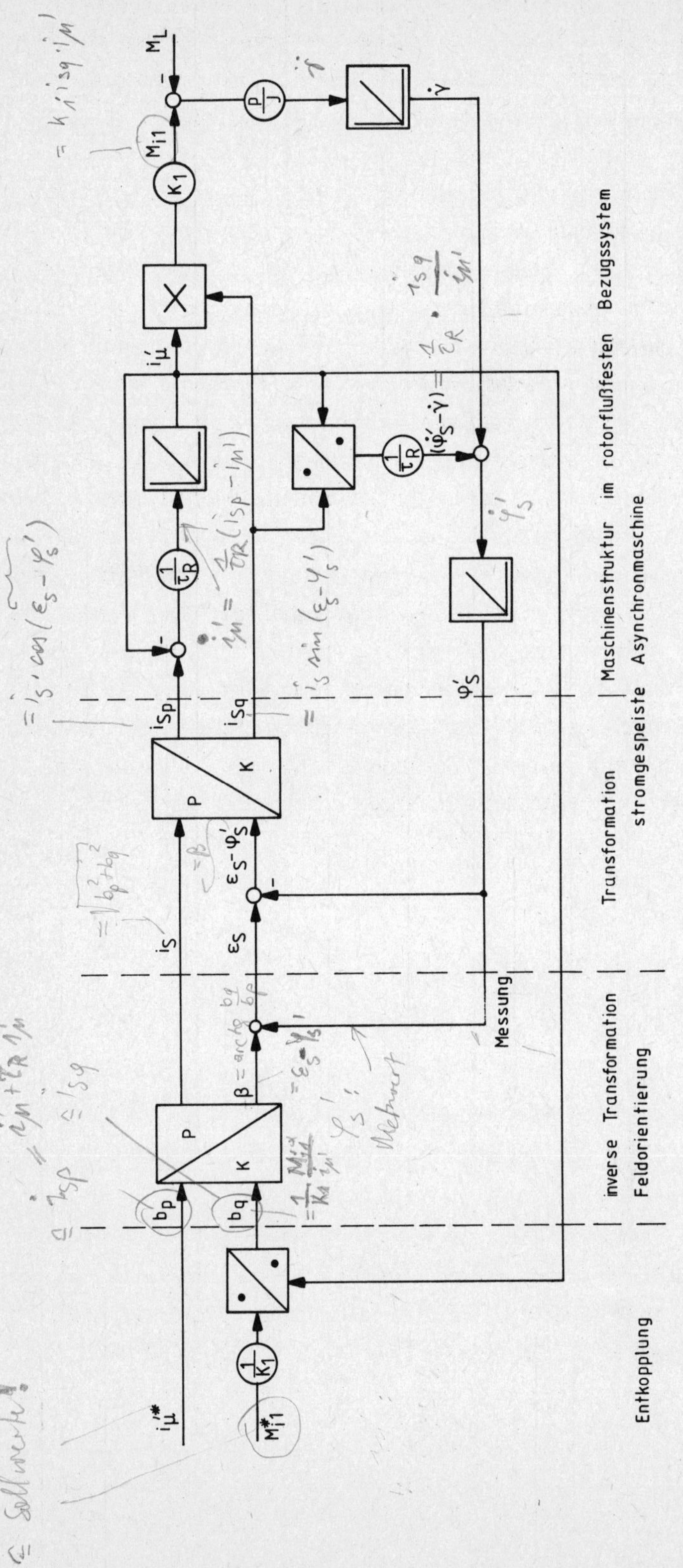

Bild 1.4: Rotorflußorientierte Steuerung der stromgespeisten Asynchronmaschine mit Feldmessung

bestimmenden Polarkoordinaten (P) i_S und $\varepsilon_S - \varphi'_S$ werden von einem sog. Koordinatenwandler in die kartesischen Koordinaten (K) i_{Sp} und i_{Sq} gemäß (1.25) überführt. Die die stromgespeiste Asynchronmaschine darstellende Teilstruktur in Bild 1.4 beschreibt eine Asynchronmaschine, der das Statorstromsystem (1.27) eingeprägt wird. In der Realität würde eine Umrichterspeisung mit dynamisch hochwertiger Statorstromregelung einer Stromspeisung oder -einprägung nahekommen. Abgesehen davon, daß eine dynamisch exakte Stromeinprägung nicht mit vollkommener Identität von Stromsoll- und Istwerten realisierbar ist, entwickeln die gebräuchlichen Umrichter auch Oberschwingungen, so daß (1.27) im stationären Betrieb kein rein sinusförmiges Stromsystem repräsentiert. Lediglich das System der ersten Harmonischen wird im stationären Betrieb durch konstante Werte von i_S und $\dot{\varepsilon}_S$ beschrieben. Durch das Vorschalten der Transformation entsteht in der Maschinenstruktur mit der Rückführung des Winkels $-\varphi'_S$ (Bild 1.4) eine Gegenkopplungsschleife, die das Einschwingverhalten der stromgespeisten Maschine bestimmt. Es handelt sich um ein nichtlineares System mit drei Energiespeichern, zwei elektrischen und einem mechanischen. Genauere Untersuchungen des Kleinsignalverhaltens der stromgespeisten Asynchronmaschine mittels der Methode der kleinen Änderungen sind aus der Literatur bekannt [1.6, 1,7] und haben ergeben, daß instabile Betriebsbereiche auftreten können. Im stabilen stationären Betrieb mit einem rein sinusförmigen symmetrischen Stromsystem (i_S = const, $\varepsilon_S = \omega_S t$, ω_S = const), bei konstantem Lastmoment $M_L = M_{i1}$ = const und konstanter Drehfrequenz $\dot{\gamma}$ = const wird der konstante Winkel $\varepsilon_S - \varphi'_S$ zwischen den Raumzeigern $\underline{i}_{S1}$ und $\underline{i}'_\mu$ aus den Gleichungen (1.21) und (1.22) nach Einsetzen von (1.25) und $i_{Sp} = i'_\mu$ berechnet:

$$\sin^2(\varepsilon_S - \varphi'_S) = \frac{\tau_R(\omega_S - \dot{\gamma})M_L}{K_1 \cdot i_S^2}$$

$$\varepsilon_S - \varphi'_S = \arcsin\sqrt{\frac{\tau_R(\omega_S - \dot{\gamma})M_L}{K_1 \cdot i_S^2}} \quad .$$

Da $\varepsilon_S - \varphi'_S$ dann zeitlich konstant ist, muß $\dot{\varphi}'_S = \dot{\varepsilon}_S = \omega_S$ sein. Die Frequenz $\dot{\varphi}'_S - \dot{\gamma}$, mit der sich der Rotorflußraumzeiger gegenüber dem Rotor dreht (Bild 1.3), ist dann gleich der Rotor- oder Schlupffrequenz $\omega_R = \omega_S - \dot{\gamma}$. Die Bedeutung des Winkels $\varepsilon_S - \varphi'_S$ ist auch dem für stationären untersynchronen Motorbetrieb geltenden Zeigerdiagramm in Bild 1.5 zu entnehmen.

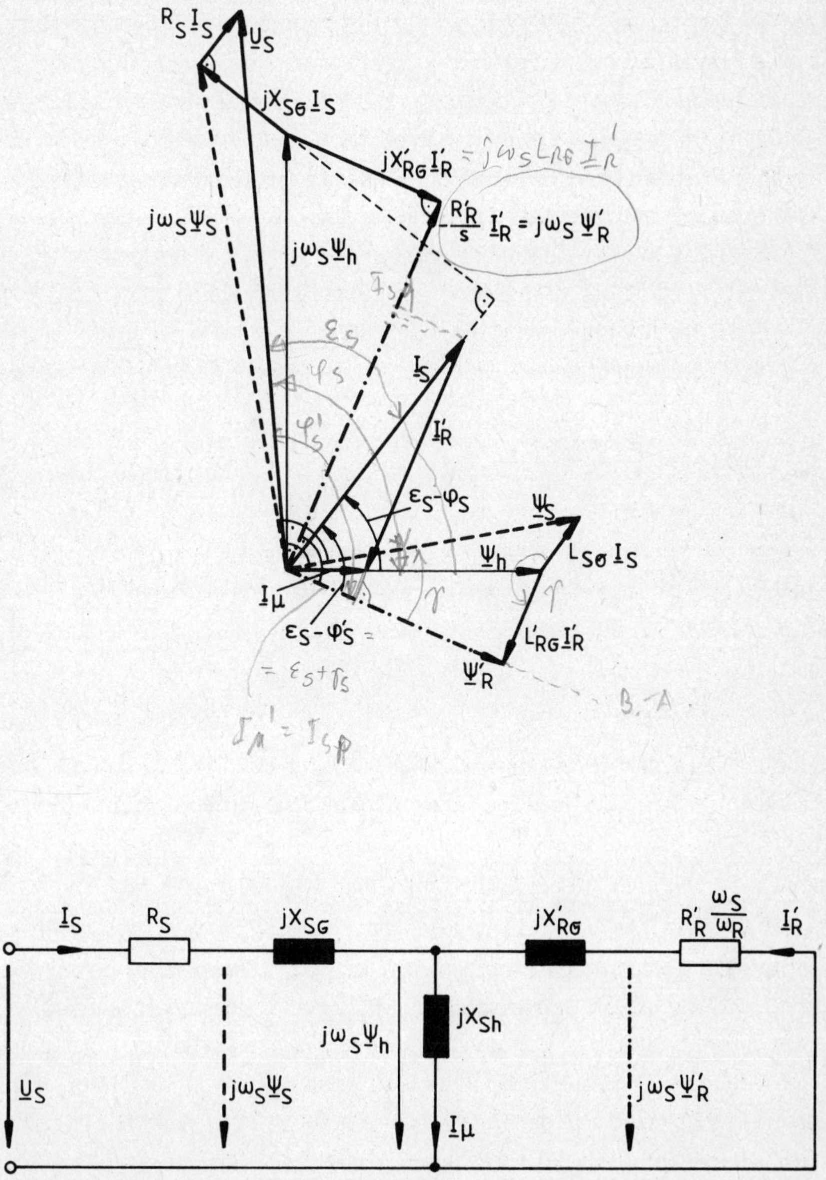

Bild 1.5: Ersatzschaltbild der DAM mit Zeigerdiagramm für stationären untersynchronen Motorbetrieb (Schlupf $s = \omega_R/\omega_S$; Zusammenhang zwischen Effektivwert und Raumzeigerbetrag z.B. $I_S = \sqrt{\frac{2}{3}}\,\frac{1}{\sqrt{2}}\,i_S$)

1.3 Rotorflußorientierte Steuerung der stromgespeisten DAM mit direkter oder indirekter Feldmessung

Um eine externe Vorgabe der rotorflußorientierten Komponenten des $\sqrt{2}$-fachen Statorstromraumzeigers, i_{Sp} und i_{Sq}, bei einer stromgespeisten Maschine (Einprägung von i_S und ε_S) zu ermöglichen, muß mittels einer außerhalb der Maschine durchgeführten inversen Transformation i_S und ε_S aus vorgegebenen Signalen für i_{Sp} und i_{Sq} gebildet werden (Bild 1.4). Für diese inverse Transformation wird der Winkel φ'_S benötigt. Die interne Gegenkopplungsschleife wird dann im Idealfall einer exakten Ermittlung von φ'_S durch eine äußere Mitkopplungsschleife vollständig kompensiert. Die inverse Transformation stellt die eigentliche "F e l d o r i e n t i e r u n g" dar. Den vorgegebenen Signalen b_p und b_q entsprechen die Polarkoordinaten i_S und ß :

$$b_p + j\, b_q = i_S\, e^{j\beta} \quad . \tag{1.28}$$

Da die Summe aus dem Winkel ß und dem als Meßgröße zur Verfügung stehenden Winkel φ'_S den das einzuprägende Stromsystem bestimmenden Winkel ε_S ergibt, ist

$$\beta = \varepsilon_S - \varphi'_S \quad . \tag{1.29}$$

Ein Vergleich der Beziehungen (1.28), (1.29) mit (1.25) zeigt, daß die vorgegebenen Signale mit den rotorflußorientierten Stromkomponenten übereinstimmen müssen:

$$b_p = i_{Sp} \quad , \quad b_q = i_{Sq} \quad . \tag{1.30}$$

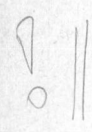

Mittels der beiden Eingangsgrößen b_p und b_q können somit gemäß (1.30), (1.20) und (1.22) die beiden Betriebsgrößen M_{i1} und i'_μ gesteuert werden. Das innere Drehmoment folgt für i'_μ = const unverzögert der Größe b_q. Der dem Betrag des Rotorflußraumzeigers proportionale Magnetisierungsstrom i'_μ folgt der Größe b_p über ein VZ1-Glied mit der Rotor-Zeitkonstanten τ_R nach (1.17). Durch eine vorgeschaltete Division (Bild 1.4) werden gemäß (1.22) die Steuergrößen für M_{i1} und i'_μ entkoppelt. Um die Entkopplung exakt bewerkstelligen zu können, muß der Istwert i'_μ aus der Maschine als Meßgröße zur Verfügung stehen. Die neuen Eingangsgrößen sind dann die Sollwerte M_{i1}^* und $i_\mu'^*$, für die bei exakter Realisierung des Systems gilt:

$$M_{i1}^* = M_{i1} \quad ,$$

$$i_\mu'^* = i_\mu' + \tau_R \dot{i}_\mu' \quad .$$

Im stationären Betrieb mit einem ein rein sinusförmiges Stromsystem erzeugenden Umrichter sind bei konstantem Lastmoment und Vorgabe konstanter Steuergrößen bzw. Sollwerte mit Ausnahme von den zeitproportionalen Winkeln ε_S und φ_S' sämtliche im Strukturbild (Bild 1.4) auftretenden Größen zeitlich konstant. Als Gedankenexperiment sei noch der L e e r a n l a u f ($M_L = 0$) mit konstantem innerem Drehmoment erläutert. Zunächst wird die Maschine z.B. durch Vorgabe von $i_\mu'^* = i_{\mu N}'$ bei $M_{i1}^* = 0$ erregt, wobei sich gemäß dem VZ1-Übergangsverhalten $i_\mu' = i_{\mu N}'$ einstellt. Wegen $b_q = 0$ stellt sich $i_S = i_{\mu N}'$, $\beta = 0$ und damit wegen $\varphi_S' = 0$ auch $\varepsilon_S = 0$ ein. Die beiden Raumzeiger $\underline{i}_\mu'$ und $\underline{i}_{S1}$ in Bild 1.3 sind dann identisch und liegen in der Achse vom Statorstrang S1. Ausgehend von diesem Zustand des Stromsystems (1.27) wird die Steuergröße $M_{i1}^* = M_{i1N}$ aufgeschaltet. Daraus resultieren sprungförmig entsprechend veränderte konstante Werte für i_S und β . Mit dem Anfangswert für den Rotorflußwinkel $\varphi_S' = 0$ folgt dann für den Anfangswert des Stromwinkels $\varepsilon_S = \beta$. Damit können sich bei idealer Stromeinprägung auch ohne Verzögerung die Stromkomponenten i_{Sp} und i_{Sq} bilden, wobei $i_{Sp} = i_{\mu N}'$ bleibt und mit i_{Sq} das innere Drehmoment M_{i1N} gebildet wird. Während $\underline{i}_\mu'$ unverändert geblieben ist, hat sich der Raumzeiger $\underline{i}_{S1}$ sprungartig um den Winkel β gedreht und betragsmäßig vergrößert. Für $(\dot{\varphi}_S' - \dot{\gamma})$ steht jetzt ein konstanter endlicher Wert an, zu dem sich die proportional zur Zeit t von 0 ansteigende Winkelgeschwindigkeit $\dot{\gamma}$ addiert. Der als Integral dieser Summe mit dem Anfangswert null gebildete Winkel φ_S' beginnt nun anzuwachsen und verursacht über die Summenbildung $\varepsilon_S = \beta + \varphi_S'$ ein vom Wert β ausgehendes Anwachsen des Stromwinkels ε_S :

$$\beta = \text{const}, \; (\dot{\varphi}_S' - \dot{\gamma}) = \text{const}, \quad \ddot{\gamma} = \text{const}$$

$$\varphi_S' = (\dot{\varphi}_S' - \dot{\gamma})\, t + \frac{1}{2}\, \ddot{\gamma} t^2$$

$$\dot{\varphi}'_S = (\dot{\varphi}'_S - \dot{\gamma}) + \ddot{\gamma}\, t$$

$$\varepsilon_S = \beta + \varphi'_S$$

$$\dot{\varepsilon}_S = \dot{\varphi}'_S$$

Dieser Vorgang setzt sich fort bis M^*_{i1} auf den Wert null zurückgenommen wird, so daß im Falle des mechanisch verlustlosen Antriebs $\dot{\gamma}$, die Winkelgeschwindigkeit des Rotors, konstant bleibt. Dann ist wegen $i_{Sq} = 0$ auch die Eingangsgröße des den Winkel φ'_S bildenden Integrators konstant und φ'_S somit zeitproportional. Da jetzt wieder $\beta = 0$ ist, muß der Stromwinkel ε_S dem Flußwinkel φ'_S gleich sein ($\varepsilon_S = \varphi'_S$, $\dot{\varepsilon}_S = \dot{\varphi}'_S = \dot{\gamma}$ = const). Bei dieser Art der Steuerung wird die Frequenz $\dot{\varepsilon}_S$ des einzuprägenden Stromsystems von der Maschine selbst generiert.

Bei konstant gehaltenem Rotorfluß steigt der L u f t s p a l t f l u ß mit zunehmender Belastung der Maschine gegenüber seinem Leerlaufwert an. Dies beweist folgende für den stationären Zustand ($i_{Sp} = i'_\mu$) aus (1.12) unter Berücksichtigung von (1.15) und (1.19) hergeleitete Beziehung, die den $\sqrt{2}$-fachen Betrag des dem Luftspaltfluß entsprechenden Magnetisierungsstromraumzeigers wiedergibt:

$$i_\mu = i'_\mu \sqrt{1 + \left(\frac{\sigma_R}{1+\sigma_R} \cdot \frac{i_{Sq}}{i'_\mu}\right)^2} \quad . \tag{1.31}$$

Um den zulässigen Wert des Luftspaltflusses nicht zu überschreiten, stellt man i'_μ bei Vollast ($|i_{Sq}| = i_{Sqmax}$) so ein, daß $i_\mu = i_{\mu zul}$ wird. Im Leerlauf ist dann $i_\mu < i_{\mu zul}$.

Im folgenden werden zwei Methoden erläutert, mit denen man die zur Realisierung dieses Steuerverfahrens benötigten Signale i'_μ und φ'_S aus der Maschine gewinnen kann [1.8]. Bei der ersten Methode, der d i r e k t e n F e l d m e s s u n g , wird von den nach 1.1 gemessenen Luftspaltfeldgrößen i_μ und φ_S und den durch Messung des eingeprägten Stromsystems (1.27) gewonnenen Größen i_S und ε_S ausgegangen. Aus (1.12) folgt mit den Ansätzen (1.8), (1.13) und (1.24) unter der Annahme statorfester Bezugsachse ($\gamma_S = 0$)

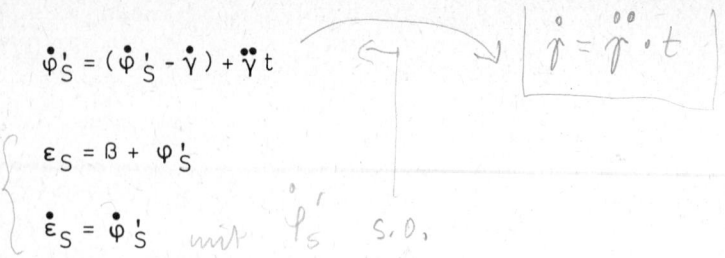

$$i'_\mu e^{j\varphi'_S} = (1+\sigma_R)\, i_\mu e^{j\varphi_S} - \sigma_R\, i_S e^{j\varepsilon_S} \quad . \tag{1.32}$$

Dieser komplexen Beziehung sind die beiden reellen gleichwertig

$$i'_\mu \cos\varphi'_S = (1+\sigma_R)\, i_\mu \cos\varphi_S - \sigma_R\, i_S \cos\varepsilon_S \quad ,$$

$$i'_\mu \sin\varphi'_S = (1+\sigma_R)\, i_\mu \sin\varphi_S - \sigma_R\, i_S \sin\varepsilon_S \quad ,$$

mit deren Hilfe i'_μ und φ'_S aus den durch Messung ermittelten Größen gebildet werden können (Bild 1.6).

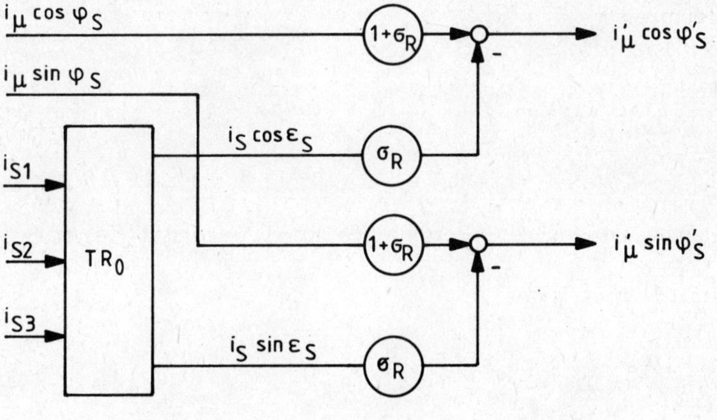

Bild 1.6: Bildung der Orientierungsgrößen i'_μ und φ'_S aus den gemessenen Luftspaltfeldgrößen und Statorströmen (Transformation TRo auf S. 18 erläutert)

Die in dem Strukturbild benutzte zeitinvariante Transformation TR_0

$$\begin{bmatrix} i_S \cos \varepsilon_S \\ i_S \sin \varepsilon_S \end{bmatrix} = \sqrt{\frac{2}{3}} \begin{bmatrix} 1 & -\frac{1}{2} & -\frac{1}{2} \\ 0 & \frac{1}{2}\sqrt{3} & -\frac{1}{2}\sqrt{3} \end{bmatrix} \begin{bmatrix} i_{S1} \\ i_{S2} \\ i_{S3} \end{bmatrix} \tag{1.33}$$

resultiert aus (1.3) und (1.24) mit $\gamma_S = 0$:

$$i_S \, e^{j\varepsilon_S} = \sqrt{\frac{2}{3}} (i_{S1} + \underline{a}\, i_{S2} + \underline{a}^2 \, i_{S3}) \quad .$$

Bei der zweiten Methode, der indirekten Feldmessung, wird die Statorspannungsgleichung nach (1.1) benutzt. Mit dem allgemeinen Ansatz für den Spannungsraumzeiger

$$\underline{u}_{S1} = \frac{1}{\sqrt{2}} u_S \, e^{j(\alpha_S + \gamma_S)} \tag{1.34}$$

und dem Stromraumzeiger (1.24) ergibt sich aus (1.1) bei statorfester Bezugsachse ($\gamma_S = 0$)

$$\frac{1}{\sqrt{2}} u_S \, e^{j\alpha_S} = R_S \frac{1}{\sqrt{2}} i_S \, e^{j\varepsilon_S} + \dot{\underline{\Psi}}_{S1} \quad .$$

i_S und ε_S werden nach (1.33) ermittelt, u_S und α_S in analoger Weise mit (1.3), (1.34) und $\gamma_S = 0$ aus den gemessenen Strangspannungen:

$$u_S \, e^{j\alpha_S} = \sqrt{\frac{2}{3}} (u_{S1} + \underline{a}\, u_{S2} + \underline{a}^2 \, u_{S3}) \quad ,$$

$$\begin{bmatrix} u_S \cos\alpha_S \\ u_S \sin\alpha_S \end{bmatrix} = \sqrt{\frac{2}{3}} \begin{bmatrix} 1 & -\frac{1}{2} & -\frac{1}{2} \\ 0 & \frac{1}{2}\sqrt{3} & -\frac{1}{2}\sqrt{3} \end{bmatrix} \begin{bmatrix} u_{S1} \\ u_{S2} \\ u_{S3} \end{bmatrix}$$

Durch Integration obiger Spannungsdifferentialgleichung gewinnt man bei verschwindendem Anfangswert den Statorflußraumzeiger:

$$\sqrt{2}\ \underline{\Psi}_{S1} = \int_0^t u_S\, e^{j\alpha_S}\, dt - R_S \int_0^t i_S\, e^{j\varepsilon_S}\, dt \quad . \tag{1.35}$$

Praktisch wird die Integration entsprechend obiger Aufspaltung des Spannungsraumzeigers komponentenweise durchgeführt. Definiert man einen dem Statorflußraumzeiger entsprechenden Magnetisierungsstromraumzeiger

$$\underline{\Psi}_{S1} = L_{Sh}\, \underline{i}_\mu''\ , \quad = (L_{Sh} + L_{S\sigma})\underline{i}_{S1} + L_{Sh}\underline{i}_{R1}' \tag{1.36}$$

dann erhält man unter Beachtung von (1.11) aus den Flußgleichungen (1.2) für den gesuchten dem Rotorflußraumzeiger entsprechenden Magnetisierungsstromraumzeiger

$$\underline{i}_\mu' = (1 + \sigma_R)\,\underline{i}_\mu'' - \frac{\sigma}{1-\sigma}\,\underline{i}_{S1} \quad . \quad \left(\text{vgl. 1.12?}\right) \tag{1.37}$$

$= \frac{\Psi_{R1}}{L_{Sh}}$

Mit dem allgemeinen Ansatz $\sigma \Rightarrow$ siehe S. 20

$$\underline{i}_\mu'' = \frac{1}{\sqrt{2}}\, i_\mu''\, e^{j(\varphi_S'' + \gamma_S)} \tag{1.38}$$

und den Ansätzen (1.13) und (1.24) ergibt sich dann aus (1.37) für das aufgrund obiger Bestimmung von $\underline{\Psi}_{S1}$ bzw. $\underline{i}_\mu''$ aus den Meßgrößen zu wählende statorfeste Bezugssystem ($\gamma_S = 0$)

$$i_\mu'\, e^{j\varphi_S'} = (1 + \sigma_R)\, i_\mu''\, e^{j\varphi_S''} - \frac{\sigma}{1-\sigma}\, i_S\, e^{j\varepsilon_S} \quad , \tag{1.39}$$

woraus folgt

$$i'_\mu \cos\varphi'_S = (1+\sigma_R)\, i''_\mu \cos\varphi''_S - \frac{\sigma}{1-\sigma}\, i_S \cos\varepsilon_S \quad ,$$

$$i'_\mu \sin\varphi'_S = (1+\sigma_R)\, i''_\mu \sin\varphi''_S - \frac{\sigma}{1-\sigma}\, i_S \sin\varepsilon_S$$

mit

$$\sigma_S = L_{S\sigma} / L_{Sh} \quad , \quad \sigma = 1 - \frac{1}{(1+\sigma_S)(1+\sigma_R)} \quad .$$

Die Größen i_S und ε_S entstammen der Strommessung, i''_μ und φ''_S der Integration nach (1.35). Bild 1.7 zeigt das zugehörige Strukturdiagramm.

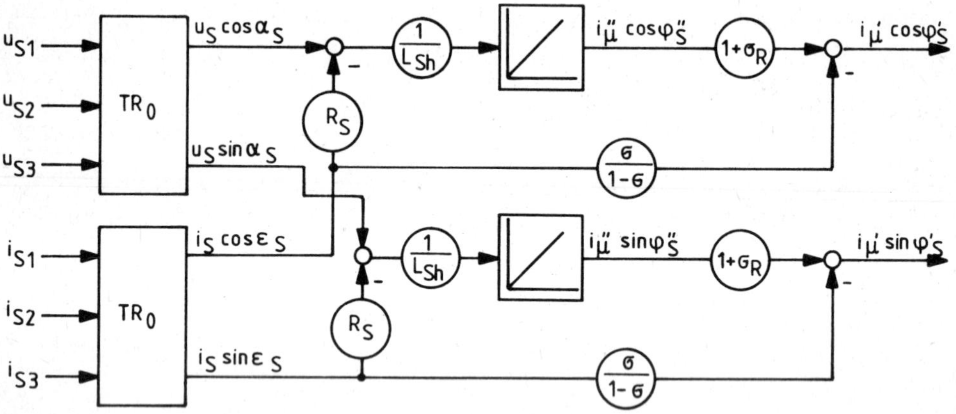

Bild 1.7: Bildung der Orientierungsgrößen i'_μ und φ'_S aus den gemessenen Statorspannungen und -strömen (Transformation TRo auf S. 18 erläutert).

Die Realisierung beider geschilderter Methoden zur Ermittlung der Rotorflußgrößen i'_μ und φ'_S ist mit Nachteilen und Schwierigkeiten behaftet. Im ersten Fall der Luftspaltfeldmessung muß die Maschine mit speziellen Meßsonden im Luftspalt ausgestattet werden [1.5], was zusätzlichen Aufwand bei der Fertigung und zusätzlichen Anlaß für eventuelle Betriebsstörungen verursacht. Im zweiten Fall bedeutet die

1.3 Rotorflußorientierte Steuerung der stromgespeisten DAM mit direkter oder indirekter Feldmessung

Anwendung eines elektronischen Integrationsverfahrens zur Bestimmung des Statorflusses über die Spannungsgleichung wegen des nichtidealen Frequenzgangs, daß die Methode nur bis zu einer Mindestfrequenz von einigen Hz genügend genau funktioniert. Außerdem sollte bei kleinen Frequenzen eine Adaption des temperaturabhängigen Ständerwiderstands vorgenommen werden. Eine dritte Methode basiert auf der Ermittlung der Luftspaltfeldgrößen i_μ und φ_S mit Hilfe von im Luftspalt angebrachten Meßspulen, deren Spannungen ebenfalls elektronisch integriert werden [1.9].

Das hier erläuterte feldorientierte Steuerverfahren kommt wegen der Erfassung der Rotorflußgrößen aus der Maschine über Feld- und Strommessung oder Spannungs- und Strommessung ohne eine Erfassung von Rotorpositionswinkel und Drehzahl aus. Im folgenden Abschnitt 1.4 wird ein modifiziertes Verfahren gezeigt, das ohne Feld- und Spannungsmessung aber mit Drehzahl- oder Positionswinkelerfassung arbeitet.

Zuvor wird noch auf die S t a t o r s p a n n u n g eingegangen, die im Strukturbild des behandelten Steuerungssystems wegen der Annahme einer stromgespeisten Maschine nicht auftritt. Die Statorspannung wird für den Fall rotorflußorientierter Steuerung und stationären Betriebs aus der Statorspannungsgleichung (1.1) ermittelt. Diese liefert mit $\gamma_S = -\varphi'_S$ für stationären Betrieb mit rein sinusförmigem symmetrischem Strom- und Spannungssystem

$$\underline{u}_{S1} = R_S \, \underline{i}_{S1} + j \, \dot{\varphi}'_S \, \underline{\Psi}_{S1}$$

und daraus mit (1.2), (1.16), (1.20) und (1.21) für den $\sqrt{2}$-fachen Betrag des Statorspannungsraumzeigers (1.34)

$$u_S = \sqrt{\left(\frac{1}{\tau_S \omega_S} - \sigma \tau_R \omega_R\right)^2 + \left(1 + \frac{\tau_R \omega_R}{\tau_S \omega_S}\right)^2} \; \omega_S \, (1 + \sigma_S) \, L_{Sh} \, i'_\mu \; .$$

Hierbei ist $\omega_S = \dot{\varphi}'_S$, $\omega_R = \dot{\varphi}'_S - \dot{\gamma}$ und $\tau_S = (1 + \sigma_S) L_{Sh} / R_S$. Im Diagramm von Bild 1.8 ist die Abhängigkeit des $\sqrt{2}$-fachen Raumzeigerbetrags u_S von der Statorfrequenz ω_S für i'_μ = const und drei Werte des Parameters ω_R (Rotorfrequenz) in bezogener Form am Beispiel einer Maschine dargestellt. Konstante Rotorfrequenz bedeutet hier auch konstantes inneres Drehmoment. Die maximal verfügbare Statorspannung ergibt die für bestimmte Werte von i'_μ und ω_R

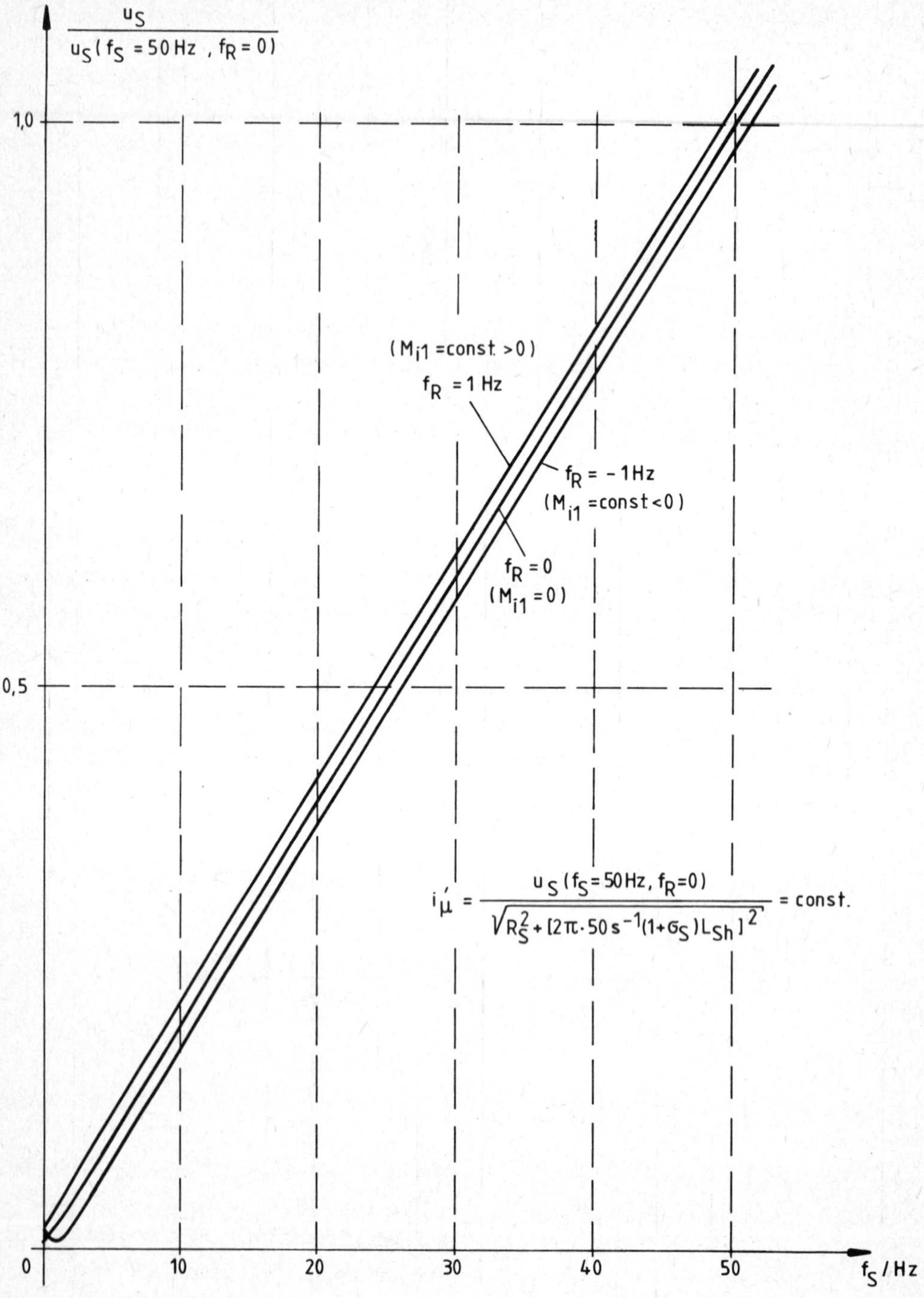

uS
uS(fS = 50 Hz , fR = 0)
1,0
0,5
0
10
20
30
40
50
fS / Hz
(Mi1 = const. > 0)
fR = 1 Hz
fR = - 1 Hz
(Mi1 = const < 0)
fR = 0
(Mi1 = 0)
i'μ = uS (fS = 50 Hz, fR = 0) / √(RS² + [2π·50 s⁻¹(1+σS) LSh]²) = const.

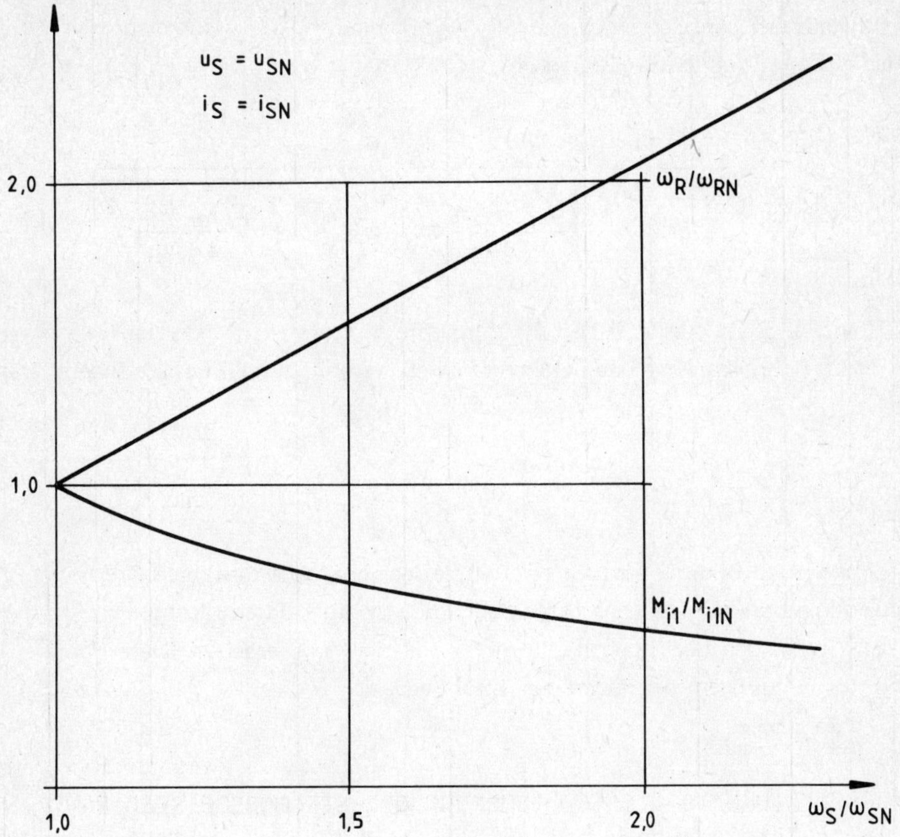

Bild 1.9: Stationäre Abhängigkeit des maximalen inneren Drehmoments und der Rotorfrequenz von der Statorfrequenz im Feldschwächbereich ($u_S = u_{SN}$, $i_S = i_{SN}$, $i'_{\mu N} / i_{SN} = 0{,}3$)

◀ Bild 1.8: Stationärer Zusammenhang zwischen dem $\sqrt{2}$-fachen Betrag des Statorspannungsraumzeigers, u_S, und der Statorfrequenz f_S für i'_μ = const mit f_R als Parameter (Mi1 ?)
(Maschinendaten: $\tau_S = \tau_R$ = 200 ms, σ = 0,05)

stationär maximal erreichbare Statorfrequenz ω_{Smax}. Will man die Statorfrequenz darüberhinaus erhöhen, dann muß man i'_μ und damit den Rotorfluß entsprechend der für $\omega_S > \omega_{Smax}$ geltenden Beziehung

$$i'_\mu = \frac{u_{Smax}}{\omega_S(1+\sigma_S)\,L_{Sh}} \cdot \frac{1}{\sqrt{\left(\frac{1}{\tau_S\omega_S} - \sigma\tau_R\,\omega_R\right)^2 + \left(1 + \frac{\tau_R\,\omega_R}{\tau_S\,\omega_S}\right)^2}}$$

reduzieren. Aufgrund dieser F e l d s c h w ä c h u n g vermindert sich dann nach (1.21), (1.22) das für einen bestimmten Wert von ω_R realisierbare innere Drehmoment:

$$M_{i1} = K_1\;\tau_R\;\omega_R\;i'^2_\mu \quad .$$

Im Diagramm von Bild 1.9 sind für ein Beispiel das bezogene maximale Drehmoment und die bezogene Rotorfrequenz dargestellt, die sich im Feldschwächbereich $\omega_S > \omega_{SN}$ unter den Bedingungen $u_S = u_{SN}$ und $i_S = i_{SN}$ ergeben. Diese Forderungen führen zu einem Ansteigen der Rotorfrequenz.

1.4 Rotorflußorientierte Steuerung der stromgespeisten DAM ohne Feldmessung

Um auf eine direkte Feldmessung oder die Statorspannungsintegration verzichten zu können, wird ein von den Sollwerten der läuferflußorientierten Stromkomponenten, b_p und b_q, gespeistes gemäß (1.20) und (1.21) aufgebautes M a s c h i n e n - m o d e l l benutzt (Bild 1.10). Dieses Modell liefert $i'_{\mu M}$ und den Winkel $(\varphi'_S - \gamma)_M$, aus dem durch Addition des gemessenen Rotorpositionswinkels γ der für die Feldorientierung notwendige Winkel φ'_{SM} resultiert. Die mit M („Modell") indizierten Größen stimmen nur dann mit den wirklichen Größen überein und Bedingung (1.30) ist nur dann erfüllt, wenn das Modell das wirkliche Verhalten der Maschine wiedergibt. Diese exakte Anpassung des Modells an die Maschine setzt voraus, daß die Zeitkonstante τ_{RM} des Modells mit der temperaturabhängigen Zeitkonstanten der Maschine nach (1.17) identisch ist. Im Fall eines v e r s t i m m t e n M o d e l l s tritt ein Fehlwinkel auf:

$$\varphi_d = \varphi'_S - \varphi'_{SM} \quad , \tag{1.40}$$

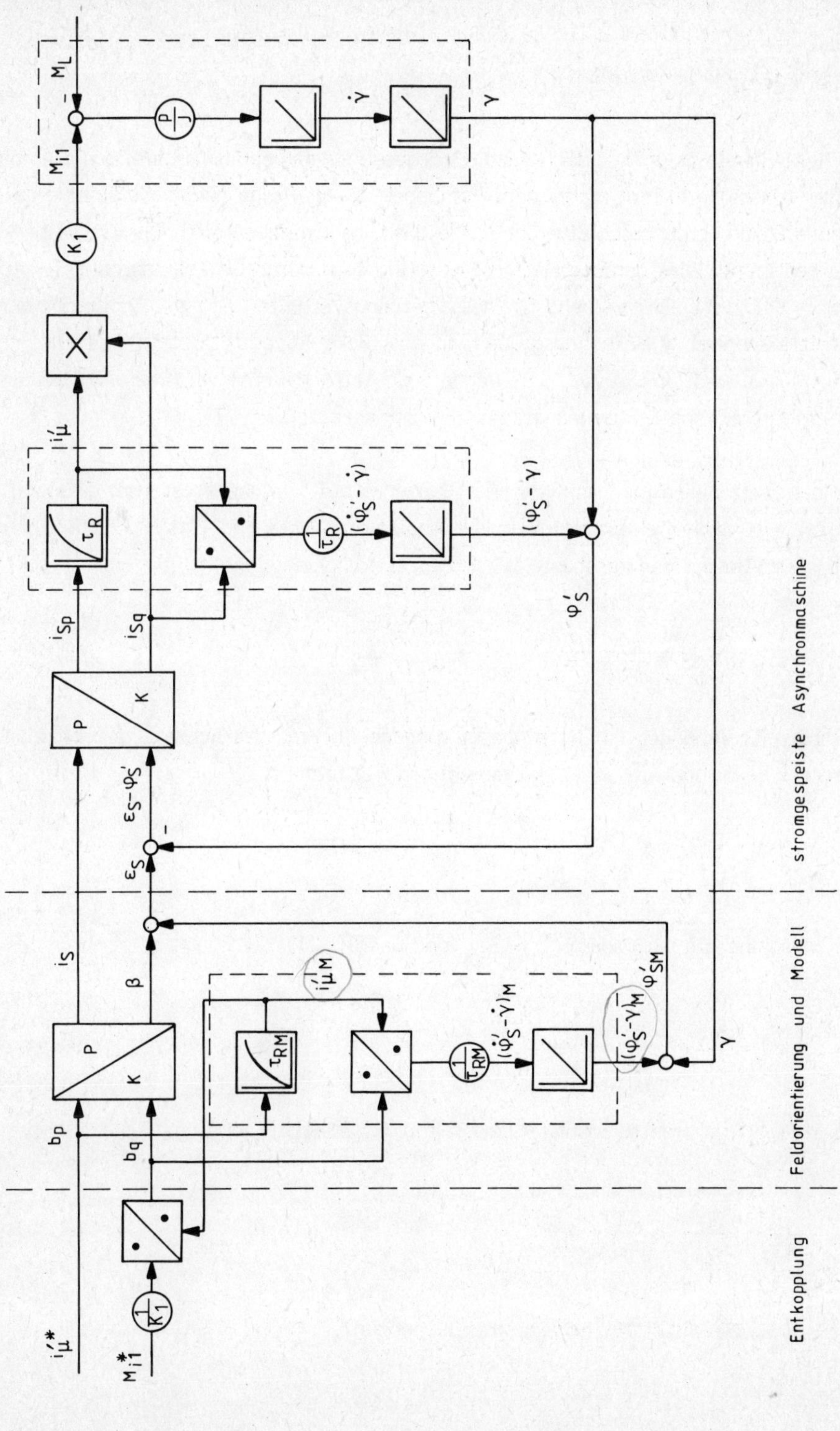

Bild 1.10: Rotorflußorientierte Steuerung der stromgespeisten Asynchronmaschine mit Modellbildung

$$\varphi_d = (\varphi'_S - \gamma) - (\varphi'_S - \gamma)_M \quad ,$$

$$\dot{\varphi}_d = (\dot{\varphi}'_S - \dot{\gamma}) - (\dot{\varphi}'_S - \dot{\gamma})_M \quad . \tag{1.41}$$

Ist der Fehlwinkel $\varphi_d \neq 0$, dann wird die interne Gegenkopplungsschleife der stromgespeisten Maschine extern nicht mehr kompensiert. Als Folge davon bleibt eine resultierende Rückkopplungsschleife übrig, die das Einschwingverhalten des Gesamtsystems bestimmt. Dies demonstriert die von Bild 1.10 durch Umzeichnen abgeleitete Struktur in Bild 1.11. Bestimmend für das Übergangsverhalten ist φ_d und nicht der Rotorpositionswinkel γ . Eingangsgrößen für das rückgekoppelte System sind die Größen i_S , ß und $(\dot{\varphi}'_S - \dot{\gamma})_M$. Es handelt sich also um eine verallgemeinerte Strom-Schlupffrequenz-Steuerung der Asynchronmaschine.

Anhand des stationären eingeschwungenen Zustands bei Vorgabe konstanter Größen b_p und b_q wird die Fehlerhaftigkeit der Abbildung untersucht. Das Modell ergibt $i'_{\mu M} = b_p$ und liefert das konstante Winkelgeschwindigkeitssignal

$$(\dot{\varphi}'_S - \dot{\gamma})_M = \frac{1}{\tau_{RM}} \frac{b_q}{b_p} \quad . \tag{1.42}$$

Unter diesen Bedingungen ist der eingeschwungene Zustand des Systems gekennzeichnet durch $\dot{i}'_\mu = 0$ und $\dot{\varphi}_d = 0$, woraus mit (1.41) folgt:

$$(\dot{\varphi}'_S - \dot{\gamma}) = (\dot{\varphi}'_S - \dot{\gamma})_M \quad . \tag{1.43}$$

Für die Maschine gilt außerdem $i'_\mu = i_{Sp}$ und nach (1.21)

$$(\dot{\varphi}'_S - \dot{\gamma}) = \frac{1}{\tau_R} \frac{i_{Sq}}{i_{Sp}} \quad . \tag{1.44}$$

Die durch (1.43) geforderte Identität lautet mit (1.42) und (1.44)

$$\frac{1}{\tau_R} \frac{i_{Sq}}{i_{Sp}} = \frac{1}{\tau_{RM}} \frac{b_q}{b_p} \quad . \tag{1.45}$$

Mit den aus (1.25) und (1.28) folgenden Beziehungen

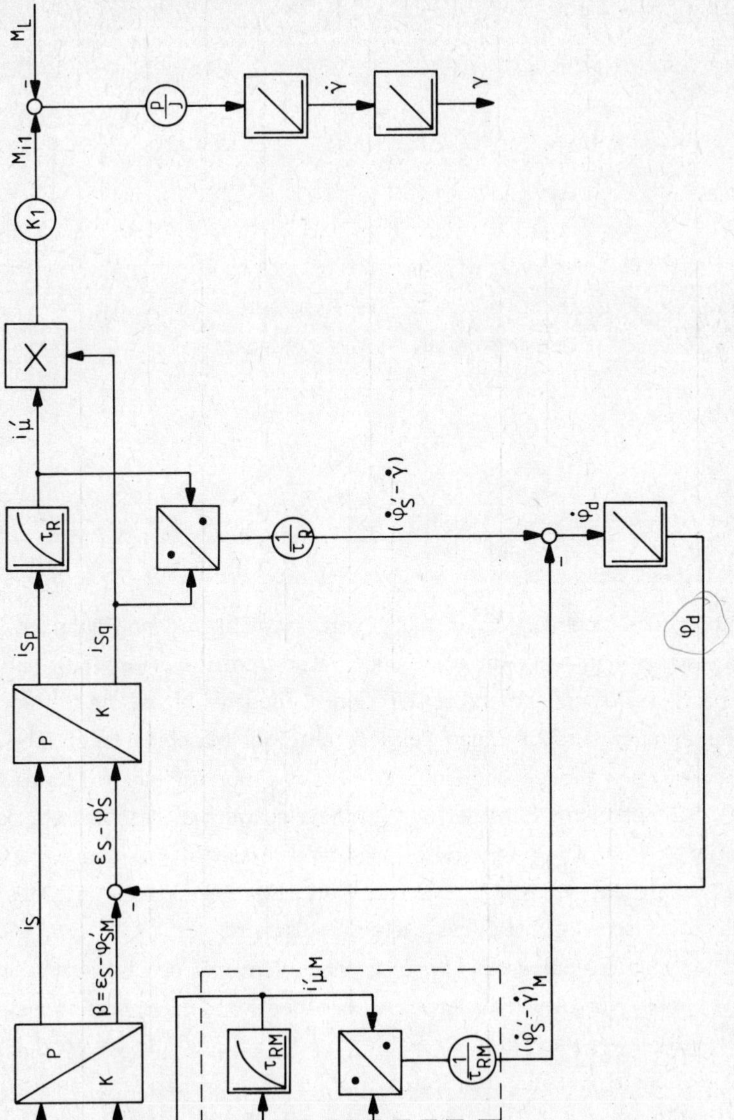

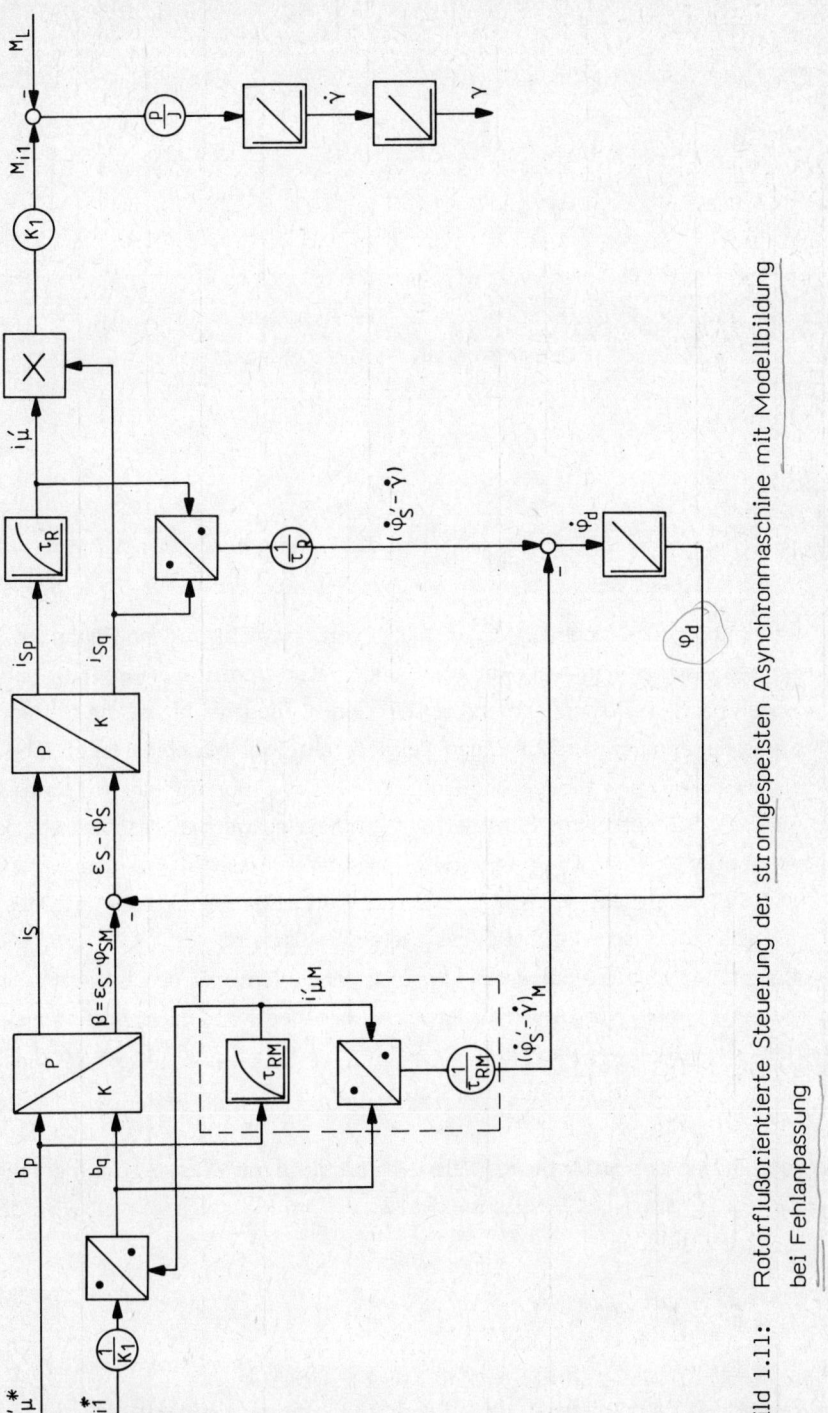

Bild 1.11: Rotorflußorientierte Steuerung der stromgespeisten Asynchronmaschine mit Modellbildung bei Fehlanpassung

$$\frac{i_{Sq}}{i_{Sp}} = \tan(\varepsilon_S - \varphi'_S) \quad ,$$

$$\frac{b_q}{b_p} = \tan \beta$$

und

$$\sqrt{b_p^2 + b_q^2} = i_S$$

wird aus (1.45)

$$\tan(\varepsilon_S - \varphi'_S) = \frac{\tau_R}{\tau_{RM}} \tan \beta \quad . \qquad (1.46)$$

Eine Verstimmung des Modells ($\tau_R \neq \tau_{RM}$) verursacht also einen Fehler des Winkels zwischen den Raumzeigern von Rotorfluß und Statorstrom ($\varepsilon_S - \varphi'_S \neq \beta$) , so daß die Beziehungen nach (1.30) nicht mehr erfüllt sind. Gelingt es nicht, die Zeitkonstante des Modells der temperaturabhängigen Zeitkonstante der Maschine durch eine Adaption nachzuführen, dann ist der Abgleich $\tau_R = \tau_{RM}$ nur für einen thermischen Zustand möglich. Stimmt man das Modell auf die betriebswarme Maschine ab, dann wird der Quotient τ_R / τ_{RM} bei kalter Maschine größer als 1 und ein Winkelfehler nach (1.46) auftreten ($\varepsilon_S - \varphi'_S > \beta$). Im Fall eines verstimmten Modells ($\varphi_d \neq 0$) liegt ein gedämpftes schwingunsfähiges System 3. Ordnung vor [1.1] . Im eingeschwungenen Zustand werden die Sollwerte i'^*_μ und M^*_{i1} nicht mit den Istwerden i'_μ und M_{i1} übereinstimmen. Für die Realisierung einer Adaption der Rotorzeitkonstanten werden in der Literatur zwei Verfahren empfohlen [1.10 , 1.11] . In vielen Fällen genügt es die Wicklungstemperatur des Stators für die Adaption zu benutzen.

Eine Modifikation der Struktur von Bild 1.10 arbeitet mit der Messung der Winkelgeschwindigkeit $\dot{\gamma}$ statt des Positionswinkels γ . Im Maschinenmodell wird dann zuerst die Summenbildung

$$(\dot{\varphi}'_S - \dot{\gamma})_M + \dot{\gamma} = \dot{\varphi}'_{SM}$$

vorgenommen und anschließend φ'_{SM} durch Integration ermittelt. Dieses Verfahren stellt jedoch hohe Genauigkeitsanforderungen an die Messung von $\dot{\gamma}$ und obige Summenbildung. Außer bei kleinen Drehzahlen sind nämlich Frequenzen stark unterschiedlicher Größenordnung zu addieren oder zu subtrahieren. Man kann auch auf die Integration verzichten, wenn man dafür den Winkel β differenziert und damit der Maschine die Frequenz des einzuprägenden Stromsystems

$$\dot{\beta} + \dot{\varphi}'_{SM} = \dot{\varepsilon}_S$$

vorgibt. Weiter unten werden in diesem Abschnitt zwei Beispiele dafür vorgestellt.

Zunächst wird noch eine alternative Methode der Beschaffung der Orientierungsgrößen i'_μ und φ'_S vorgestellt, die von einem Modell ausgeht, das die gemessenen Statorströme und die gemessene Drehzahl verarbeitet. Die Rotorspannungsgleichung nach (1.1) lautet bei statorfester Bezugsachse ($\gamma_S = 0$, $\gamma_R = \gamma$):

$$0 = R'_R \underline{i}'_{R1} - j\dot{\gamma}\underline{\psi}'_{R1} + \dot{\underline{\psi}}'_{R1} \quad .$$

Mit (1.11), (1.6) und (1.12) folgt daraus

$$0 = R'_R \frac{1}{1+\sigma_R}(\underline{i}'_\mu - \underline{i}_{S1}) - j\dot{\gamma} L_{Sh} \underline{i}'_\mu + L_{Sh} \dot{\underline{i}}'_\mu$$

und mit (1.17)

$$0 = \underline{i}'_\mu - \underline{i}_{S1} - j\dot{\gamma}\tau_R \underline{i}'_\mu + \tau_R \dot{\underline{i}}'_\mu \quad .$$

Mit den Raumzeigerdefinitionen (1.13), (1.24) und $\gamma_S = 0$ ergibt sich in Komponentenschreibweise

$$i'_{\mu\alpha} + \tau_R \dot{i}'_{\mu\alpha} = i_{S\alpha} - \dot{\gamma}\tau_R i'_{\mu\beta}$$

$$i'_{\mu\beta} + \tau_R \dot{i}'_{\mu\beta} = i_{S\beta} + \dot{\gamma}\tau_R i'_{\mu\alpha} \quad ,$$

wobei

$$i'_{\mu\alpha} = i'_{\mu} \cos \varphi'_S$$

$$i'_{\mu\beta} = i'_{\mu} \sin \varphi'_S \quad ,$$

$$i_{S\alpha} = i_S \cos \varepsilon_S$$

$$i_{S\beta} = i_S \sin \varepsilon_S$$

statorbezogene Komponenten sind. Eingangsgrößen der zu realisierenden Rechenschaltung (Bild 1.12) sind die Winkelgeschwindigkeit $\dot{\gamma}$ und die Statorströme, Ausgangsgrößen die für die Feldorientierung benötigten Größen $i'_{\mu M}$ und φ'_{SM}. Da es sich auch hier um eine stark parameterabhängige Modellschaltung handelt, sind Zeitkonstante und Ausgangsgrößen mit dem Index „M" versehen. Eine Fehlanpassung $\tau_{RM} \neq \tau_R$ ergibt auch in diesem Fall fehlerhafte Größen $i'_{\mu M} \neq i'_{\mu}$ und $\varphi'_{SM} \neq \varphi'_S$.

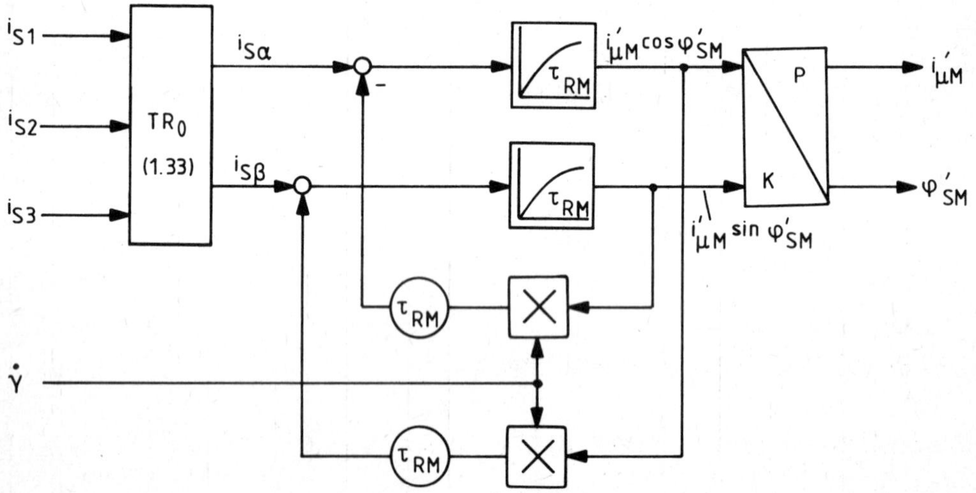

Bild 1.12: Bildung der Orientierungsgrößen i'_{μ} und φ'_S aus den gemessenen Statorströmen und der gemessenen Rotorwinkelgeschwindigkeit

Im folgenden werden drei m o d i f i z i e r t e V a r i a n t e n d e s r o t o r f l u ß o r i e n t i e r t e n S t e u e r v e r f a h r e n s o h n e F e l d m e s s u n g erläutert. Für den Fall zeitlich konstanten Betrags des Magnetisierungsstromraumzeigers (i'_μ = const) folgt aus (1.18) der Statorstromraumzeiger zu

$$\underline{i}_{S1} = \frac{1}{\sqrt{2}} i'_\mu \left[1 + j(\dot{\varphi}'_S - \dot{\gamma})\tau_R\right]$$

mit

$$\underline{i}_{S1} = \frac{1}{\sqrt{2}} i_S \, e^{j(\varepsilon_S - \varphi'_S)} \quad .$$

Daraus ergibt sich folgender Zusammenhang zwischen dem Winkel $\varepsilon_S - \varphi'_S$ und der Winkelgeschwindigkeit $\dot{\varphi}'_S - \dot{\gamma}$

$$\tan(\varepsilon_S - \varphi'_S) = (\dot{\varphi}'_S - \dot{\gamma})\tau_R$$

$$\varepsilon_S - \varphi'_S = \arctan[(\dot{\varphi}'_S - \dot{\gamma})\tau_R]$$

und folgende Beziehung zwischen dem $\sqrt{2}$-fachen Betrag des Statorstromraumzeigers und der Winkelgeschwindigkeit $\dot{\varphi}'_S - \dot{\gamma}$

$$i_S = i'_\mu \sqrt{1 + (\dot{\varphi}'_S - \dot{\gamma})^2 \tau_R^{\,2}} \quad .$$

Aufgrund dieser Relationen läßt sich die in Bild 1.13 dargestellte Struktur einer Steuerung entwickeln. Hauptbestandteil sind die den beiden obigen Gleichungen entsprechenden Kennlinienglieder, ein Differenzierglied und ein stromeinprägender Umrichter, der ein durch i_S und $\dot{\varepsilon}_S$ bestimmtes symmetrisches sinusförmiges Stromsystem für die Maschine liefert. Das Steuerungssystem enthält an zwei Stellen der Signalverarbeitung die Rotorzeitkonstante τ_R als Faktor. Wegen deren Temperaturabhängigkeit wird der Rotorfluß nicht in jedem Betriebspunkt dem durch den vorgegebenen Parameterwert i'_μ bestimmten Wert entsprechen, wenn keine Adaption erfolgt. Die Steuerung benötigt als Meßgröße den Istwert der Winkelgeschwindigkeit $\dot{\gamma}$. Eingangssteuergröße ist die Winkelgeschwindigkeit $\dot{\varphi}'_S - \dot{\gamma}$, die gemäß (1.21)

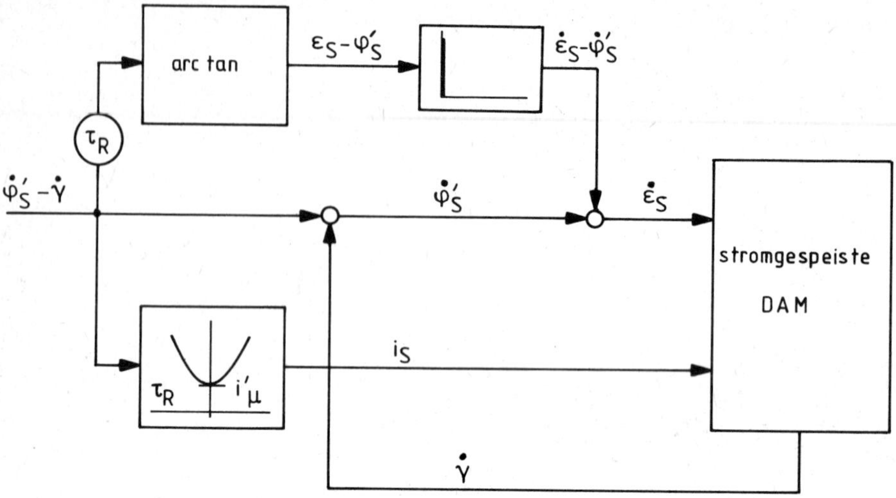

Bild 1.13: Modifizierte rotorflußorientierte Steuerung der stromgespeisten Asynchronmaschine (Kennliniensteuerung)

und (1.22) für i'_μ = const dem inneren Drehmoment proportional ist (Proportionalitätsfaktor $K_1 \tau_R i'^2_\mu$). Das Prinzip dieser Steuerung auf konstanten Fluß ist bereits in einem 1966 angemeldeten und 1972 ausgegebenen Patent enthalten [1.3] . Als Orientierungsgröße ist dort jedoch der Hauptfluß und nicht der Rotorfluß genannt. Im stationären symmetrischen Betrieb ist $\dot{\varphi}'_S - \dot{\gamma}$ die Schlupffrequenz der Maschine und $\varepsilon_S - \varphi'_S$ zeitlich konstant, so daß der Differenzierer nur bei Übergangsvorgängen ein Signal liefert. Diese sog. Winkelkorrektur sorgt dafür, daß der Rotorfluß auch während dynamischer Vorgänge konstant und damit die Proportionalität zwischen $\dot{\varphi}'_S - \dot{\gamma}$ und M_{i1} erhalten bleibt. Obwohl die feldorientierten Komponenten des Statorstromraumzeigers in der Struktur der Steuerung formal nicht erscheinen, handelt es sich um ein Verfahren mit Feldorientierung. Auf die Bestimmung des Orientierungswinkels φ'_S kann verzichtet werden. Eine genaue Messung der Winkelgeschwindigkeit $\dot{\gamma}$ ist unabdingbar. Das Diagramm von Bild 1.14 veranschaulicht die Führung des Statorstromraumzeigers.

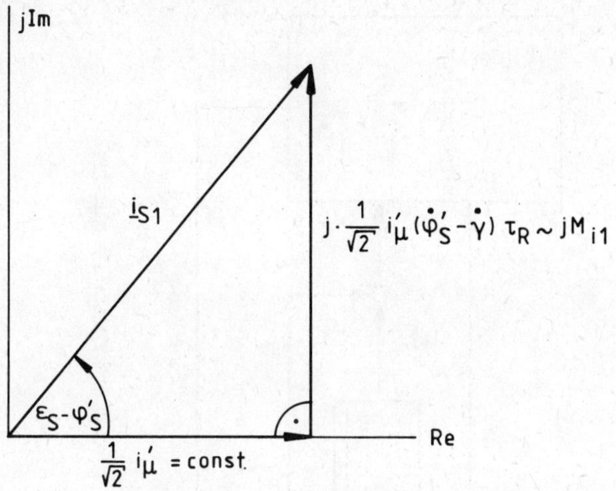

Bild 1.14: Führung des Statorstromraumzeigers bei der rotorflußorientierten Steuerung der Asynchronmaschine nach Bild 1.13

Eine weitere lediglich leicht modifizierte Variante der feldorientierten Steuerung wurde unter dem Namen Entkopplungsnetzwerk angegeben [1.12] . Die prinzipielle in Bild 1.15 dargestellte Struktur basiert wiederum auf den Gleichungen (1.20), (1.21) und (1.22). Das sog. Entkopplungsnetzwerk enthält wiederum an zwei Stellen die temperaturabhängige Rotorzeitkonstante τ_R als Faktor. Eingangssteuergrößen sind in diesem Fall i'_μ und die Winkelgeschwindigkeit $\dot{\varphi}'_S - \dot{\gamma}$. Dabei ist zu beachten, daß das innere Drehmoment gemäß (1.21) und (1.22) über den Faktor i'^2_μ mit $\dot{\varphi}'_S - \dot{\gamma}$ verknüpft ist. Das Verfahren setzt auch voraus, daß die Maschinendrehzahl als Signal zur Verfügung steht. Die feldorientierten Komponenten des Statorstromraumzeigers treten im Gegensatz zum Orientierungswinkel φ'_S innerhalb der Steuerung auf.

In der dritten hier aufgeführten Variante wird die Orientierungsgröße φ'_S aus den Klemmengrößen der Maschine unter der Annahme konstanten Betrags des Rotorflußraumzeigers (i'_μ = const) ohne Integration berechnet [1.13] . Die Statorspannungsgleichung nach (1.1) lautet für $\gamma_S = 0$

$$\underline{u}_{S1} = R_S\, \underline{i}_{S1} + \dot{\underline{\psi}}_{S1} \quad .$$

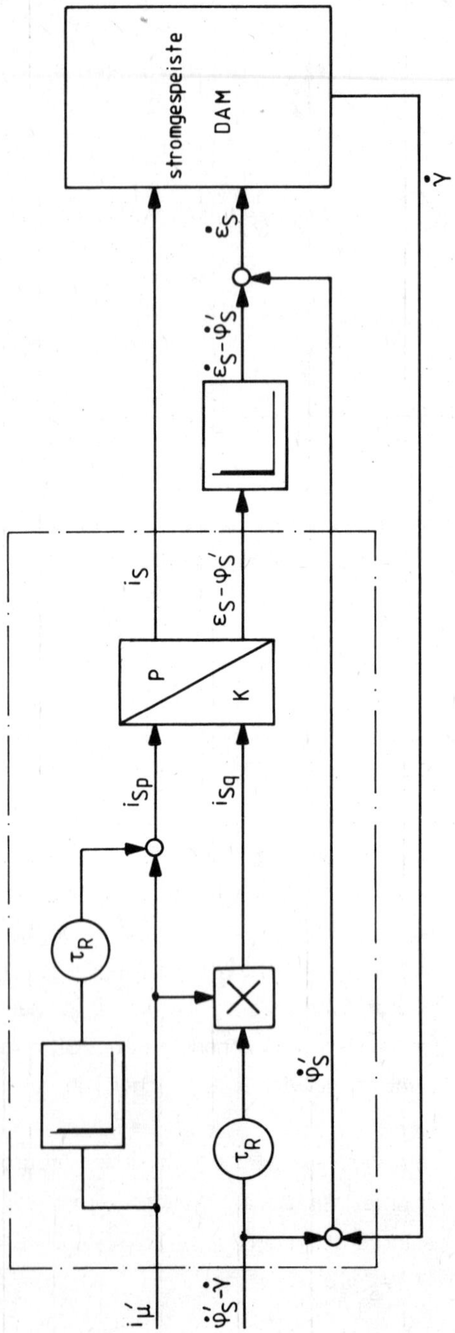

Bild 1.15: Modifizierte rotorflußorientierte Steuerung der stromgespeisten Asynchronmaschine mittels Entkopplungsnetzwerk

Mit den Beziehungen (1.36) und (1.37) erhält man für den Statorflußraumzeiger

$$\underline{\psi}_{S1} = \frac{1}{1+\sigma_R} L_{Sh} \left[\frac{\sigma}{1-\sigma} \underline{i}_{S1} + \underline{i}'_{\mu} \right] \quad .$$

Durch Einsetzen in die Spannungsgleichung ergibt sich für die Ableitung des dem Rotorflußraumzeiger entsprechenden Magnetisierungsstromraumzeigers

$$\dot{\underline{i}}'_{\mu} = \frac{1+\sigma_R}{L_{Sh}} (\underline{u}_{S1} - R_S \, \underline{i}_{S1}) - \frac{\sigma}{1-\sigma} \dot{\underline{i}}_{S1} \quad .$$

Mit den Ansätzen (1.24), (1.34) und $\gamma_S = 0$ folgt die Komponentenschreibweise

$$\dot{i}'_{\mu\alpha} = \frac{1+\sigma_R}{L_{Sh}} (u_{S\alpha} - R_S \, i_{S\alpha}) - \frac{\sigma}{1-\sigma} \dot{i}_{S\alpha}$$

$$\dot{i}'_{\mu\beta} = \frac{1+\sigma_R}{L_{Sh}} (u_{S\beta} - R_S \, i_{S\beta}) - \frac{\sigma}{1-\sigma} \dot{i}_{S\beta} \quad .$$

Die Komponenten im statorfesten Bezugssystem

$$u_{S\alpha} = u_S \cos\alpha_S$$

$$u_{S\beta} = u_S \sin\alpha_S$$

$$i_{S\alpha} = i_S \cos\varepsilon_S$$

$$i_{S\beta} = i_S \sin\varepsilon_S$$

können aus den gemessenen Klemmengrößen gemäß (1.33) gewonnen werden. Für die Ableitung

$$\dot{\underline{i}}'_{\mu} = \frac{1}{\sqrt{2}} (\dot{i}'_{\mu\alpha} + j \, \dot{i}'_{\mu\beta})$$

liefert der Ansatz (1.13) mit $\gamma_S = 0$

$$\dot{\underline{i}}'_\mu = \frac{1}{\sqrt{2}} \dot{i}'_\mu e^{j\varphi'_S} + j\dot{\varphi}'_S \underline{i}'_\mu ,$$

woraus unter der Annahme $\dot{i}'_\mu = 0$

$$\dot{\underline{i}}'_\mu = j\,\dot{\varphi}'_S\,\underline{i}'_\mu$$

und in Komponentenschreibweise

$$\dot{i}'_{\mu\alpha} = -\dot{\varphi}'_S\, i'_\mu \sin\varphi'_S$$

$$\dot{i}'_{\mu\beta} = \dot{\varphi}'_S\, i'_\mu \cos\varphi'_S$$

resultiert. Hieraus ergibt sich für die gesuchte Orientierungsgröße

$$\varphi'_S = \arctan\left\{-\frac{\dot{i}'_{\mu\alpha}}{\dot{i}'_{\mu\beta}}\right\} .$$

Dieses Verfahren kommt im Gegensatz zu dem in 1.3 erläuterten ohne Spannungsintegration aus. Es setzt jedoch die Konstanz des Betrags des Rotorflußraumzeigers voraus und basiert darauf, daß diese Voraussetzung durch die feldorientierte Steuerung unter Verwendung obigen Winkels φ'_S erfüllt wird. Der Funktionsbereich dieser Methode endet auch bei einer Mindestfrequenz von einigen Hz, da dann die zu dividierenden Komponenten der Ableitung $\dot{\underline{i}}'_\mu$ sehr klein werden. Die Struktur dieser Methode ist Bild 1.16 zu entnehmen. Eine Fehlanpassung des Statorwiderstands führt besonders bei kleinen Statorfrequenzen zu fehlerhaften Werten des Winkels φ'_S, so daß Beziehung (1.30) nicht erfüllt ist. Als Abhilfe ist eine Parameteradaption zu empfehlen.

In den Strukturbildern 1.13, 1.15 und 1.16 wurde der Einfachheit der Darstellung wegen nicht - wie eigentlich erforderlich - zwischen den sog. Modellgrößen und den wirklichen Maschinengrößen unterschieden.

1.5 Steuerungs- und Auslegungsoptimum des Drehmoments

Das im stationären Betrieb mit Rücksicht auf die zulässige Erwärmung der Maschine maximal mögliche innere Drehmoment soll berechnet werden. Aus (1.22) folgt mit (1.20)

$$M_{i1} = K_1\, i_{Sp}\, i_{Sq}$$

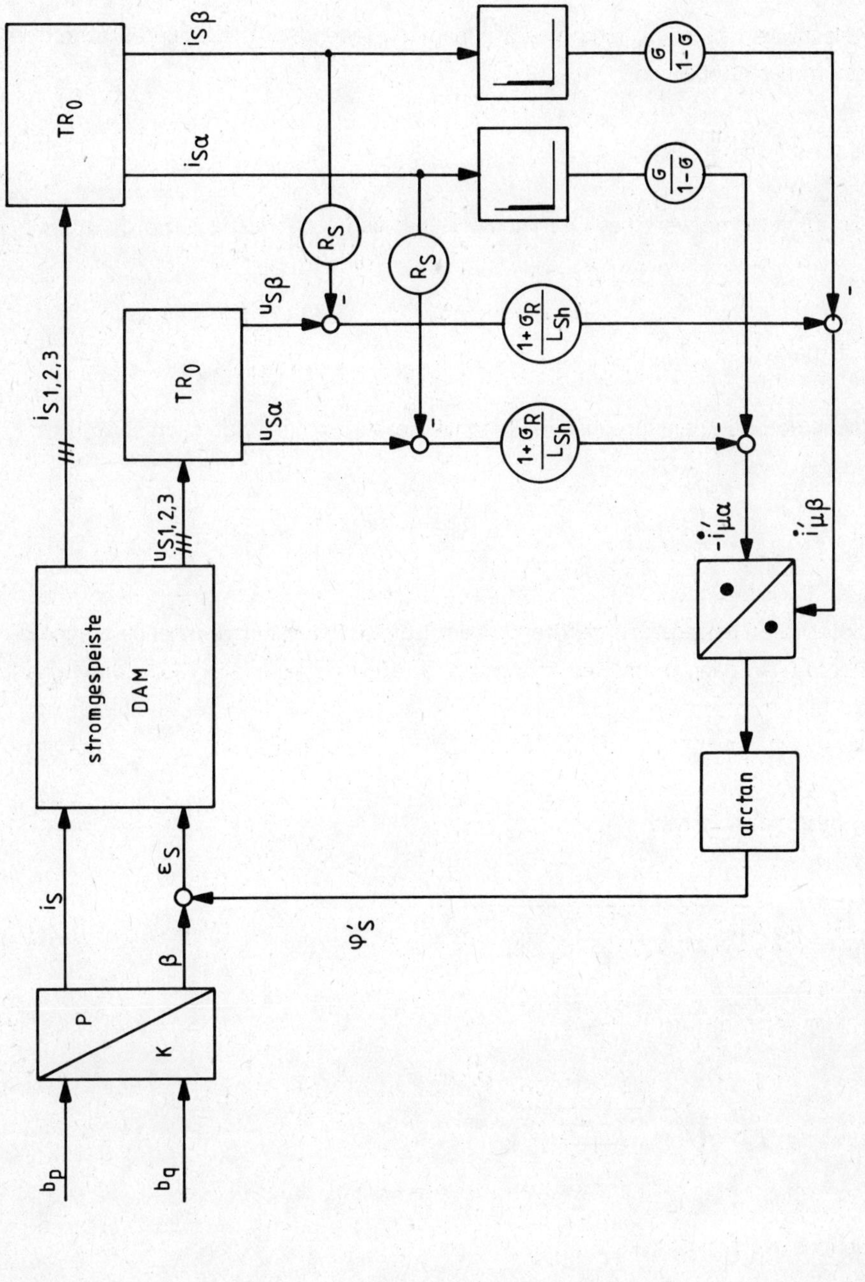

Bild 1.16: Modifizierte rotorflußorientierte Steuerung der stromgespeisten Asynchronmaschine bei konstantem Betrag des Rotorflußraumzeigers (Transformation TRo auf S.18 erläutert)

und daraus mit (1.25)

$$M_{i1} = \frac{1}{2} K_1 \, i_S^2 \sin 2\,(\varepsilon_S - \varphi'_S) \quad .$$

Mit dem Nennwert $i_S = i_{SN}$ und einem Winkel zwischen Rotorfluß- und Statorstromraumzeiger in der Größe von

$$\varepsilon_S - \varphi'_S = \frac{\pi}{4} \qquad (1.47)$$

erhält man als Maximalwert des Drehmoments das sog. S t e u e r u n g s o p t i m u m

$$M_{i1max} = \frac{1}{2} K_1 \, i_{SN}^2 \quad . \qquad (1.48)$$

Für den dem Rotorfluß entsprechenden Magnetisierungsstrom folgt nach (1.25) mit dem Winkelwert von (1.47)

$$i'_\mu = i_{Sp} = \frac{1}{2} \sqrt{2}\, i_{SN} \quad . \qquad (1.49)$$

Der zu diesem Betriebszustand gehörende dem Luftspaltfluß entsprechende Magnetisierungsstrom kann dann unter Benutzung von

$$i_{Sq}^2 = i_{SN}^2 - i'^2_\mu \qquad (1.50)$$

aus (1.31) bestimmt werden

$$i_\mu = \sqrt{i'^2_\mu + \left(\frac{\sigma_R}{1+\sigma_R}\right)^2 (i_{SN}^2 - i'^2_\mu)} \quad , \qquad (1.51)$$

woraus mit (1.49) folgt

$$i_\mu = \frac{1}{2}\sqrt{2}\,\sqrt{1 + \left(\frac{\sigma_R}{1+\sigma_R}\right)^2}\; i_{SN}$$

und für übliche Werte von σ_R

$$i_\mu \approx \frac{1}{2}\sqrt{2}\, i_{SN} \quad .$$

Dagegen liegt der durch den optimalen Entwurf normaler Asynchronmaschinen bestimmte Magnetisierungsstrom erheblich niedriger:

$$i_\mu = (0{,}2 \ldots 0{,}5)\, i_{SN} \quad , \tag{1.52}$$

d. h. das Steuerungsoptimum des Drehmoments nach (1.48) kann mit Rücksicht auf Sättigungserscheinungen und zu hohe Eisenverluste praktisch nicht erreicht werden. Der unter Beachtung von (1.52) erreichbare Wert kann aus (1.22) mit (1.50) berechnet werden:

$$M_{ilopt} = \frac{i'_\mu}{i_{SN}} \sqrt{1 - \left(\frac{i'_\mu}{i_{SN}}\right)^2}\; K_1\, i_{SN}^2 \quad , \tag{1.53}$$

wobei nach (1.51) gilt

$$\frac{i'_\mu}{i_{SN}} = \sqrt{\frac{\left(\frac{i_\mu}{i_{SN}}\right)^2 - \left(\frac{\sigma_R}{1+\sigma_R}\right)^2}{1 - \left(\frac{\sigma_R}{1+\sigma_R}\right)^2}} \quad . \tag{1.54}$$

Mit der für übliche Werte von σ_R geltenden Näherung

$$\frac{i'_\mu}{i_{SN}} \approx \frac{i_\mu}{i_{SN}}$$

folgt dann für das A u s l e g u n g s o p t i m u m des Drehmoments

$$M_{ilopt} \approx \frac{i_\mu}{i_{SN}} \sqrt{1 - \left(\frac{i_\mu}{i_{SN}}\right)^2}\; K_1\, i_{SN}^2 \quad ,$$

ein wegen (1.52) unter dem Maximum (1.48) liegender Wert. Der zum Auslegungsoptimum gehörende Winkel zwischen Rotorfluß- und Statorstromraumzeiger folgt dann nach (1.25) zu

$$(\varepsilon_S - \varphi'_S)_{opt} = \operatorname{arc\,cos} \frac{i'_\mu}{i_{SN}} \quad .$$

Ein Zahlenbeispiel mit $i_\mu / i_{SN} = 0{,}35$ und dem relativ hohen Wert $\sigma_R = 0{,}1$ liefert folgende exakt gerechneten Ergebnisse:

$$\frac{i'_\mu}{i_{SN}} = 0{,}339 \quad ; \quad (\varepsilon_S - \varphi'_S)_{opt} = 70{,}16^\circ \quad ; \quad \frac{i_{Sq}}{i_{SN}} = 0{,}941 \quad ;$$

$$M_{ilopt} = 0{,}319\, K_1\, i_{SN}^2 \quad .$$

Im Diagramm Bild 1.17 ist die Lage des Statorstromraumzeigers für den Fall dieses Beispiels und den Fall des Steuerungsoptimums dargestellt. Die schraffierten Flächen sind ein Maß für das jeweilige Drehmoment.

Für die beiden Fälle wird noch der Betrag des Rotorstromraumzeigers bestimmt. Aus (1.16) folgt mit (1.20) für den stationären Zustand

$$\underline{i}'_{R1} = - \frac{j}{\sqrt{2}\,(1+\sigma_R)}\, i_{Sq} \quad .$$

Für das Steuerungsoptimum erhält man daraus

$$\underline{i}'_{R1} = - \frac{j}{\sqrt{2}\,(1+\sigma_R)}\, \frac{1}{2}\sqrt{2}\, i_{SN}$$

und für das Auslegungsoptimum (mit den Zahlen obigen Beispiels)

$$\underline{i}'_{R1} = - \frac{j}{\sqrt{2}\,(1+\sigma_R)}\, 0{,}941\; i_{SN} \quad .$$

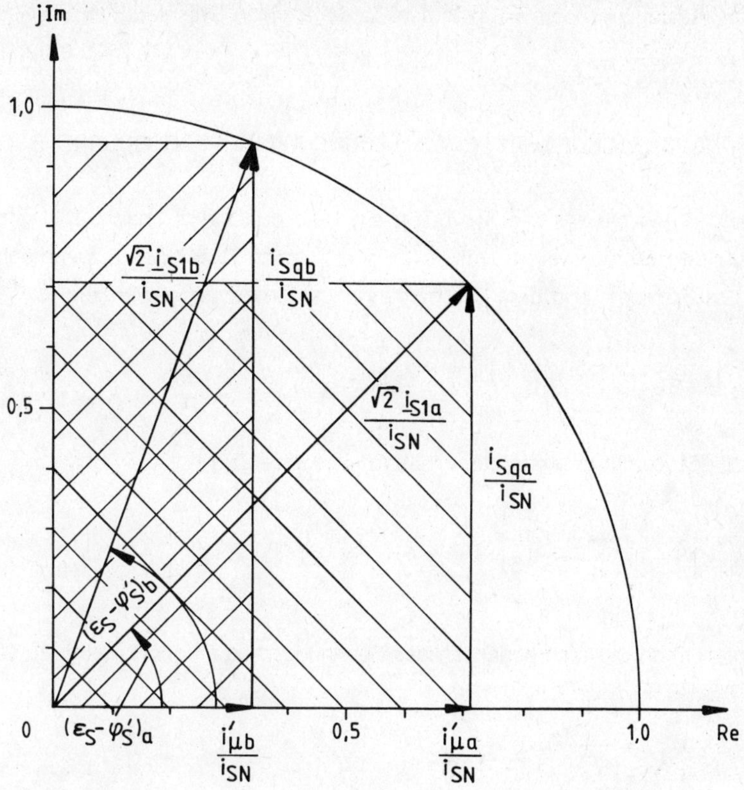

Bild 1.17: Komponenten des Statorstromraumzeigers für das Steuerungsoptimum (a) und ein Beispiel des Auslegungsoptimums (b)
$(|\sqrt{2}\,\underline{i}_{S1a}| = |\sqrt{2}\,\underline{i}_{S1b}| = i_{SN}\, , (\varepsilon_S - \varphi'_S)_a = 45^\circ)$

Die gesamten Stromwärmeverluste der Wicklungen von Stator und Rotor wären beim Steuerungsoptimum minimal und damit kleiner als beim Auslegungsoptimum.

Nach (1.21) läßt sich noch die stationäre Schlupffrequenz für die beiden Fälle ermitteln:

$$(\dot{\varphi}'_S - \dot{\gamma}) = \frac{1}{\tau_R} \; \frac{i_{Sq} / i_{SN}}{i'_\mu / i_{SN}} \quad .$$

Für das Steuerungsoptimum ergäbe sich danach der Wert $(\dot{\varphi}'_S - \dot{\gamma}) = 1 / \tau_R$ und für das Auslegungsoptimum mit den Zahlen obigen Beispiels $(\dot{\varphi}'_S - \dot{\gamma}) = 2{,}78/\tau_R$.

1.6 Rotorflußorientierte Steuerung der spannungsgespeisten DAM

Aus der Statorspannungsgleichung nach (1.1) wird für das rotorflußfeste Bezugssystem mit $\gamma_S = -\varphi'_S$ nach (1.14) der Zusammenhang zwischen dem Statorstrom- und dem Statorspannungsraumzeiger gewonnen:

$$\underline{u}_{S1} = R_S\,\underline{i}_{S1} + j\dot{\varphi}'_S\,\underline{\Psi}_{S1} + \dot{\underline{\Psi}}_{S1} \;. \tag{1.55}$$

Für den Statorflußraumzeiger erhält man aus (1.2) mit (1.16) und $L_{SS} = L_{Sh} + L_{S\sigma}$

$$\underline{\Psi}_{S1} = \sigma L_{SS}\,\underline{i}_{S1} + (1-\sigma)\,L_{SS}\,\frac{1}{\sqrt{2}}\,i'_\mu \;. \tag{1.56}$$

Definiert man die Komponenten des Spannungsraumzeigers analog zu (1.19)

$$\underline{u}_{S1} = \frac{1}{\sqrt{2}}\,(u_{Sp} + j\,u_{Sq}) \tag{1.57}$$

und setzt man (1.56) in (1.55) ein, dann resultieren die beiden folgenden reellen Gleichungen:

$$\begin{aligned} u_{Sp} &= R_S\,i_{Sp} - \dot{\varphi}'_S\,\sigma L_{SS}\,i_{Sq} + \sigma L_{SS}\,\dot{i}_{Sp} + (1-\sigma)\,L_{SS}\,\dot{i}'_\mu \;, \\ u_{Sq} &= R_S\,i_{Sq} + \dot{\varphi}'_S\,\sigma L_{SS}\,i_{Sp} + \dot{\varphi}'_S\,(1-\sigma)\,L_{SS}\,i'_\mu + \sigma L_{SS}\,\dot{i}_{Sq} \;. \end{aligned} \tag{1.58}$$

Mit der Definition der Zeitkonstanten

$$\tau'_S = \sigma\tau_S = \sigma\,\frac{L_{SS}}{R_S} \tag{1.59}$$

nehmen die Gleichungen (1.58) folgende Form an, aus der man erkennen kann, daß kein entkoppelter Zusammenhang zwischen den Strom- und Spannungskomponenten besteht:

$$i_{Sp} + \tau'_S \dot{i}_{Sp} = \frac{1}{R_S} u_{Sp} + \dot{\varphi}'_S \tau'_S i_{Sq} - (1 - \sigma) \tau_S \dot{i}'_\mu \quad ,$$

$$i_{Sq} + \tau'_S \dot{i}_{Sq} = \frac{1}{R_S} u_{Sq} - \dot{\varphi}'_S \tau'_S i_{Sp} - (1 - \sigma) \dot{\varphi}'_S \tau_S i'_\mu \quad . \tag{1.60}$$

Als Eingangsgrößen der zu realisierenden Steuerung werden die Größen

$$d_p = i_{Sp} + \tau'_S \dot{i}_{Sp} \quad ,$$

$$d_q = i_{Sq} + \tau'_S \dot{i}_{Sq} \tag{1.61}$$

bzw. deren Sollwerte d_p^* und d_q^* vorgegeben. Mit diesen Größen sind die Stromkomponenten i_{Sp} und i_{Sq} über VZ1-Glieder mit der Zeitkonstanten τ'_S (Größenordnung 10 ms) verknüpft. Mit Hilfe der E n t k o p p l u n g s t e r m e

$$e_p = (1 - \sigma) \tau_S \dot{i}'_\mu - \dot{\varphi}'_S \tau'_S i_{Sq}$$

$$e_q = (1 - \sigma) \dot{\varphi}'_S \tau_S i'_\mu + \dot{\varphi}'_S \tau'_S i_{Sp} \tag{1.62}$$

können nach (1.60) die rotorflußorientierten Spannungskomponenten bzw. deren Sollwerte gewonnen werden:

$$u_{Sp} = R_S (d_p + e_p) \quad ,$$

$$u_{Sq} = R_S (d_q + e_q) \quad . \tag{1.63}$$

Zur Bildung der Größen e_p, e_q müssen, wenn man noch Gleichung (1.20) mitbenutzt, die Größen i'_μ, $\dot{\varphi}'_S$, i_{Sp} und i_{Sq} zur Verfügung stehen. Erläuterungen hierzu folgen weiter unten.

Aus dem allgemeinen Ansatz (1.34) für den Statorspannungsraumzeiger folgen mit $\gamma_S = - \varphi'_S$ gemäß (1.57) die Komponenten im rotorflußfesten Bezugssystem

$$u_{Sp} = u_S \cos(\alpha_S - \varphi'_S) \quad ,$$
$$u_{Sq} = u_S \sin(\alpha_S - \varphi'_S) \quad . \tag{1.64}$$

Bei Vorgabe dieser Komponenten können die für eine Spannungseinprägung notwendigen Größen u_S und α_S unter Zuhilfenahme des Rotorflußwinkels φ'_S bestimmt werden. Dem Statorspannungsraumzeiger nach (1.34) mit $\gamma_S = -\varphi'_S$ ist wegen analoger Gültigkeit von (1.26), (1.27) für die Statorspannungen das symmetrische Spannungssystem

$$\begin{bmatrix} u_{S1} \\ u_{S2} \\ u_{S3} \end{bmatrix} = \sqrt{\tfrac{2}{3}}\, u_S \begin{bmatrix} \cos \alpha_S \\ \cos(\alpha_S - 2\pi/3) \\ \cos(\alpha_S - 4\pi/3) \end{bmatrix} \tag{1.65}$$

zugeordnet. Nach der Struktur von Bild 1.18 werden die Sollwerte d_p^* und d_q^*, die zur Steuerung von i_{Sp} und i_{Sq} dienen, vorgegeben. Daraus werden mit Hilfe einer noch zu erläuternden Modellschaltung die Modellgrößen e_{pM}, e_{qM} und die rotorflußorientierten Statorspannungskomponenten nach (1.63) gebildet (Index „M" bedeutet Modellgrößen im Gegensatz zu den realen Größen). Die inverse Transformation überführt diese Spannungskomponenten in das statorfeste Bezugssystem:

$$u_{SpM} + j\, u_{SqM} = u_S\, e^{j\rho} \tag{1.66}$$

mit

$$\rho = \alpha_S - \varphi'_S \quad , \tag{1.67}$$

woraus mit (1.64) folgt

$$u_{SpM} = u_{Sp} \quad , \quad u_{SqM} = u_{Sq} \quad . \tag{1.68}$$

Der Rotorflußwinkel φ'_S muß dann nach einer der im Abschnitt 1.3 beschriebenen Methoden korrekt ermittelt sein. Wird φ'_S über die Modellschaltung bestimmt

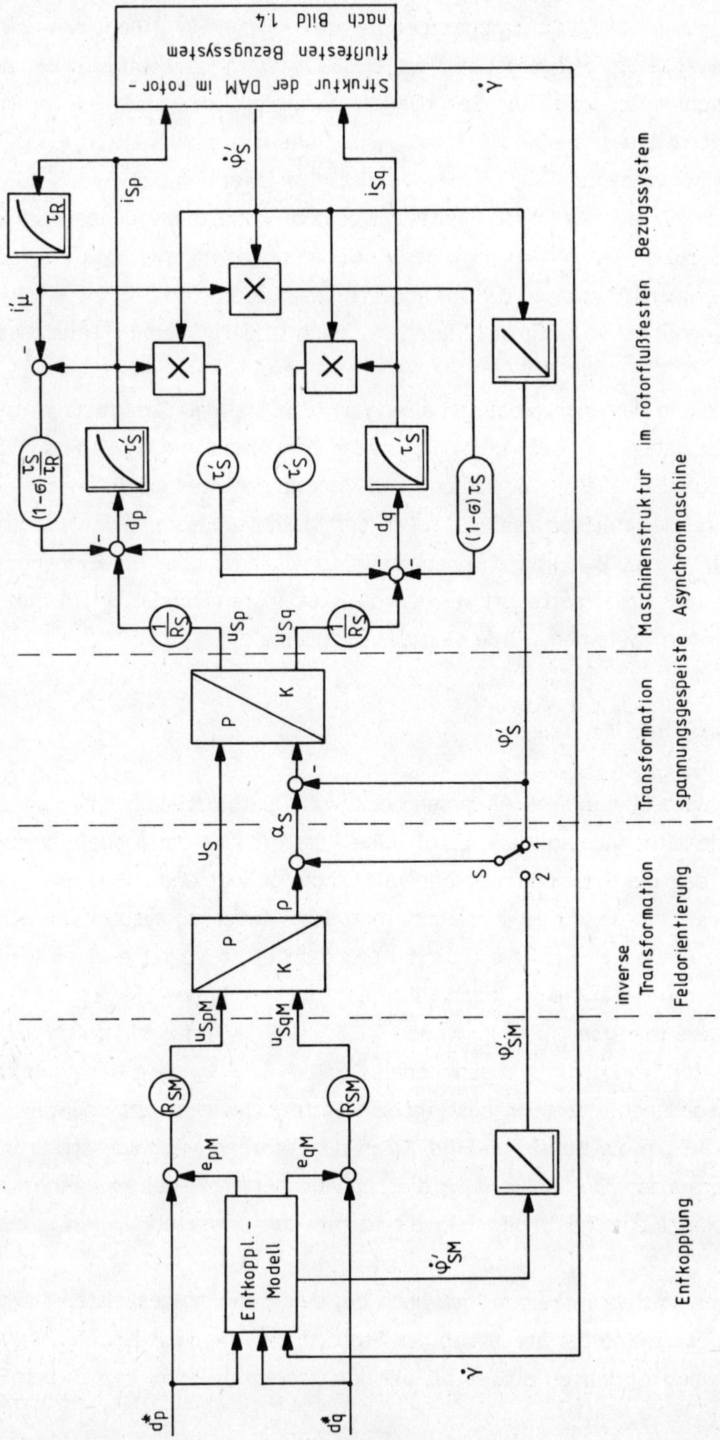

Bild 1.18: Rotorflußorientierte Steuerung der spannungsgespeisten Asynchronmaschine mit Feldmessung (Schalter S in Stellung 1) oder Modellbildung des Flußwinkels (Schalter S in Stellung 2)

(Schalter S in Bild 1.18 in Stellung 2), dann wird bei Fehlerhaftigkeit des Modells $\varphi'_{SM} \neq \varphi'_S$ und somit (1.68) nicht genau gelten. Mit u_S und α_S liegt das der Maschine einzuprägende Spannungssystem nach (1.65) fest. Im Strukturbild folgt dann die interne Maschinenstruktur. Der Spannungsraumzeiger wird wieder ins rotorflußfeste Bezugssystem transformiert. Aus u_{Sp}, u_{Sq} werden gemäß (1.63), (1.61) und (1.62) die Stromkomponenten i_{Sp}, i_{Sq} gebildet. Die Inversion des diesen Zusammenhang beschreibenden Netzwerks ist identisch mit dem Entkopplungsmodell am Eingang des Strukturbilds, wenn man noch den Zusammenhang nach (1.61) berücksichtigt. Die innere Maschinenstruktur wird dann abgeschlossen durch die mit rotorflußorientierten Stromkomponenten gespeiste Maschine nach Bild 1.4 (rechte Teilstruktur).

Die der Entkopplung dienende Modellschaltung am Eingang der Gesamtstruktur baut sich nach den Beziehungen (1.61) und (1.62) unter Benutzung von (1.20) und (1.21) gemäß Bild 1.19 auf. Bei exakter Anpassung der Modellparameter an die Maschine stimmen die Modellgrößen mit den realen Größen der Maschine überein, d.h. die Stromkomponenten i_{Sp} und i_{Sq} können unabhängig voneinander über die Eingangsgrößen d^*_p und d^*_q gemäß (1.61) gesteuert werden. Im stationären Betrieb mit symmetrischen sinusförmigen Systemen würde sich dann ergeben:

$$d^*_p = i_{Sp} \quad , \quad d^*_q = i_{Sq} \quad . \tag{1.69}$$

Normalerweise wird eine exakte Anpassung der Modellparameter über den ganzen Betriebsbereich nicht möglich sein und damit eine Verstimmung des Modells vorliegen, die dazu führt, daß die Entkopplung nicht vollständig gelingt und (1.69) nicht genau erfüllt wird. Aus diesem Grunde überlagert man dem Steuerungssystem von Bild 1.18 eine R e g e l u n g d e r r o t o r f l u ß o r i e n t i e r t e n S t a t o r s t r o m k o m p o n e n t e n nach Bild 1.20 mit den Sollwerten i^*_{Sp}, i^*_{Sq}. Für die Ermittlung der Istwerte i_{Sp}, i_{Sq} nach (1.25), (1.27) werden die durch direkte Messung der Statorstrangströme zugänglichen Größen i_S, ε_S und der nach im Abschnitt 1.3 angegebenen Methoden bestimmbare Rotorflußwinkel φ'_S gebraucht. Es handelt sich dabei um die bereits in Bild 1.4 in der internen Maschinenstruktur enthaltene Transformation. Bei Anwendung dieser überlagerten Regelung kann man natürlich das Entkopplungsmodell Bild 1.19 direkt mit den Istwerten i_{Sp}, i_{Sq} speisen.

Die geschilderten Verfahren zeigen, daß auch bei der spannungsgespeisten Asynchronmaschine eine feldorientierte Steuerung des Statorstroms möglich ist. Der steuerungstechnische Aufwand ist jedoch größer als bei der stromgespeisten Asynchronmaschine,

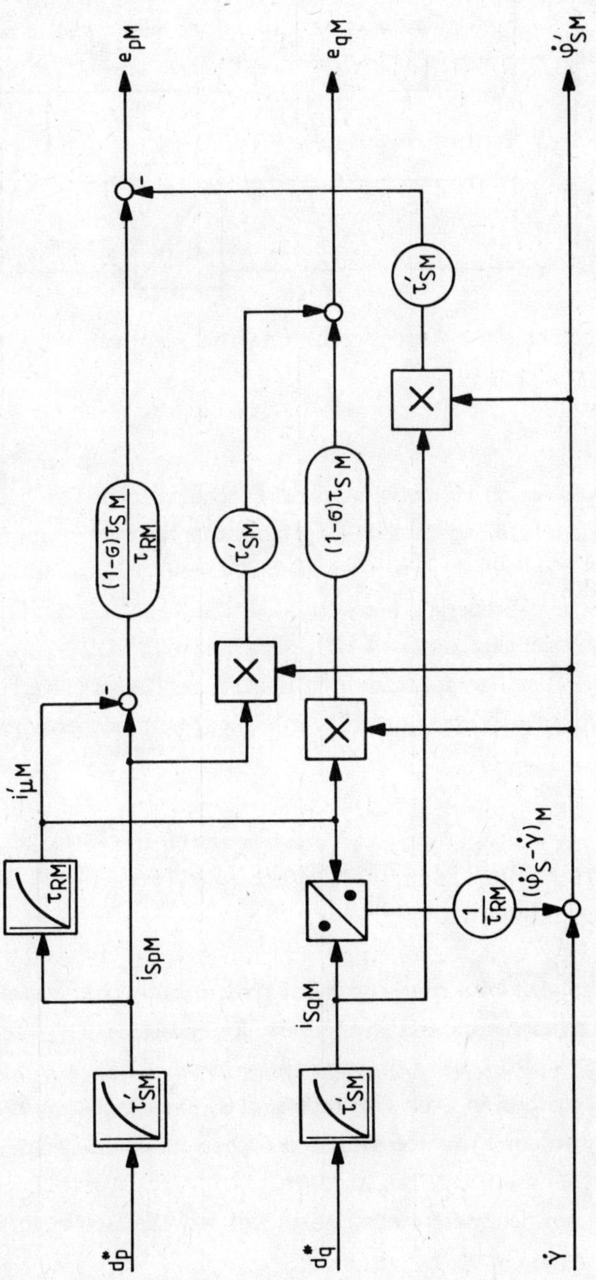

Bild 1.19: Schaltung des in der Struktur von Bild 1.18 enthaltenen Entkopplungsmodells

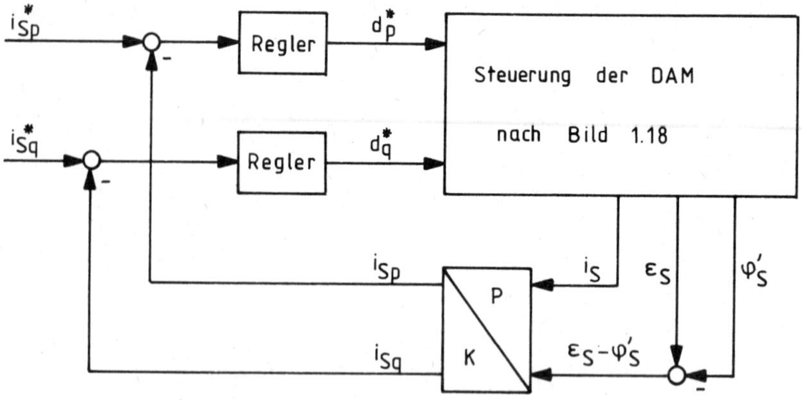

Bild 1.20: Überlagerung einer Regelung der rotorflußorientierten Statorstromkomponenten

da der Weg über die Spannung ein aufwendiges Entkopplungsmodell erfordert. Verzichtet man auf die überlagerte korrigierende Regelung, dann kann man die Steuerung nach Bild 1.18, wenn Schalter S sich in Stellung 2 befindet, als verallgemeinerte Spannungs-Schlupffrequenz-Steuerung ansehen. Modifiziert man nämlich die Struktur von Bild 1.18 entsprechend Bild 1.10 und 1.11, dann treten die Größen u_S, ρ und $(\dot{\varphi}'_S - \dot{\gamma})_M$ als Eingangsgrößen auf. Eine Realisierung der feldorientierten Steuerung einer spannungsgespeisten Asynchronmaschine mit dem Mikrorechner wird in [1.14] vorgestellt.

1.7 Grundsätzliche Realisierungsmöglichkeiten rotorflußorientierter Steuerungen der DAM

Anhand von zwei Beispielen wird das Prinzip der realen Struktur eines feldorientiert gesteuerten Asynchronmaschinenantriebs erläutert. Im ersten Beispiel nach Bild 1.21 wird die Maschine von einem Stromzwischenkreisumrichter [1.15] gespeist, der über die Steuerung der netzgeführten Drehstrombrücke (DB) eine Regelung der Amplitude der ersten Harmonischen der Maschinenströme und über die Taktung des Wechselrichters die Vorgabe deren Phase bzw. Frequenz ermöglicht. Der Istwert i_S wird im Block MU (Bild 1.21) aus den Maschinenströmen gebildet. Die Rechenvorschrift hierfür resultiert aus (1.3) und lautet

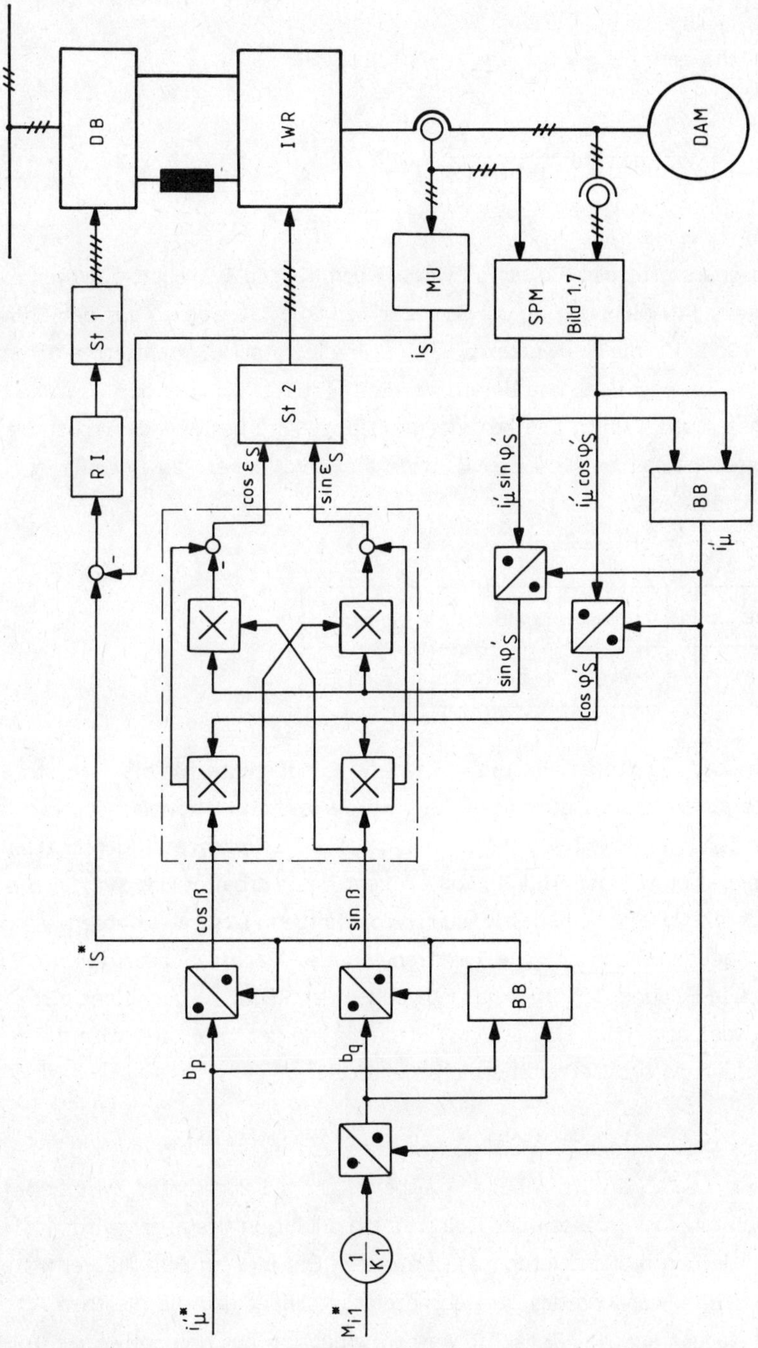

Bild 1.21: Prinzipschaltbild für die rotorflußorientierte Steuerung einer stromgespeisten DAM (DB vollgesteuerte Drehstrombrücke; IWR selbstgeführter Wechselrichter mit Stromeinprägung; St 1 Steuerelektronik der DB; St 2 Steuerelektronik des IWR; RI Stromregler; MU Meßwertumformer; SPM Spannungsmodell; BB Betragsbildner)

$$i_S = \sqrt{\tfrac{2}{3}}\ \sqrt{i_{S1}^2 + i_{S2}^2 + i_{S3}^2 - i_{S1}\, i_{S2} - i_{S2}\, i_{S3} - i_{S3}\, i_{S1}} \quad .$$

Sie vereinfacht sich, wenn $i_{S1} + i_{S2} + i_{S3} = 0$ gilt, z.B. zu

$$i_S = \sqrt{2}\ \sqrt{(i_{S1} + i_{S2})^2 - i_{S1}\, i_{S2}} \quad .$$

Die Orientierungsgrößen für den Rotorfluß werden gemäß Bild 1.7 (Block SPM in Bild 1.21) gewonnen. In Anlehnung an die Struktur von Bild 1.4 werden aus den Sollwerten für M_{i1} und i'_μ die Sollwerte b_p, b_q für die rotorflußorientierten Stromkomponenten i_{Sp}, i_{Sq} gebildet und daraus der Sollwert für i_S und der Winkel β in Form der Signale $\cos\beta$, $\sin\beta$. Die aus vier Multiplizierern bestehende Transformationsschaltung berechnet nach (1.29) aus β und φ'_S den Winkel ε_S (jeweils in Form des cos- und sin-Signals):

$$\begin{bmatrix} \cos \varepsilon_S \\ \sin \varepsilon_S \end{bmatrix} = \begin{bmatrix} \cos \varphi'_S & -\sin \varphi'_S \\ \sin \varphi'_S & \cos \varphi'_S \end{bmatrix} \begin{bmatrix} \cos\beta \\ \sin\beta \end{bmatrix}$$

Aus ε_S werden über die Steuerelektronik St2 die Zündimpulse für die Thyristoren des Wechselrichters derart erzeugt, daß ein System der ersten Harmonischen des Maschinenstroms gemäß (1.27) entsteht. Wegen der unter 1.3 erläuterten Eigenschaften der Spannungsintegration bei der Bildung von i'_μ und φ'_S arbeitet das Antriebssystem nach Bild 1.21 nur bis zu einer Mindestfrequenz von einigen Hz. Um Anfahren aus dem Stillstand zu ermöglichen, kann z.B. die Taktfrequenz des Wechselrichters fremd vorgegeben werden. Die Bildung der Orientierungsgrößen nach Bild 1.6 aus einer direkten Feldmessung oder nach Bild 1.12 aus den Strömen und der Drehzahl wäre nicht mit dieser Einschränkung des Betriebsbereichs behaftet.

Im zweiten Beispiel nach Bild 1.22 wird die Maschine von einem S p a n n u n g s - z w i s c h e n k r e i s u m r i c h t e r gespeist, der bei konstanter Zwischenkreisspannung nach einem Verfahren der Pulsbreitenmodulation gesteuert wird [1.16 , 1.17] . Die Orientierungsgrößen werden wie im ersten Beispiel im Bild 1.21 ermittelt, so daß die gleiche Einschränkung des Betriebsbereichs vorliegt und die gleichen Abhilfen eingesetzt werden können. Zunächst werden wiederum aus den Sollwerten für

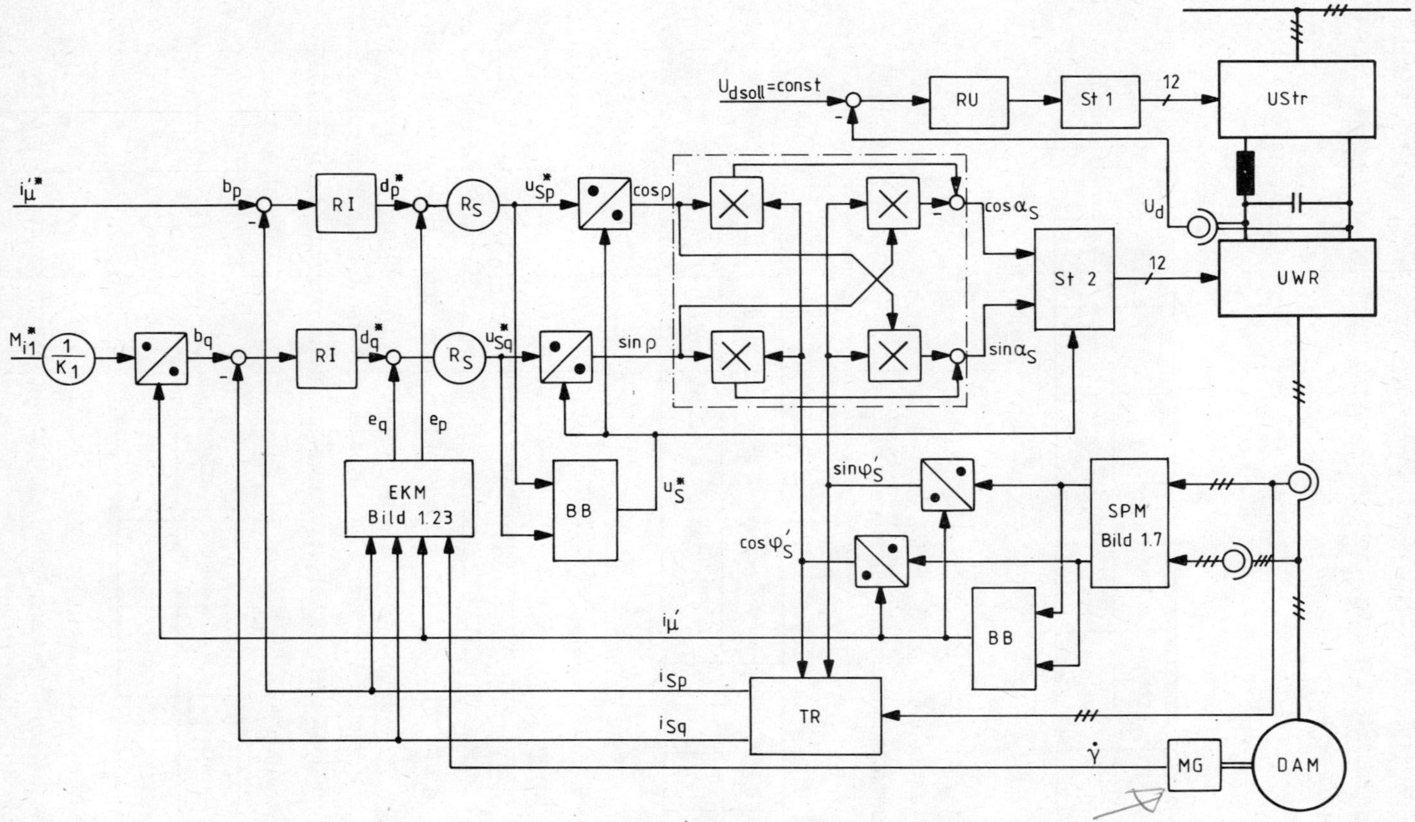

Bild 1.22: Prinzipschaltbild für die rotorflußorientierte Steuerung einer spannungsgespeisten DAM (UStr Umkehrstromrichter; UWR selbstgeführter Wechselrichter mit Spannungseinprägung; St 1 Steuerelektronik des UStr; St 2 Steuerelektronik des UWR; RI Stromregler; RU Spannungsregler; TR Transformation auf S. 52 erklärt; MG Meßwertgeber)

M_{i1} und i'_μ mit b_p, b_q diejenigen für i_{Sp} und i_{Sq} gebildet. Damit wird eine Regelung der rotorflußorientierten Stromkomponenten aufgebaut, wobei die Istwerte aus den Statorströmen über eine Transformationsschaltung (Block TR) gemäß (1.25) und (1.33) gewonnen werden:

$$\begin{bmatrix} i_{Sp} \\ i_{Sq} \end{bmatrix} = \begin{bmatrix} \cos\varphi'_S & \sin\varphi'_S \\ -\sin\varphi'_S & \cos\varphi'_S \end{bmatrix} \sqrt{\frac{2}{3}} \begin{bmatrix} 1 & -\frac{1}{2} & -\frac{1}{2} \\ 0 & \frac{1}{2}\sqrt{3} & -\frac{1}{2}\sqrt{3} \end{bmatrix} \begin{bmatrix} i_{S1} \\ i_{S2} \\ i_{S3} \end{bmatrix} .$$

Diese Transformation vereinfacht sich, wenn $i_{S1} + i_{S2} + i_{S3} = 0$ gilt, z.B. zu

$$\begin{bmatrix} i_{Sp} \\ i_{Sq} \end{bmatrix} = \sqrt{2} \begin{bmatrix} \frac{1}{2}\sqrt{3}\cos\varphi'_S + \frac{1}{2}\sin\varphi'_S & \sin\varphi'_S \\ -\frac{1}{2}\sqrt{3}\sin\varphi'_S + \frac{1}{2}\cos\varphi'_S & \cos\varphi'_S \end{bmatrix} \begin{bmatrix} i_{S1} \\ i_{S2} \end{bmatrix} .$$

Am Ausgang der betreffenden Regler (Blöcke RI) treten die Sollwerte für d_p, d_q nach (1.61) auf. Daran schließt sich analog zur Struktur von Bild 1.18 die Bildung der Sollwerte der rotorflußorientierten Spannungskomponenten u_{Sp}, u_{Sq} gemäß (1.63) an mit dem Entkopplungsmodell (Block EKM), das analog zu Bild 1.19 die Gleichungen (1.62), (1.21) verarbeitet und in Bild 1.23 detailliert dargestellt ist. Aus den Sollwerten für u_{Sp}, u_{Sq} resultieren der Sollwert für u_S und der Winkel ρ nach (1.67) in Form der Signale $\cos\rho$, $\sin\rho$. Eine aus (1.64) resultierende Transformationsschaltung berechnet aus ρ und φ'_S den Winkel α_S (jeweils in Form des cos- und sin-Signals):

$$\begin{bmatrix} \cos\alpha_S \\ \sin\alpha_S \end{bmatrix} = \begin{bmatrix} \cos\varphi'_S & -\sin\varphi'_S \\ \sin\varphi'_S & \cos\varphi'_S \end{bmatrix} \begin{bmatrix} \cos\rho \\ \sin\rho \end{bmatrix} .$$

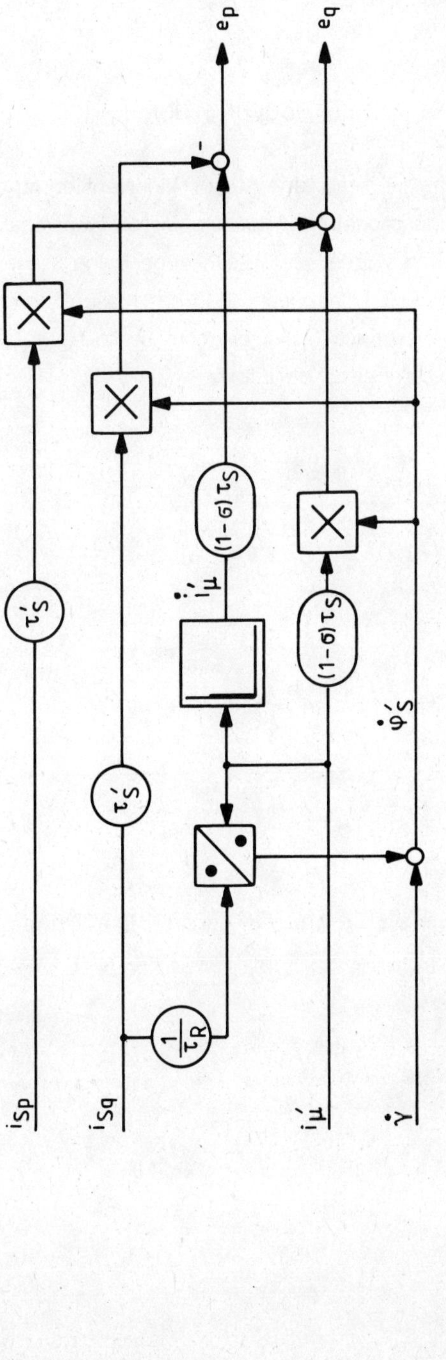

Bild 1.23: Struktur der Entkopplungsschaltung (Block EKM) in Bild 1.22

Aus α_S und dem Sollwert u_S^* werden von der Steuerelektronik St2 die Zündimpulse für die Thyristoren des Wechselrichters derart erzeugt, daß ein System der ersten Harmonischen der Maschinenspannungen gemäß (1.65) entsteht. Fehlermöglichkeiten des Entkopplungsmodells können durch Adaption der temperaturabhängigen Zeitkonstanten eliminiert werden.

1.8 Statorflußorientierte Steuerung der DAM

Im folgenden soll gezeigt werden, daß eine Statorflußorientierung zu einem wesentlich komplizierteren Maschinenmodell in feldorientierten Koordinaten führt als die Rotorflußorientierung. Folglich würde auch die dazugehörige Steuerung aufwendiger als bei Rotorflußorientierung. Bei der Herleitung des Maschinenmodells wird analog zu 1.2 verfahren. Zunächst wird nach (1.36) ein dem Statorflußraumzeiger proportionaler Magnetisierungsstromraumzeiger definiert:

$$\underline{\Psi}_{S1} = L_{Sh}\, \underline{i}''_{\mu} \quad ,$$

wobei nach (1.2) gilt

$$\underline{i}''_{\mu} = (1 + \sigma_S)\, \underline{i}_{S1} + \underline{i}'_{R1} \quad . \tag{1.70}$$

Mit dem (1.8) und (1.13) entsprechenden Ansatz

$$\underline{i}''_{\mu} = \frac{1}{\sqrt{2}}\, i''_{\mu}\, e^{j\varphi''_S}\, e^{j\gamma_S} \tag{1.71}$$

folgt für die geforderte Festlegung der Bezugsachse in Richtung von $\underline{\Psi}_{S1}$ bzw. $\underline{i}''_{\mu}$

$$\gamma_S = -\varphi''_S \quad , \quad \gamma_R = -\varphi''_S + \gamma \quad . \tag{1.72}$$

Damit wird nach (1.71)

$$\underline{i}''_{\mu} = \frac{1}{\sqrt{2}}\, i''_{\mu} \quad . \tag{1.73}$$

Aus dem allgemeinen Ansatz (1.24) folgt für den Statorstromraumzeiger im statorflußfesten Koordinatensystem

$$\underline{i}_{S1} = \frac{1}{\sqrt{2}}\, i_S\, e^{j(\varepsilon_S - \varphi''_S)}$$

und daraus mit (1.19) für die statorflußorientierten Komponenten

$$i_{Sp} = i_S \cos(\varepsilon_S - \varphi''_S) \quad ,$$

$$i_{Sq} = i_S \sin(\varepsilon_S - \varphi''_S) \quad . \qquad (1.74)$$

Sie dürfen nicht mit den rotorflußorientierten Komponenten (1.25) verwechselt werden. Mit obigen Bedingungen gewinnt man aus der Rotorspannungsgleichung von (1.1) und der Momentenbeziehung (1.4) folgende Gleichungen für das Maschinenmodell in statorflußfesten Koordinaten:

$$i''_\mu + \tau_R \dot{i}''_\mu = (1 + \sigma_S)\, i_{Sp} + \frac{\sigma}{(1-\sigma)(1+\sigma_R)} \tau_R \left[\dot{i}_{Sp} - (\dot{\varphi}''_S - \dot{\gamma})\, i_{Sq}\right] \quad , \qquad (1.75)$$

$$0 = (1 + \sigma_S)\, i_{Sq} - (\dot{\varphi}''_S - \dot{\gamma})\, \tau_R\, i''_\mu + \frac{\sigma}{(1-\sigma)(1+\sigma_R)} \tau_R \left[\dot{i}_{Sq} + (\dot{\varphi}''_S - \dot{\gamma})\, i_{Sp}\right] \qquad (1.76)$$

$$M_{i1} = p\, L_{Sh}\, i''_\mu\, i_{Sq} \quad . \qquad (1.77)$$

Ein Vergleich mit (1.20), (1.21) beweist die Komplizierung bei den Strombeziehungen. Die hinzutretenden Korrekturglieder müssen in der Entkopplung der Steuerung berücksichtigt werden, so daß sich eine wesentlich aufwendigere Struktur als z.B. in Bild 1.4 ergibt. Der Einfluß der Korrekturglieder ist um so größer je größer die totale Streuziffer ist, er würde bei der streuungslosen Maschine ($\sigma = 0$) verschwinden. Die Orientierungsgrößen i''_μ und φ''_S können für nicht zu kleine Frequenzen mit der Rechenschaltung von Bild 1.7 gewonnen werden. In Bild 1.24 ist die Struktur der außerhalb der stromgespeisten Maschine zu realisierenden Steuerung dargestellt. Es gelten die Abkürzungen:

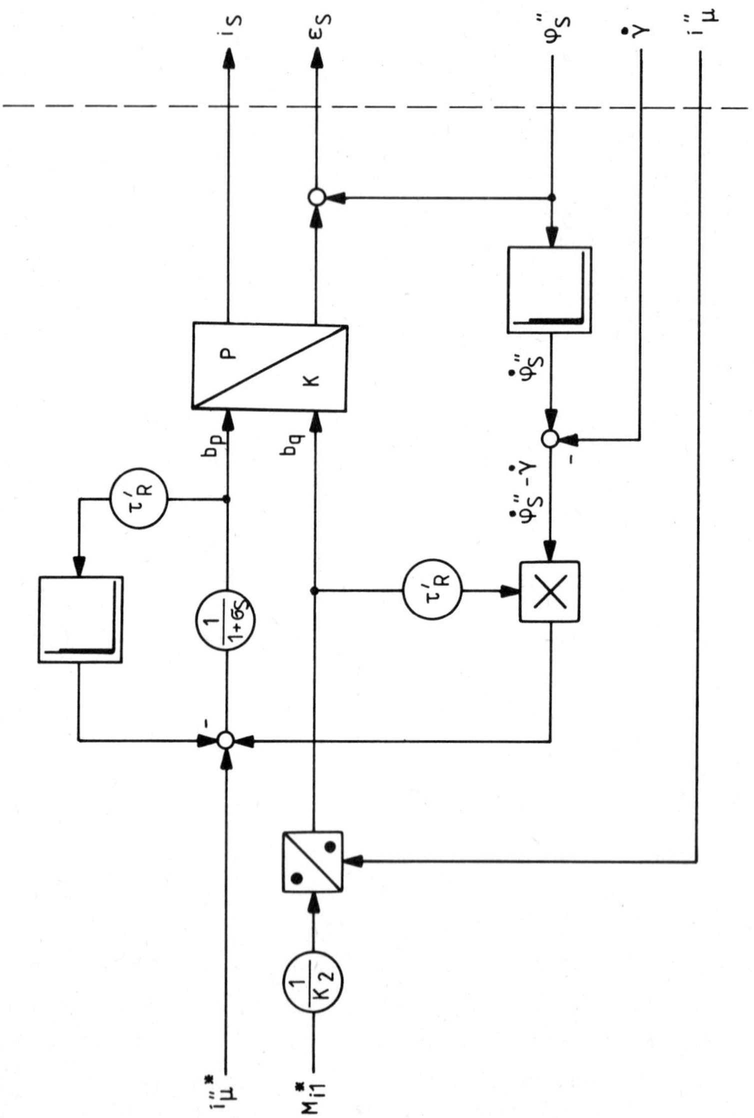

Bild 1.24: Statorflußorientierte Steuerung der stromgespeisten Asynchronmaschine

$$K_2 = p\,L_{Sh} \quad ,$$

$$\tau'_R = \frac{\sigma}{(1-\sigma)(1+\sigma_R)}\,\tau_R$$

mit τ_R nach (1.17). Die Sollwerte für das innere Moment und den konstant vorgegebenen $\sqrt{2}$-fachen Betrag des Magnetisierungsstromraumzeigers sind M^*_{i1} und i''^*_μ. Im Falle einer exakten Realisierung des Gesamtsystems wäre $b_p = i_{Sp}$ und $b_q = i_{Sq}$.

Es sei hier nochmals darauf hingewiesen, daß die Bezeichnungen für die Raumzeiger und deren Komponenten (z.B. $\underline{i}_{S1} = \frac{1}{\sqrt{2}}\,[\,i_{Sp} + j\,i_{Sq}\,]$) unabhängig von der Wahl des Bezugssystems die gleichen sind. Bei Vergleichen muß man deshalb auf das gerade gewählte Bezugssystem achten. Lediglich bei statorfester Bezugsachse werden die Komponenten abweichend von dieser Praxis mit α und β indiziert (z.B. $\underline{i}_{S1} = \frac{1}{\sqrt{2}}\,[\,i_{S\alpha} + j\,i_{S\beta}\,]$).

1.9 Luftspaltflußorientierte Steuerung der DAM

Ebenso wie die Statorflußorientierung führt auch die Luftspaltflußorientierung zu einer aufwendigeren Steuerung als die Rotorflußorientierung. Dies soll im folgenden nachgewiesen werden. Der dem Luftspaltfluß proportionale Hauptfluß ist

$$\underline{\Psi}_h = L_{Sh}\,(\underline{i}_{S1} + \underline{i}'_{R1}) \quad , \tag{1.78}$$

$$\underline{\Psi}_h = L_{Sh}\,\underline{i}_\mu \quad .$$

Mit dem Ansatz (1.8) für den Magnetisierungsstromraumzeiger $\underline{i}_\mu$ ergibt die F e s t l e g u n g d e r B e z u g s a c h s e in Richtung von $\underline{\Psi}_h$ und $\underline{i}_\mu$ die Vorschrift

$$\gamma_S = -\varphi_S \quad , \quad \gamma_R = -(\varphi_S - \gamma) \quad . \tag{1.79}$$

Damit wird

$$\underline{i}_\mu = \frac{1}{\sqrt{2}}\,i_\mu \tag{1.80}$$

und aus dem allgemeinen Ansatz (1.24) folgt mit (1.79) für den Statorstromraumzeiger im luftspaltflußfesten Koordinatensystem

$$\underline{i}_{S1} = \frac{1}{\sqrt{2}}\, i_S\, e^{j(\varepsilon_S - \varphi_S)}$$

und daraus mit (1.19) für die Komponenten

$$\begin{aligned} i_{Sp} &= i_S \cos(\varepsilon_S - \varphi_S) \quad , \\ i_{Sq} &= i_S \sin(\varepsilon_S - \varphi_S) \quad . \end{aligned} \tag{1.81}$$

Mit diesen Festlegungen erhält man aus der Rotorspannungsgleichung von (1.1) und der Momentenbeziehung (1.4) folgende Gleichungen für das Maschinenmodell in luftspaltflußfesten Koordinaten:

$$i_\mu + \tau_R \dot{i}_\mu = i_{Sp} + \frac{\sigma_R}{1+\sigma_R}\, \tau_R \left[\dot{i}_{Sp} - (\dot{\varphi}_S - \dot{\gamma})\, i_{Sq} \right] \tag{1.82}$$

$$0 = i_{Sq} - (\dot{\varphi}_S - \dot{\gamma})\tau_R\, i_\mu + \frac{\sigma_R}{1+\sigma_R}\, \tau_R \left[\dot{i}_{Sq} + (\dot{\varphi}_S - \dot{\gamma})\, i_{Sp} \right] \tag{1.83}$$

$$M_{i1} = p\, L_{Sh}\, i_{Sq}\, i_\mu \quad . \tag{1.84}$$

Auch hier ergibt sich eine gegenüber der Rotorflußorientierung aufwendigere Struktur. Der Einfluß der Korrekturglieder hängt von der Größe der Rotorstreuziffer σ_R ab, er würde bei $\sigma_R = 0$ verschwinden. Die Orientierungsgrößen i_μ und φ_S werden entweder durch direkte Feldmessung ermittelt oder über eine Statorspannungsintegration (Bild 1.7) unter Benutzung von (1.12) und (1.37) gewonnen mit

$$\underline{i}_\mu = \underline{i}''_\mu - \sigma_S\, \underline{i}_{S1} \tag{1.85}$$

woraus für $\gamma_S = 0$ mit den Ansätzen (1.8), (1.71) und (1.24) folgt

$$i_\mu\, e^{j\varphi_S} = i''_\mu\, e^{j\varphi''_S} - \sigma_S\, i_S\, e^{j\varepsilon_S}$$

und in Komponenten

$$i_\mu \cos \varphi_S = i''_\mu \cos \varphi''_S - \sigma_S \, i_S \cos \varepsilon_S \quad ,$$
$$i_\mu \sin \varphi_S = i''_\mu \sin \varphi''_S - \sigma_S \, i_S \sin \varepsilon_S \quad . \qquad (1.86)$$

Bild 1.25 zeigt die formal mit Bild 1.24 übereinstimmende Struktur. Es gilt die Abkürzung

$$\tau''_R = \frac{\sigma_R}{1+\sigma_R} \tau_R \quad .$$

Bei exakter Realisierung des Gesamtsystems wäre $b_p = i_{Sp}$ und $b_q = i_{Sq}$. Würde man die Korrekturterme in (1.82), (1.83) vernachlässigen, dann ergäbe sich nur für $(\varepsilon_S - \varphi_S) < (\varepsilon_S - \varphi_S)_{max} < \pi / 2$ ein stabiler Betrieb der Maschine, wobei $(\varepsilon_S - \varphi_S)_{max}$ mit zunehmender Rotorstreuung σ_R abnimmt. Dieser Fall entspricht dem in [1.18] untersuchten Fall, daß bei der rotorflußorientierten Steuerung nach Bild 1.4 an Stelle des Rotorflußraumzeigers ersatzweise der Luftspaltflußraumzeiger als Orientierungsgröße benutzt wird.

1.10 Momentenregelung und Rotorflußorientierung bei der spannungsgespeisten DAM

In [1.13] ist ein Regelverfahren für die spannungsgespeiste DAM angegeben, das nur an den Klemmen meßbare Größen verwendet und mit einer „unterlagerten Schlupffrequenzregelung" arbeitet. Aus Zweckmäßigkeitsgründen wird das Prinzip dieses Verfahrens hier als Momentenregelung vorgestellt. Wichtigste Bedingung ist die Konstanz des Betrags des Rotorflußraumzeigers. Als Stellgröße für die Regelung des inneren Drehmoments dient die Frequenz $\dot{\varphi}'_S$, mit der der Rotorflußraumzeiger relativ zum Stator umläuft. Der Istwert des inneren Drehmoments wird aus den gemessenen Strömen und Spannungen der Maschine und der Frequenz $\dot{\varphi}'_S$ berechnet. Die Konstanz des Betrags des Rotorflußraumzeigers wird dadurch gewährleistet, daß aus den Sollwerten von i'_μ und M_{i1} und der Frequenz $\dot{\varphi}'_S$ die Komponenten des rotorflußorientierten Statorspannungsraumzeigers berechnet werden. Aus diesen gewinnt man durch eine Transformation unter Verwendung von φ'_S die für die Ermittlung der Speisespannungen notwendigen statorfesten Komponenten.

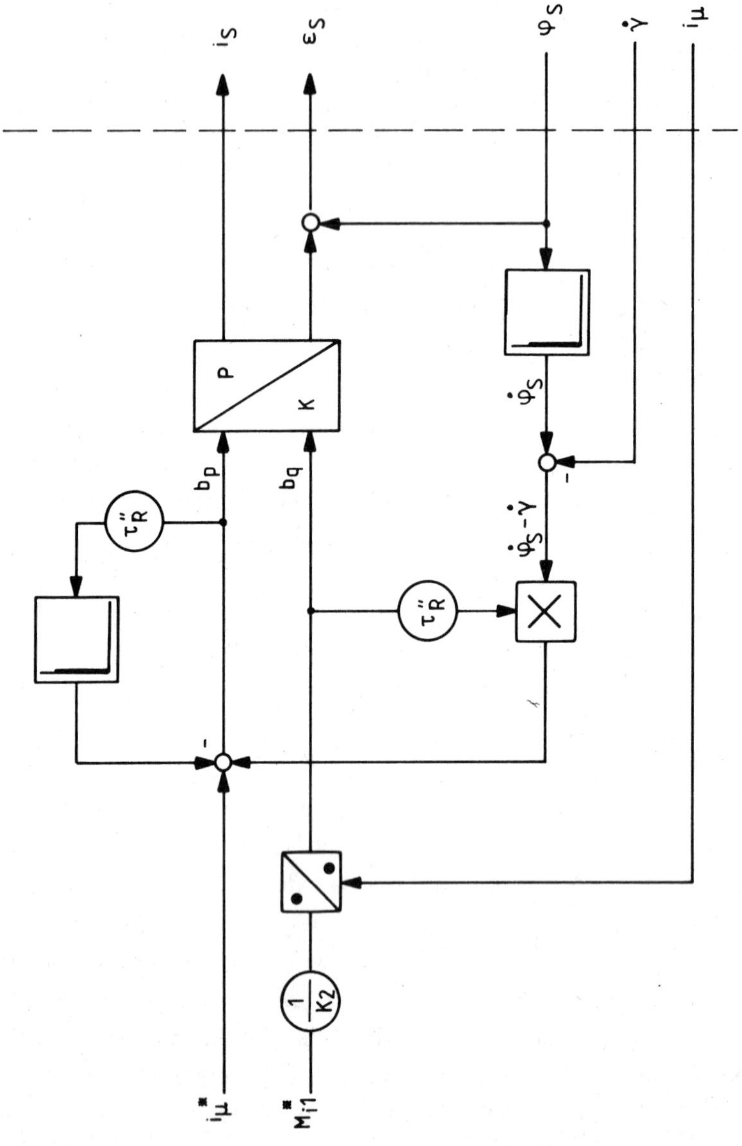

Bild 1.25: Luftspaltflußorientierte Steuerung der stromgespeisten Asynchronmaschine

Zunächst wird die Berechnung des inneren Drehmoments aus den Klemmengrößen und der Frequenz $\dot{\varphi}'_S$ für den Fall konstanten Rotorflußraumzeigerbetrags erläutert. Aus (1.6) und (1.12) folgt für den Rotorstromraumzeiger

$$\underline{i}'_{R1} = \frac{1}{1+\sigma_R}(\underline{i}'_\mu - \underline{i}_{S1})$$

und damit aus (1.4)

$$M_{i1} = \frac{2\,p\,L_{Sh}}{1+\sigma_R}\,\mathrm{Im}\left\{\underline{i}_{S1}\,\underline{i}'^*_\mu\right\} \quad . \qquad (1.87)$$

Zur Bestimmung von $\underline{i}'_\mu$ im statorfesten Bezugssystem mit $\gamma_S = 0$ wird die Statorspannungsgleichung nach (1.1) herangezogen

$$\underline{u}_{S1} = R_S\,\underline{i}_{S1} + \dot{\underline{\Psi}}_{S1} \quad . \qquad (1.88)$$

Der Statorflußraumzeiger wird mit (1.36) und (1.37) in der Form

$$\underline{\Psi}_{S1} = \frac{L_{Sh}}{1+\sigma_R}\left(\underline{i}'_\mu + \frac{\sigma}{1-\sigma}\,\underline{i}_{S1}\right) \qquad (1.89)$$

ausgedrückt. Aus (1.89) und (1.88) erhält man die Ableitung des Magnetisierungsstromraumzeigers in Abhängigkeit von meßbaren Größen:

$$\dot{\underline{i}}'_\mu = \frac{1+\sigma_R}{L_{Sh}}(\underline{u}_{S1} - R_S\,\underline{i}_{S1}) - \frac{\sigma}{1-\sigma}\,\dot{\underline{i}}_{S1} \quad . \qquad (1.90)$$

Nach dem Ansatz (1.13) wird für $\gamma_S = 0$

$$\dot{\underline{i}}'_\mu = \frac{1}{\sqrt{2}}\,\dot{i}'_\mu\,e^{j\varphi'_S} + j\,\dot{\varphi}'_S\,\underline{i}'_\mu \quad ,$$

woraus für konstanten Rotorflußraumzeigerbetrag mit

$$\dot{i}'_\mu = 0 \qquad (1.91)$$

folgt

$$\underline{i}'_\mu = \frac{\dot{\underline{i}}'_\mu}{j\,\dot{\varphi}'_S} \quad . \tag{1.92}$$

Schreibt man die Raumzeiger im statorfesten Bezugssystem in der Form

$$\underline{i}_{S1} = \frac{1}{\sqrt{2}}\,(i_{S\alpha} + j\, i_{S\beta})$$

$$\underline{u}_{S1} = \frac{1}{\sqrt{2}}\,(u_{S\alpha} + j\, u_{S\beta})$$

$$\underline{i}'_\mu = \frac{1}{\sqrt{2}}\,(i'_{\mu\alpha} + j\, i'_{\mu\beta}) \qquad ,$$

dann erhält man aus (1.92) mit (1.90)

$$\begin{aligned} i'_{\mu\alpha} &= \frac{1}{\dot{\varphi}'_S}\left[\frac{1+\sigma_R}{L_{Sh}}\,(u_{S\beta} - R_S\, i_{S\beta}) - \frac{\sigma}{1-\sigma}\,\dot{i}_{S\beta}\right] \\ i'_{\mu\beta} &= -\frac{1}{\dot{\varphi}'_S}\left[\frac{1+\sigma_R}{L_{Sh}}\,(u_{S\alpha} - R_S\, i_{S\alpha}) - \frac{\sigma}{1-\sigma}\,\dot{i}_{S\alpha}\right] \quad . \end{aligned} \tag{1.93}$$

Das innere Drehmoment nach (1.87) wird nach Einsetzen der Komponentenschreibweise

$$M_{i1} = \frac{p\, L_{Sh}}{1+\sigma_R}\,(i_{S\beta}\, i'_{\mu\alpha} - i_{S\alpha}\, i'_{\mu\beta}) \tag{1.94}$$

und somit aus Meßgrößen und der Frequenz $\dot{\varphi}'_S$ bestimmbar.

Zur Berechnung der der Maschine vorzugebenden Statorspannung wird vom Spannungsgleichungssystem nach (1.1) im rotorflußfesten Bezugssystem nach (1.14) ausgegangen, wobei der Rotorflußraumzeiger mit (1.11) und (1.15) ausgedrückt wird

$$\underline{u}_{S1} = R_S\, \underline{i}_{S1} + j\, \dot{\varphi}'_S\, \underline{\Psi}_{S1} + \dot{\underline{\Psi}}_{S1} \tag{1.95}$$

$$0 = R'_R\, \underline{i}'_{R1} + j\,(\dot{\varphi}'_S - \dot{\gamma})\, L_{Sh} \frac{1}{\sqrt{2}}\, i'_\mu + L_{Sh} \frac{1}{\sqrt{2}}\, \dot{i}'_\mu \quad . \tag{1.96}$$

Aus den beiden Gleichungen (1.96) und (1.16) kann man den Rotor- und den Statorstromraumzeiger in Abhängigkeit von i'_μ und $(\dot{\varphi}'_S - \dot{\gamma})$ ermitteln

$$\sqrt{2}\, \underline{i}'_{R1} = -\frac{L_{Sh}}{R'_R} \left[j\,(\dot{\varphi}'_S - \dot{\gamma})\, i'_\mu + \dot{i}'_\mu \right] \tag{1.97}$$

$$\sqrt{2}\, \underline{i}_{S1} = i'_\mu + \frac{(1+\sigma_R)\, L_{Sh}}{R'_R} \left[j\,(\dot{\varphi}'_S - \dot{\gamma})\, i'_\mu + \dot{i}'_\mu \right] \quad . \tag{1.98}$$

Mit der Flußgleichung für $\underline{\Psi}_{S1}$ nach (1.2) und den Raumzeigern (1.97), (1.98) folgt aus der Statorspannungsgleichung (1.95), wenn man Bedingung (1.91) für die Konstanz des Rotorflußraumzeigerbetrags berücksichtigt

$$\sqrt{2}\, \underline{u}_{S1} = \left[R_S + j\dot{\varphi}'_S (1+\sigma_S)\, L_{Sh} \right] i'_\mu + \left[(1+\sigma_R)\, R_S + j\dot{\varphi}'_S \frac{\sigma}{1-\sigma} L_{Sh} \right] j\,(\dot{\varphi}'_S - \dot{\gamma}) \frac{L_{Sh}}{R'_R}\, i'_\mu +$$

$$j\,(\ddot{\varphi}'_S - \ddot{\gamma}) \frac{\sigma}{1-\sigma} \frac{L^2_{Sh}}{R'_R}\, i'_\mu \quad . \tag{1.99}$$

Die Winkelgeschwindigkeit $(\dot{\varphi}'_S - \dot{\gamma})$, mit der der Rotorflußraumzeiger relativ zum Rotor rotiert, kann über (1.21) und (1.22) mit dem inneren Drehmoment ausgedrückt werden:

$$(\dot{\varphi}'_S - \dot{\gamma}) = \frac{R'_R}{p\, L^2_{Sh}\, i'^2_\mu}\, M_{i1} \quad . \tag{1.100}$$

Setzt man (1.100) in (1.99) ein, dann resultiert

$$\sqrt{2}\,\underline{u}_{S1} = \left[R_S + j\dot{\varphi}'_S\,(1+\sigma_S)\,L_{Sh}\right] i'_\mu +$$

$$\left[(1+\sigma_R)\,R_S + j\dot{\varphi}'_S\,\frac{\sigma}{1-\sigma} L_{Sh}\right] j\,\frac{M_{i1}}{p\,L_{Sh}\,i'_\mu} + j\,\frac{\sigma}{1-\sigma}\,\frac{\dot{M}_{i1}}{p\,i'_\mu} \quad . \tag{1.101}$$

Nach dieser Beziehung wird der Sollwert des rotorflußorientierten Statorspannungsraumzeigers aus dem Sollwert von i'_μ, dem Sollwert von M_{i1} und der Frequenz $\dot{\varphi}'_S$ errechnet. Die Komponenten ergeben sich gemäß (1.57) zu

$$u_{Sp} = R_S\, i'_\mu - \frac{\sigma}{1-\sigma}\,\frac{\dot{\varphi}'_S\, M_{i1}}{p\, i'_\mu}$$

$$u_{Sq} = \dot{\varphi}'_S\,(1+\sigma_S)\,L_{Sh}\, i'_\mu + \frac{(1+\sigma_R)\,R_S\,M_{i1}}{p\,L_{Sh}\,i'_\mu} + \frac{\sigma}{1-\sigma}\,\frac{\dot{M}_{i1}}{p\,i'_\mu} \quad . \tag{1.102}$$

Um den rotorflußorientierten Statorspannungsraumzeiger nach (1.34) mit $\gamma_S = -\varphi'_S$

$$\underline{u}_{S1} = \frac{1}{\sqrt{2}}\, u_S\, e^{j(\alpha_S - \varphi'_S)}$$

ins statorfeste Bezugssystem mit $\gamma_S = 0$ transformieren zu können

$$\underline{u}_{S1} = \frac{1}{\sqrt{2}}\, u_S\, e^{j\alpha_S} \quad ,$$

wird der Winkel φ'_S gebraucht, den man durch Integration von $\dot{\varphi}'_S$ gewinnen kann.

Die grundsätzliche Struktur dieses Verfahrens zeigt Bild 1.26. Wie die Berechnungen des Drehmomentistwerts und der Spannungssollwerte beweisen, ist der stark temperaturabhängige Rotorwiderstand ohne Einfluß, so daß auf eine aufwendige Adaption verzichtet werden kann. Obwohl die Bildung des inneren Drehmoments nach (1.94), (1.93) wegen der Annahme konstanten Rotorflußraumzeigerbetrags ohne Spannungsintegration auskommt, funktioniert diese Berechnung nur bis zu einer Mindeststatorfrequenz von einigen Hz. Das Verfahren hat somit den gleichen Nachteil wie das im Kapitel 1.3

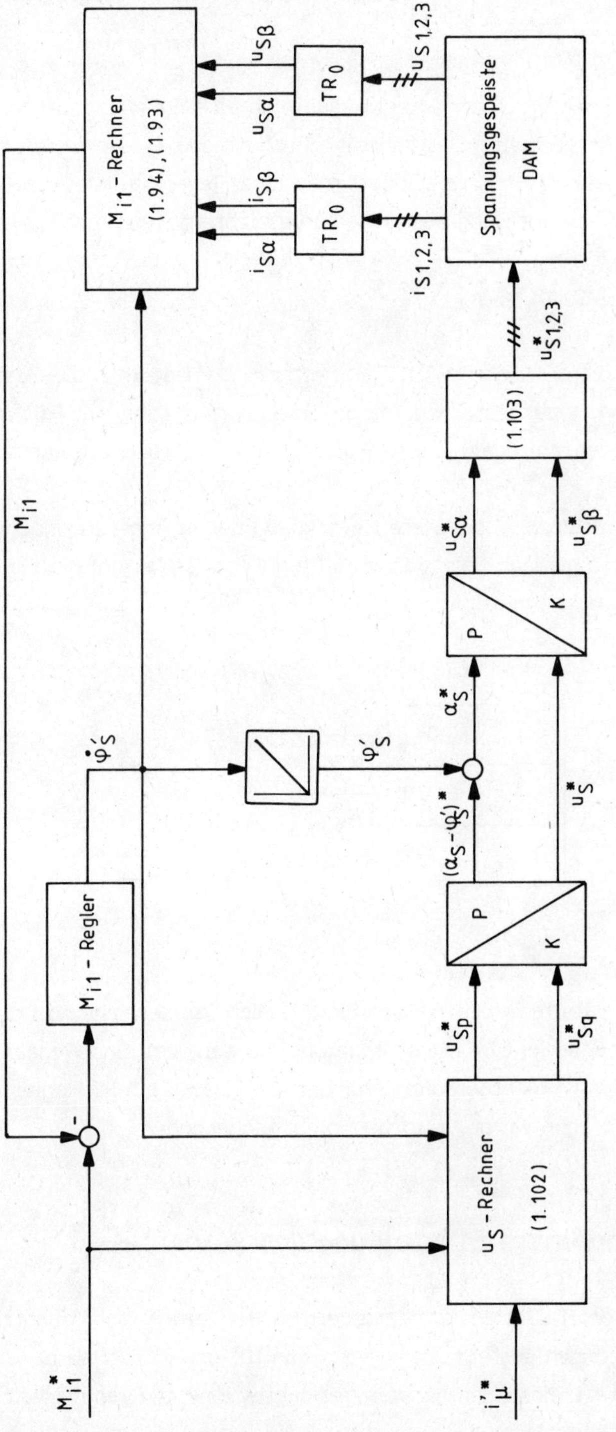

Bild 1.26: Regelung des inneren Drehmoments der spannungsgespeisten DAM mit Rotorflußorientierung

erläuterte bei Verwendung der Schaltung von Bild 1.7 zur Bildung der Orientierungsgrößen.

Der Regelung des inneren Drehmoments kann man eine Regelung der Frequenz $\dot{\varphi}'_S$ überlagern, die im stationären Betrieb mit sinusförmigen Systemen mit der Statorfrequenz ω_S übereinstimmt. Überlagert man eine Regelung der Drehfrequenz $\dot{\gamma}$, dann kann man auf die Messung des Istwerts verzichten, wenn man diesen gemäß

$$\dot{\gamma} = \dot{\varphi}'_S - (\dot{\varphi}'_S - \dot{\gamma})$$

unter Verwendung von Beziehung (1.100) ermittelt. Da jedoch in die Bestimmung von $(\dot{\varphi}'_S - \dot{\gamma})$ aus M_{i1} der Rotorwiderstand eingeht, muß dann mit Rücksicht auf die Genauigkeit der Drehzahlregelung eine Parameternachführung vorgenommen werden.

Die in dem Strukturbild 1.26 benutzte Berechnung der Strangspannungen aus den α-, β-Komponenten erfolgt nach der zeitinvarianten Transformation, die sich z.B. aus der Umkehrung von (1.33) ergibt:

$$\begin{bmatrix} u_{S1} \\ u_{S2} \\ u_{S3} \end{bmatrix} = \sqrt{\frac{2}{3}} \begin{bmatrix} 1 & 0 \\ -\frac{1}{2} & \frac{1}{2}\sqrt{3} \\ -\frac{1}{2} & -\frac{1}{2}\sqrt{3} \end{bmatrix} \begin{bmatrix} u_{S\alpha} \\ u_{S\beta} \end{bmatrix} . \qquad (1.103)$$

Bei dem hier vorgestellten Verfahren handelt es sich im Gegensatz zu den übrigen behandelten Methoden nicht um eine Steuerung, sondern um eine Regelung. Auf die Dimensionierung des Momentenreglers, für den in [1.13] ein PI-Regler oder ein II_2-Regler vorgeschlagen wurde, wird hier nicht eingegangen.

1.11 Verlustoptimale Einstellung des Rotorflusses

Werden an einen rotorflußorientiert gesteuerten Asynchronmaschinenantrieb hohe dynamische Anforderungen gestellt, dann wird man für den Rotorfluß bzw. i'_μ den maximal zulässigen Wert einstellen, um ein verlangtes inneres Drehmoment immer schnellstmöglich über den Statorstrom aufbauen zu können. Wird keine hohe Dynamik verlangt, dann empfiehlt sich eine Rotorflußeinstellung, die die Summe aus den Stromwärmeverlusten in den Wicklungen und den Eisenverlusten minimal werden läßt. Damit wird der Aufbau des inneren Drehmoments (1.22) wegen des verzögerten Anstiegs von i'_μ gemäß dem VZ1-Verhalten nach (1.20) verlangsamt. Die Stromwärmeverluste in den Wicklungen sind

$$P_{vCu} = R_S\, i_S^2 + R'_R\, i'^2_R \tag{1.104}$$

und die Eisenverluste können bei Annahme eines linearen magnetischen Kreises näherungsweise durch die Beziehung

$$P_{vFe} = \left[h \frac{f_S}{f_{SN}} + (1 - h) \left(\frac{f_S}{f_{SN}} \right)^2 \right] R_{Fe} \cdot i'^2_\mu \tag{1.105}$$

angegeben werden. h beziffert den Anteil der Hystereseverluste und 1-h den Anteil der Wirbelstromverluste an den gesamten Eisenverlusten ($h \approx 0{,}7 \ldots 0{,}9$). Den Ersatzwiderstand R_{Fe} gewinnt man aus den Eisenverlusten für Nennbetrieb zu

$$R_{Fe} = \frac{P_{vFeN}}{i'^2_{\mu N}} \quad . \tag{1.106}$$

Für stationären Betrieb mit sinusförmigen symmetrischen Systemen gilt

$$i_S^2 = i'^2_\mu + i_{Sq}^2$$

und unter der Annahme verschwindender Rotorstreuung ($\sigma_R = 0$) nach (1.16)

$$i'^2_R = i_{Sq}^2 \quad .$$

Ersetzt man i_{Sq} mittels der Drehmomentbeziehung (1.22) durch

$$i_{Sq} = \frac{M_{i1}}{K_1} \frac{1}{i'_\mu} \quad ,$$

dann ergibt sich für die Wicklungsverluste nach (1.104)

$$P_{vCu} = R_S\, i'^2_\mu + (R_S + R'_R)\left(\frac{M_{i1}}{K_1}\right)^2 \frac{1}{i'^2_\mu} \quad .$$

Die Summe der Verluste ist dann

$$P_{vCu} + P_{vFe} = \left[R_S + R_{Fe}\, h\, \frac{f_S}{f_{SN}} + R_{Fe}\,(1-h)\left(\frac{f_S}{f_{SN}}\right)^2\right] i'^2_\mu + (R_S + R'_R)\left(\frac{M_{i1}}{K_1}\right)^2 \frac{1}{i'^2_\mu} \; . \tag{1.107}$$

Die Extremwertbestimmung führt mit

$$\frac{\partial (P_{vCu} + P_{vFe})}{\partial\, i'_\mu} = 0$$

zum Optimalwert des Mangetisierungsstroms

$$i'_{\mu opt} = \sqrt[4]{\frac{R_S + R'_R}{R_S + R_{Fe}\, h\, \frac{f_S}{f_{SN}} + R_{Fe}\,(1-h)\left(\frac{f_S}{f_{SN}}\right)^2}}\; \sqrt{\frac{M_{i1}}{K_1}} \; . \tag{1.108}$$

Dieser von der Statorfrequenz und dem inneren Drehmoment abhängige Wert des Magnetisierungsstroms führt zum Minimum der Verlustsumme $P_{vCu} + P_{vFe}$ und ermöglicht somit Betrieb bei maximalem Wirkungsgrad. Diese Methode der Verlustreduktion bei Teillast ist bei feldorientierten Asynchronmaschinenantrieben dann zu empfehlen, wenn die durch die Verzögerung des Drehmomentaufbaus bedingte Verschlechterung der Dynamik und der Stabilität in Kauf genommen werden kann.
Setzt man den Optimalwert (1.108) in (1.107) ein, dann erhält man die Verlustsumme

$$(P_{vCu} + P_{vFe})_{opt} = 2\, \frac{M_{i1}}{K_1} \sqrt{(R_S + R'_R)\left[R_S + R_{Fe}\, h\, \frac{f_S}{f_{SN}} + R_{Fe}\,(1-h)\left(\frac{f_S}{f_{SN}}\right)^2\right]} \; . \tag{1.109}$$

In dem Diagramm von Bild 1.27 sind die Funktionen (1.108) und (1.109) für jeweils drei Werte des Parameters f_S für eine 7,5 kW-Maschine dargestellt. In das Diagramm sind auch die Nennwerte $i'_{\mu N}$ und $(P_{vCu} + P_{vFe})_N$ eingetragen. Der Anwendungsbereich der hier erläuterten verlustoptimalen Steuerung des Flusses wird dadurch eingeschränkt, daß mit Rücksicht auf die Sättigung $i'_\mu \leq i'_{\mu N}$ und mit Rücksicht auf die Erwärmung $(P_{vCu} + P_{vFe}) \leq (P_{vCu} + P_{vFe})_N$ einzuhalten ist. Dies bedeutet z.B., daß diese Steuerung im Fall $f_S/f_{SN} = 1$ und $f_S/f_{SN} = 2$ für $M_{i1} / M_{iN} \leq 0{,}7$ und im Fall $f_S / f_{SN} = 0$ für $M_{i1} / M_{iN} \leq 0{,}34$ einsetzbar ist. Die hier durchgeführte vereinfachte Verlustberechnung soll lediglich die grundsätzliche Möglichkeit der verlustoptimalen Steuerung aufzeigen. Bei Umrichterspeisung muß eine verfeinerte, auch den Einfluß der höheren Harmonischen berücksichtigende Berechnungsmethode angewandt werden [1.19] .

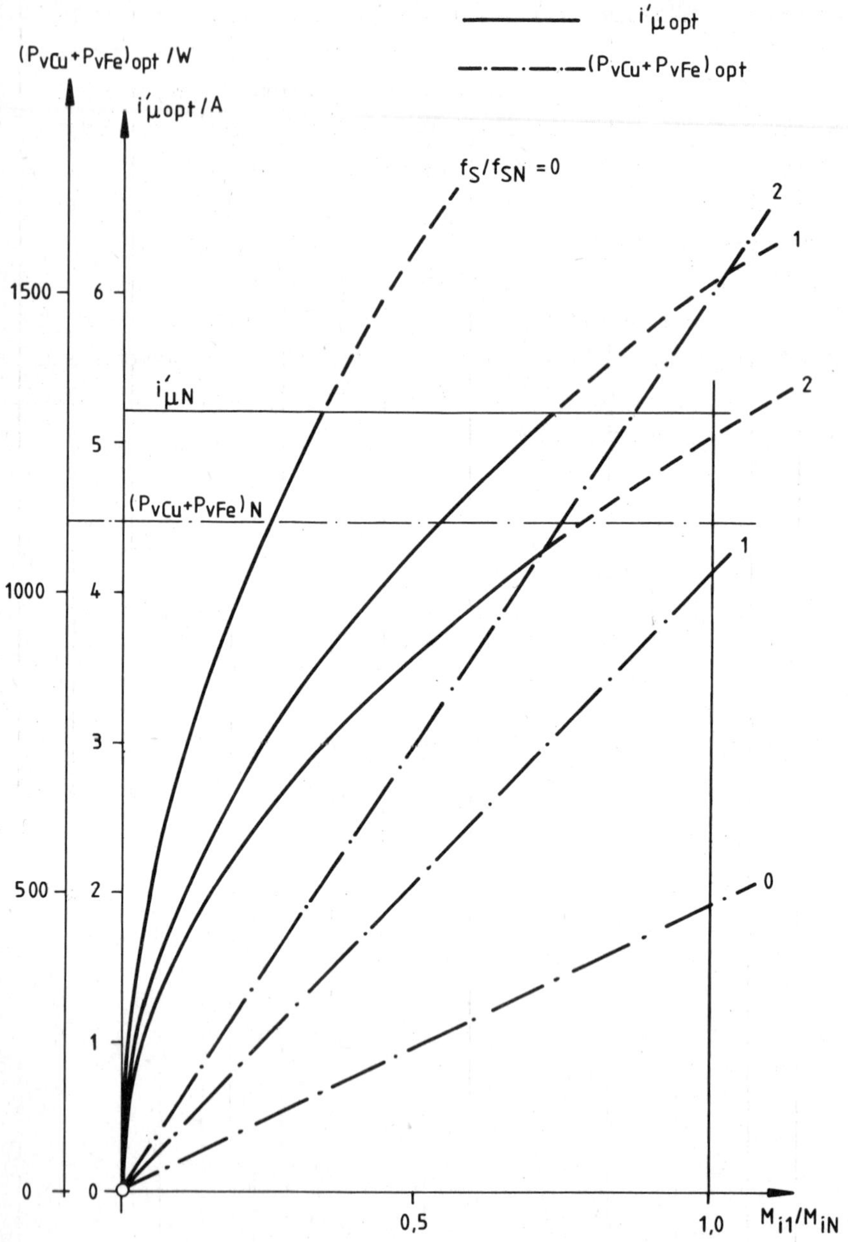

Bild 1.27: Verlustoptimale Steuerung des Rotorflusses am Beispiel einer 7,5 kW-DAM (Daten: $R_S = 3\,\Omega$; $R'_R = 3{,}3\,\Omega$; $R_{Fe} = 11\,\Omega$; $K_1 = 1{,}36\,\Omega s$; $M_{iN} = 75$ Ws ; $f_{SN} = 50$ Hz; $i'_{\mu N} = 5{,}2$ A; $i_{SN} = 12$ A; $h = 0{,}8$)

2. Doppeltgespeiste Drehstrommaschine (DDM)

In diesem Kapitel wird eine Drehstrommaschine behandelt, die im Stator und im Rotor (Schleifringläufer) mit einer symmetrischen dreisträngigen Wicklung ausgestattet ist. Während der Stator (bzw. Rotor) an das vorhandene starre Drehspannungssystem angeschlossen ist, wird der Rotor (bzw. Stator) von einem an das gleiche Netz angeschlossenen Umrichter gespeist. Dieser Umrichter liefert ein Drehspannungs- oder Drehstromsystem einstellbarer Amplitude. Seine Frequenz kann entweder von der Maschine selbst bestimmt werden (Selbststeuerung) oder fremd vorgegeben sein (Fremdsteuerung). Bei starrer Fremdsteuerung nimmt die Maschine das Verhalten einer Synchronmaschine an. Auf das Verhalten bei Selbststeuerung wird im Abschnitt 2.1.2 eingegangen. Die Differenz der Frequenzen der Stator und Rotor speisenden Spannungssysteme bestimmt im stationären Betrieb direkt die Drehzahl der Maschine. Die Spannung des steuerbaren Systems wird dann z.B. so eingestellt, daß der Luftspaltfluß seinen Nennwert hat. Im allgemeinen Fall läßt dieses Antriebssystem Betrieb in sechs Bereichen des Drehmoment-Drehzahl-Diagramms zu, nämlich jeweils Motorbetrieb und Bremsbetrieb im untersynchronen, übersynchronen und gegensynchronen Drehzahlbereich [2.1]. Im folgenden werden an Hand des stationären symmetrischen Betriebs mit konstantem Lastmoment die verschiedenen Betriebsarten erläutert.

2.1 Stationärer Betrieb der DDM

Unter der Voraussetzung, daß im Stator und Rotor keine Nullsysteme auftreten, gilt für die Grundwellenmaschine das Spannungsgleichungssystem

$$\begin{bmatrix} \underline{u}_{S1} \\ \underline{u}'_{R1} \end{bmatrix} = \begin{bmatrix} R_S & \\ & R'_R \end{bmatrix} \begin{bmatrix} \underline{i}_{S1} \\ \underline{i}'_{R1} \end{bmatrix} - j \begin{bmatrix} \dot{\gamma}_S & \\ & \dot{\gamma}_R \end{bmatrix} \begin{bmatrix} \underline{\Psi}_{S1} \\ \underline{\Psi}'_{R1} \end{bmatrix} + \begin{bmatrix} \dot{\underline{\Psi}}_{S1} \\ \dot{\underline{\Psi}}'_{R1} \end{bmatrix} , \qquad (2.1)$$

das die Verallgemeinerung von (1.1) für nicht kurzgeschlossene Rotorstränge darstellt. Gleichung (1.2) gelte ebenso und die Winkel γ_S und γ_R sind gemäß Bild 1.1 zu verstehen. Zu den in (1.3) definierten Raumzeigern kommt noch der der Rotorspannungen hinzu:

$$\underline{u}'_{R1} = \frac{1}{\sqrt{3}}(u_{R1} + \underline{a}\, u_{R2} + \underline{a}^2\, u_{R3})\, ü\, e^{j\gamma_R} \tag{2.2}$$

mit den Rotorstrangspannungen u_{R1}, u_{R2}, u_{R3}. Bei folgender Beschreibung der symmetrischen Spannungssysteme von Stator und Rotor

$$\begin{bmatrix} u_{S1} \\ u_{S2} \\ u_{S3} \end{bmatrix} = \sqrt{2}\, U_S \begin{bmatrix} \cos \alpha_S \\ \cos(\alpha_S - 2\pi/3) \\ \cos(\alpha_S - 4\pi/3) \end{bmatrix} , \quad \alpha_S = \omega_S t + \alpha_{So} \tag{2.3}$$

$$\begin{bmatrix} u_{R1} \\ u_{R2} \\ u_{R3} \end{bmatrix} = \sqrt{2}\, U_R \begin{bmatrix} \cos \alpha_R \\ \cos(\alpha_R - 2\pi/3) \\ \cos(\alpha_R - 4\pi/3) \end{bmatrix} , \quad \alpha_R = \omega_R t + \alpha_{Ro} \tag{2.4}$$

resultieren nach (1.3) und (2.2) die dazugehörigen Raumzeiger

$$\underline{u}_{S1} = \sqrt{\tfrac{3}{2}}\, \underline{U}_S\, e^{j(\omega_S t + \gamma_S)} \quad \text{mit } \underline{U}_S = U_S\, e^{j\alpha_{So}} \tag{2.5}$$

und

$$\underline{u}'_{R1} = \sqrt{\tfrac{3}{2}}\, \underline{U}'_R\, e^{j(\omega_R t + \gamma_R)} \quad \text{mit } \underline{U}'_R = ü\, U_R\, e^{j\alpha_{Ro}} \quad . \tag{2.6}$$

Im stationären Betrieb bei konstantem Lastmoment muß zwischen der Statorfrequenz, der Rotorfrequenz und der auf das zweipolige Modell bezogenen Winkelgeschwindigkeit des Rotors folgender Zusammenhang gelten:

$$\omega_S = \omega_R + \dot{\gamma} \, . \tag{2.7}$$

Der Rotorpositionswinkel ist dann eine lineare Funktion der Zeit

$$\gamma = \dot{\gamma} t + \gamma_0 \quad . \tag{2.8}$$

Die Bezugsachse wird mit ω_S relativ zum Stator umlaufend angenommen

$$\gamma_S = - \omega_S t \quad , \tag{2.9}$$

woraus nach Bild 1.1 mit (2.7) und (2.8) folgt

$$\gamma_R = - \omega_R t + \gamma_0 \quad . \tag{2.10}$$

Bei dieser Wahl der Bezugsachse werden die Raumzeiger (2.5) und (2.6) zeitlich konstant:

$$\underline{u}'_{S1} = \sqrt{\tfrac{3}{2}}\, \underline{U}_S \tag{2.11}$$

und

$$\underline{u}'_{R1} = \sqrt{\tfrac{3}{2}}\, \underline{U}'_R\, e^{j\gamma_0} \quad . \tag{2.12}$$

Die stationären Lösungen des Gleichungssystems (2.1), (1.2) sind dann im Fall konstanter Drehzahl ebenfalls konstant, so daß man für die Stromraumzeiger in Analogie zu (2.11), (2.12) folgende Ansätze machen kann:

$$\underline{i}_{S1} = \sqrt{\tfrac{3}{2}}\, \underline{I}_S \quad \text{mit} \quad \underline{I}_S = I_S\, e^{j\varepsilon_{So}} \quad , \tag{2.13}$$

$$\underline{i}'_{R1} = \sqrt{\tfrac{3}{2}}\, \underline{I}'_R \quad \text{mit} \quad \underline{I}'_R = \frac{1}{\ddot{u}}\, I_R\, e^{j\varepsilon_{Ro}} \quad . \tag{2.14}$$

Aus diesen Raumzeigern folgen mit (1.26) und (2.9) sowie mit

$$\begin{bmatrix} i_{R1} \\ i_{R2} \\ i_{R3} \end{bmatrix} = \frac{2}{\sqrt{3}}\, \ddot{u}\, \mathrm{Re} \left\{ \begin{bmatrix} 1 \\ \underline{a}^2 \\ \underline{a} \end{bmatrix} \underline{i}'_{R1}\, e^{-j\gamma_R} \right\}$$

und (2.10) die Stromsysteme von Stator und Rotor:

$$\begin{bmatrix} i_{S1} \\ i_{S2} \\ i_{S3} \end{bmatrix} = \sqrt{2}\, I_S \begin{bmatrix} \cos \varepsilon_S \\ \cos(\varepsilon_S - 2\pi/3) \\ \cos(\varepsilon_S - 4\pi/3) \end{bmatrix} , \quad \varepsilon_S = \omega_S t + \varepsilon_{So} \tag{2.15}$$

$$\begin{bmatrix} i_{R1} \\ i_{R2} \\ i_{R3} \end{bmatrix} = \sqrt{2}\, I_R \begin{bmatrix} \cos \varepsilon_R \\ \cos(\varepsilon_R - 2\pi/3) \\ \cos(\varepsilon_R - 4\pi/3) \end{bmatrix} , \quad \varepsilon_R = \omega_R t + \varepsilon_{Ro} - \gamma_o . \tag{2.16}$$

Mit (2.9) bis (2.14) erhält man dann aus dem Gleichungssystem (2.1), (1.2) folgende Bestimmungsgleichungen für die Stromzeiger $\underline{I}_S$ und $\underline{I}'_R$:

$$\begin{bmatrix} \underline{U}_S \\ \frac{\omega_S}{\omega_R} \underline{U}'_R e^{j\gamma_o} \end{bmatrix} = \left\{ \begin{bmatrix} R_S & \\ & \frac{\omega_S}{\omega_R} R'_R \end{bmatrix} + j\omega_S \begin{bmatrix} L_{Sh}+L_{S\sigma} & L_{Sh} \\ L_{Sh} & L_{Sh}+L'_{R\sigma} \end{bmatrix} \right\} \begin{bmatrix} \underline{I}_S \\ \underline{I}'_R \end{bmatrix} . \tag{2.17}$$

Diese Gleichungen können durch die E r s a t z s c h a l t b i l d e r in Bild 2.1 und 2.2 veranschaulicht werden. Wenn z.B. die Betriebsparameter U_S, U'_R, $\alpha_{Ro} + \gamma_o$, ω_S und ω_R gegeben sind, können die beiden Stromzeiger $\underline{I}_S$ und $\underline{I}'_R$ ermittelt werden. Der Nullphasenwinkel α_{So} der Statorspannung wird zweckmäßigerweise zu null angenommen. Der Winkel $\alpha_{Ro} + \gamma_o$ ist eine Funktion des Lastmoments.

Im folgenden wird die L e i s t u n g s b i l a n z der doppeltgespeisten Drehstrommaschine ermittelt. Zunächst wird nach (1.4) mit den Stromraumzeigern (2.13), (2.14) das i n n e r e D r e h m o m e n t berechnet:

$$M_{i1} = 3\, p\, L_{Sh}\, \mathrm{Im}\left\{ \underline{I}_S\, \underline{I}'^{*}_R \right\} \quad .$$

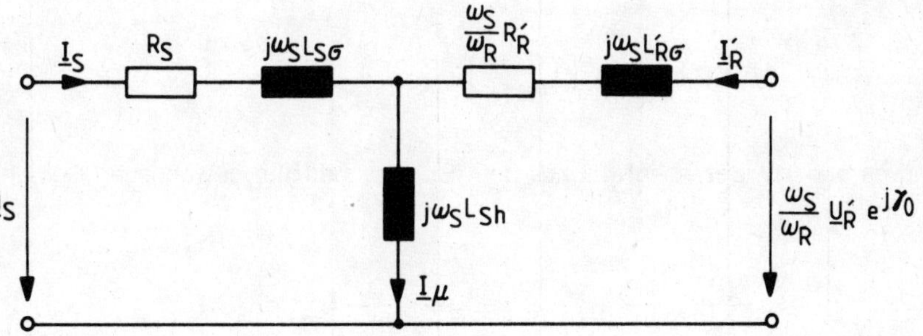

Bild 2.1: Ersatzschaltbild der doppeltgespeisten Drehstrommaschine

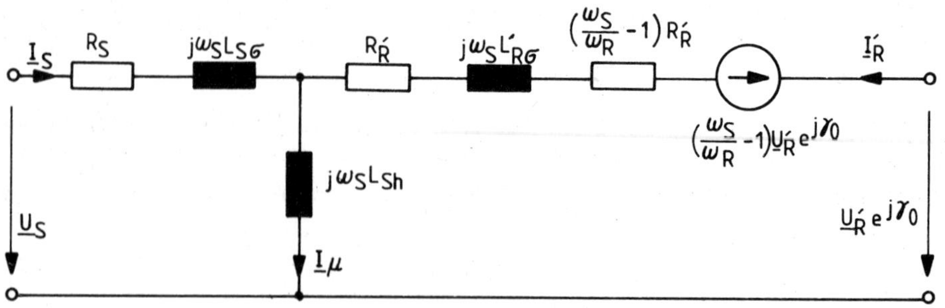

Bild 2.2: Modifiziertes Ersatzschaltbild der doppeltgespeisten Drehstrommaschine

Mit $\underline{I}_S = \underline{I}_\mu - \underline{I}'_R$ nach Bild 2.1 folgt

$$M_{i1} = 3\, p\, L_{Sh}\, \mathrm{Im} \left\{ \underline{I}_\mu\, \underline{I}'^*_R \right\}$$

und daraus mit der ebenfalls aus dem Ersatzschaltbild gewonnenen Beziehung

$$\underline{I}_\mu = \frac{1}{L_{Sh}} \left(j \frac{R'_R}{\omega_R} \underline{I}'_R - L'_{R\sigma} \underline{I}'_R - j \frac{1}{\omega_R} \underline{U}'_R\, e^{j\gamma_0} \right)$$

der endgültige Ausdruck für das Drehmoment

$$M_{i1} = \frac{p}{\omega_R}\, 3\, R'_R\, I'^2_R - \frac{p}{\omega_R}\, 3\, \mathrm{Re} \left\{ \underline{I}'^*_R\, \underline{U}'_R\, e^{j\gamma_0} \right\} . \tag{2.18}$$

Die **innere mechanische Leistung** wird dann

$$P_{mechi} = \frac{1}{p} \dot{\gamma} M_{i1} = \frac{1}{p} (\omega_S - \omega_R) M_{i1} \tag{2.19}$$

und mit (2.18)

$$P_{mechi} = (\frac{\omega_S}{\omega_R} - 1)\, 3\, R'_R\, I'^2_R - (\frac{\omega_S}{\omega_R} - 1)\, 3\, \mathrm{Re}\left\{\underline{I}'^*_R\, \underline{U}'_R\, e^{j\gamma_0}\right\}. \quad (2.20)$$

Die von der R o t o r w i c k l u n g a u f g e n o m m e n e L e i s t u n g berechnet sich nach

$$P_R = 2\,\mathrm{Re}\left\{\underline{i}'^*_{R1}\, \underline{u}'_{R1}\right\}$$

mit den Raumzeigern (2.12) und (2.14) zu

$$P_R = 3\,\mathrm{Re}\left\{\underline{I}'^*_R\, \underline{U}'_R\, e^{j\gamma_0}\right\}. \quad (2.21)$$

Die S t r o m w ä r m e v e r l u s t e d e s R o t o r s

$$P_{vR} = 2\, R'_R\, \underline{i}'^*_{R1}\, \underline{i}'_{R1}$$

sind dann mit (2.14)

$$P_{vR} = 3\, R'_R\, I'^2_R \quad . \quad (2.22)$$

Mit (2.21) und (2.22) kann man für die mechanische Leistung (2.20) auch schreiben

$$P_{mechi} = (\frac{\omega_S}{\omega_R} - 1)\,(P_{vR} - P_R) \quad . \quad (2.23)$$

Benutzt man die übliche Definition der D r e h f e l d l e i s t u n g

$$P_D = \frac{1}{p}\,\omega_S\, M_{i1} \quad , \quad (2.24)$$

dann erhält man mit (2.19) und (2.23)

$$P_D = \frac{1}{1 - \dfrac{\omega_R}{\omega_S}}\, P_{mechi} \quad (2.25)$$

und

$$P_D = \frac{\omega_S}{\omega_R} (P_{vR} - P_R) \quad . \tag{2.26}$$

Für $U'_R = 0$ und damit $P_R = 0$ gehen obige Beziehungen in die für die Asynchronmaschine mit kurzgeschlossener Rotorwicklung geltenden über. Zur Interpretation der Leistungsgleichungen dient das modifizierte Ersatzschaltbild in Bild 2.2 und das Energieflußdiagramm von Bild 2.3 . Die Leistungsbilanz für den Rotor folgt aus (2.23) und (2.25):

$$P_D + P_R = P_{vR} + P_{mechi} \quad . \tag{2.27}$$

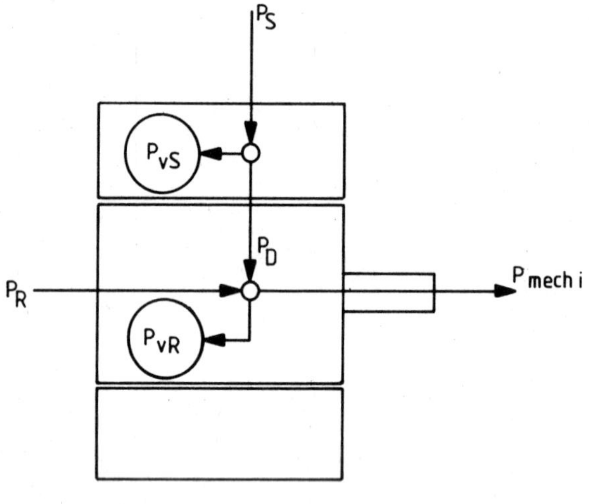

Bild 2.3: Energieflußdiagramm der doppelgespeisten Drehstrommaschine

2.1.1 Stationärer Betrieb der fremdgesteuerten DDM bei Statorspeisung durch ein starres Netz

Das stationäre Betriebsverhalten wird nun unter der Voraussetzung eines s t a r r e n S t a t o r s p a n n u n g s s y s t e m s mit

$$\underline{U}_S = U_n \quad , \quad \omega_S = \omega_n > 0$$

und eines eingeprägten Rotorspannungssystems bei Vernachlässigung des Statorwiderstands ($R_S = 0$) berechnet. Es handelt sich dann auch um Betrieb bei konstantem Statorfluß. Bei der Herleitung der aufgeführten Leistungsbeziehungen unter Verwendung der Gleichungen (2.17) oder des Ersatzschaltbildes wurden folgende Bezugsgrößen oder Abkürzungen benutzt:

$$P_{DK} = \frac{3}{2} \frac{U_n^2}{(1+\sigma_S)^2 \, \sigma \omega_n \, L'_{RR}} \quad , \quad \text{Kippdrehfeldleistung für } U'_R = 0$$

$$\omega_{RK} = \frac{R'_R}{\sigma L'_{RR}} \quad , \quad \text{Rotorkippfrequenz für } U'_R = 0$$

$$a = \frac{U'_R \; \omega_n/\omega_R}{U_n/(1+\sigma_S)} \quad , \quad \text{Steuervorschrift für die Rotorspannung}$$

$$\delta = \alpha_{Ro} + \gamma_o \quad , \quad \text{Lastwinkel}$$

Über die Messung des Lastwinkels, der mit dem Polradwinkel bei der Synchronmaschine vergleichbar ist, wird weiter unten in diesem Abschnitt berichtet. Für die bezogene Drehfeldleistung nach (2.24) und (2.18) ergibt sich dann

$$\frac{P_D}{P_{DK}} = \frac{2}{\frac{\omega_{RK}}{\omega_R} + \frac{\omega_R}{\omega_{RK}}} \left[1 - a \left(\cos\delta + \frac{\omega_R}{\omega_{RK}} \sin\delta \right) \right] \quad , \tag{2.28}$$

für die bezogene von der Rotorwicklung aufgenommene Leistung nach (2.21)

$$\frac{P_R}{P_{DK}} = \frac{2}{\frac{\omega_{RK}}{\omega_R} + \frac{\omega_R}{\omega_{RK}}} \, a \left(a - \cos\delta + \frac{\omega_R}{\omega_{RK}} \sin\delta \right) \frac{\omega_R}{\omega_n} \quad , \tag{2.29}$$

und für die bezogenen Stromwärmeverluste des Rotors nach (2.22)

$$\frac{P_{vR}}{P_{DK}} = \frac{2}{\frac{\omega_{RK}}{\omega_R} + \frac{\omega_R}{\omega_{RK}}} (1 + a^2 - 2\,a \cos \delta) \frac{\omega_R}{\omega_n} \quad . \tag{2.30}$$

Hier gelten natürlich auch die Zusammenhänge (2.23) bis (2.27), so daß auch P_{mechi}/P_{DK} leicht zu ermitteln ist.

Der Rotor wird stromlos und damit das innere Drehmoment verschwinden, wenn keine Rotorverluste auftreten, d.h. wenn in (2.30)

$$1 + a^2 - 2\,a \cos \delta = 0$$

gilt. Diese Bedingung ist für zwei Fälle erfüllbar:

a) $a = 1$ und $\delta = 0 \pm g\, 2\pi$ mit $g = 0, 1, 2, 3, \ldots$

$$U'_R = \frac{\omega_R}{\omega_n} \frac{1}{1 + \sigma_S} U_n$$

$$\frac{\dot{\gamma}}{\omega_n} = 1 - \frac{\omega_R}{\omega_n} \quad , \quad \omega_R > 0$$

$$\frac{\dot{\gamma}}{\omega_n} = 1 - \frac{U'_R}{U_n/(1 + \sigma_S)} < 1$$

Hierbei handelt es sich um ideellen Leerlaufbetrieb im untersynchronen ($0 < \dot{\gamma}/\omega_n < 1$) und gegensynchronen ($\dot{\gamma}/\omega_n < 0$) Bereich, wobei die höchste Rotorspannung $U'_{Rmax} > U_n / (1 + \sigma_S)$ zur höchsten gegensynchronen Drehzahl gehört. Da grundsätzlich die Rollen von Rotor und Stator vertauscht werden können, empfiehlt es sich beim gegensynchronen Betrieb den Rotor mit der festen Netzspannung zu speisen, um an den Schleifringen die niedrigere Maximalspannung zu haben. Denn unter der Annahme eines Übersetzungsverhältnisses $ü \approx 1$ wäre dann der Maximalwert der verstellbaren Statorspannung je nach Größe des Verstellbereichs größer als die Netzspannung U_n. Den oben formelmäßig angegebenen Zusammenhang zwischen Rotorspannung, Rotorfrequenz und Drehfrequenz bei Einhaltung der Steuervorschrift a = 1 zeigt Bild 2.4.

b) $a = -1$ und $\delta = \pi \pm g\, 2\pi$ mit $g = 0, 1, 2, 3, \ldots$

$$U'_R = -\frac{\omega_R}{\omega_n}\,\frac{1}{1+\sigma_S}\,U_n$$

$$\frac{\dot{\gamma}}{\omega_n} = 1 - \frac{\omega_R}{\omega_n} \quad , \quad \omega_R < 0$$

$$\frac{\dot{\gamma}}{\omega_n} = 1 + \frac{U'_R}{U_n/(1+\sigma_S)} > 1$$

Hierbei handelt es sich um ideellen Leerlaufbetrieb im übersynchronen Bereich ($\dot{\gamma}/\omega_n > 1$). Die Vorzeichenumkehr der Rotorfrequenz bedeutet praktisch gemäß (2.4) eine Änderung der Phasenfolge des Rotorspannungssystems. Obige Zusammenhänge sind ebenfalls in Bild 2.4 graphisch dargestellt.

Das innere Drehmoment verschwindet auch bei nicht verschwindendem Rotorstrom, wenn die aus (2.28) resultierende Bedingung

$$\cos\delta + \frac{\omega_R}{\omega_{RK}}\sin\delta = \frac{1}{a}$$

erfüllt ist. In diesem Fall gilt auch $P_{mechi} = 0$ und damit $P_R = P_{vR}$ (Bild 2.3), d.h. die den Rotor speisende Spannungsquelle deckt gerade die Rotorverluste. Dieser Betriebspunkt liegt jedoch nicht - wie weiter unten gezeigt - im stabilen Betriebsbereich.

Stellt man bestimmte Werte für die Rotorspannung U'_R und die Rotorfrequenz ω_R gemäß der Vorschrift von a) oder b) ein, dann wird die Maschine ausgehend von dem in a) bzw. b) angegebenen Leerlaufwert des Lastwinkels δ unter Beibehaltung der Drehzahl in stationären Motor- oder Bremsbetrieb übergehen, jenachdem, ob an der Welle ein konstantes äußeres Lastmoment oder Antriebsmoment auftritt. In den

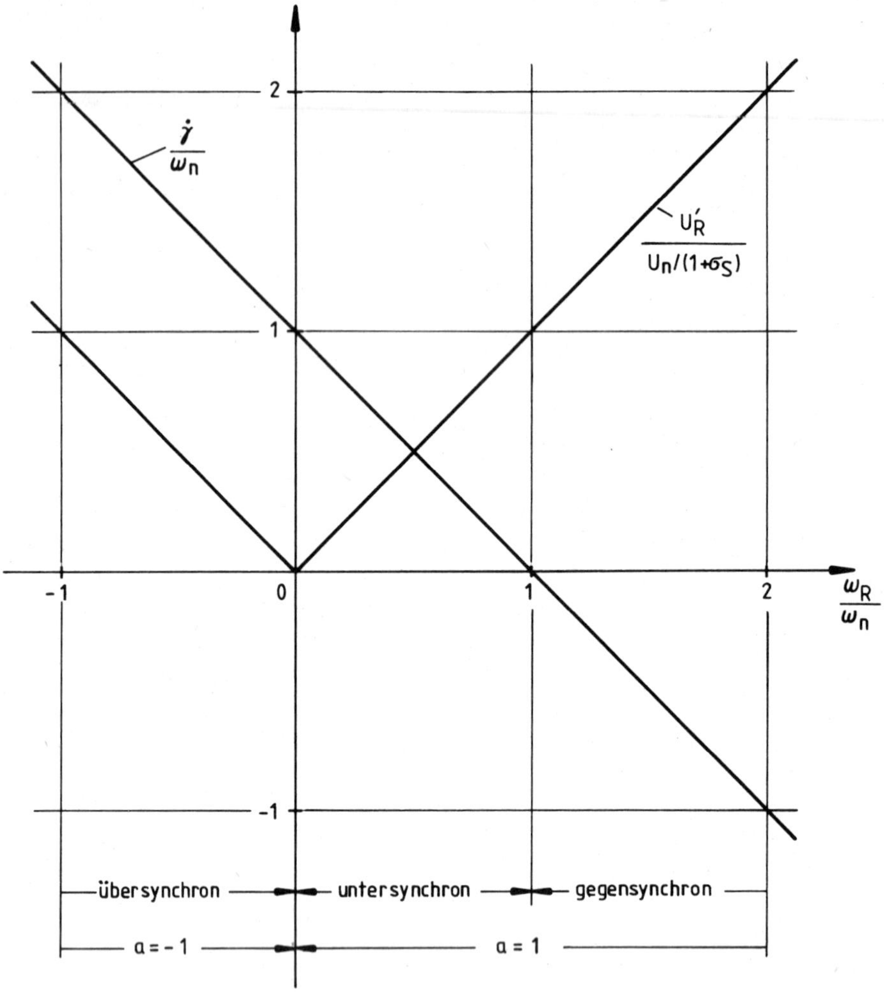

Bild 2.4: Rotorspannung und Drehfrequenz in Abhängigkeit von der Rotorfrequenz bei Steuerung der DDM nach der Vorschrift $|a| = 1$

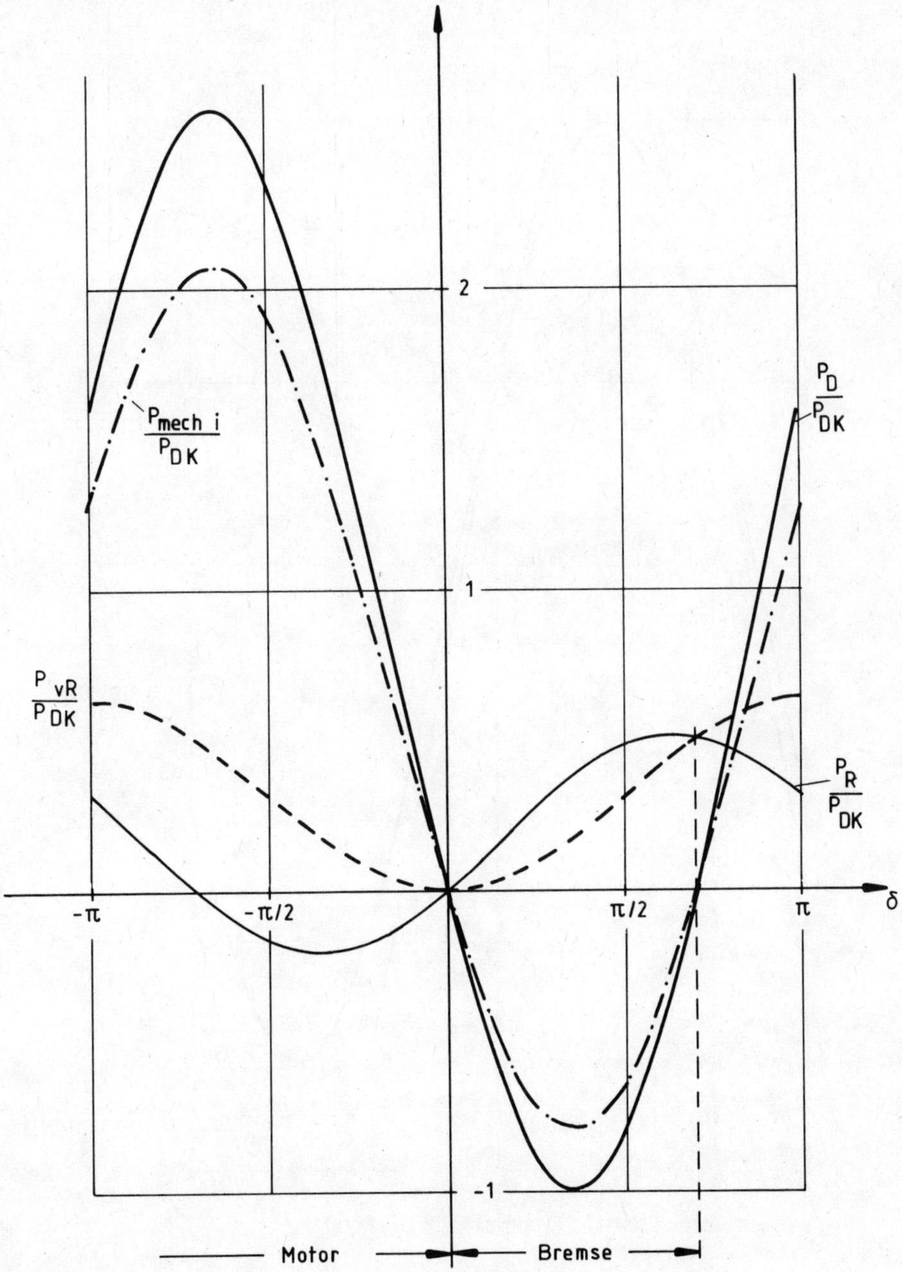

Bild 2.5: Leistungen der DDM in Abhängigkeit vom Lastwinkel; untersynchroner Betrieb:

$$a = 1; \quad \frac{\omega_R}{\omega_n} = 0{,}2 \; ; \quad \frac{\dot{\gamma}}{\omega_n} = 0{,}8 \; ; \quad \frac{\omega_{RK}}{\omega_n} = 0{,}1 \; ; \quad R_S = 0$$

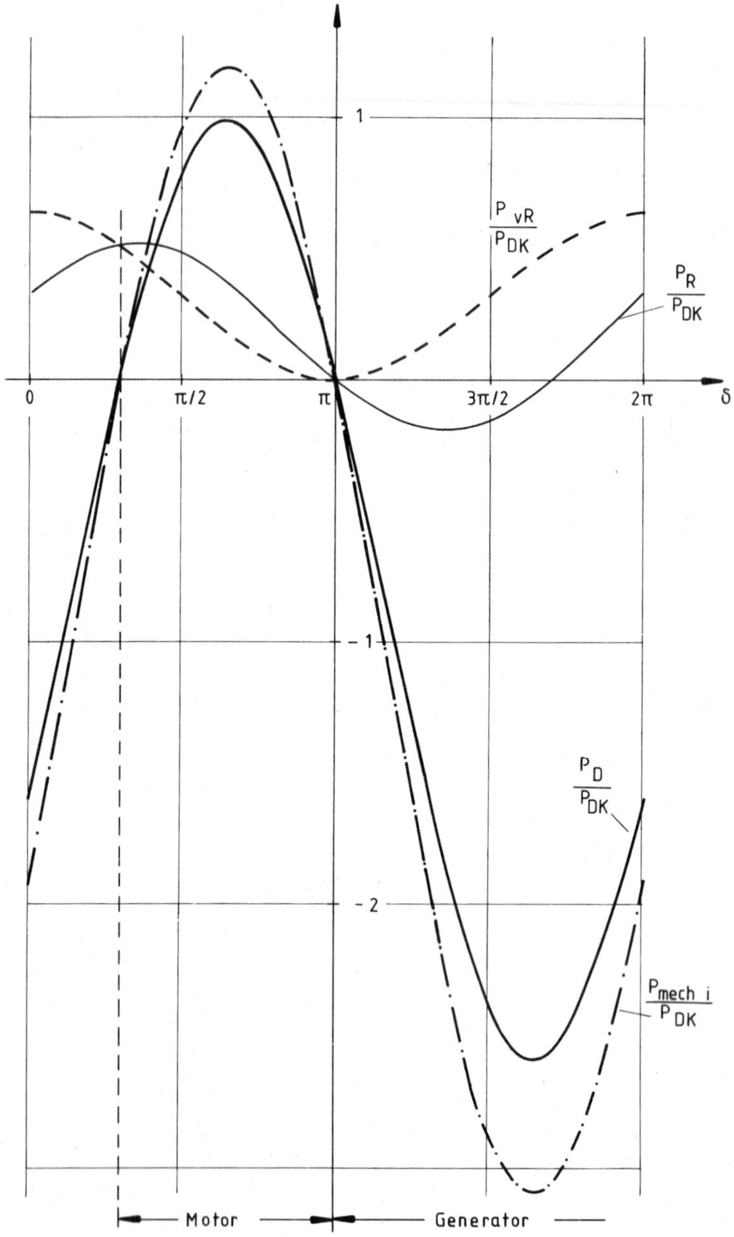

Bild 2.6: Leistungen der DDM in Abhängigkeit vom Lastwinkel; übersynchroner Betrieb:

$$a = -1; \quad \frac{\omega_R}{\omega_n} = -0{,}2 \; ; \quad \frac{\dot{\gamma}}{\omega_n} = 1{,}2 \; ; \quad \frac{\omega_{RK}}{\omega_n} = 0{,}1 \; ; \quad R_S = 0$$

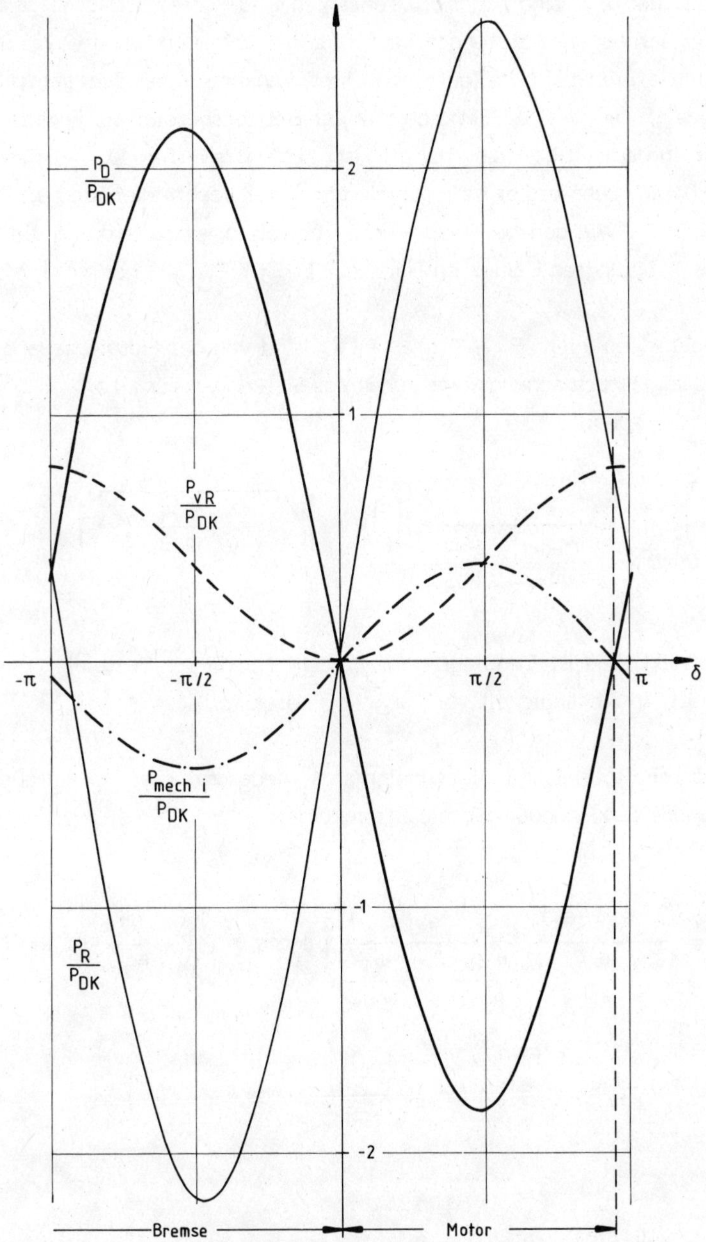

Bild 2.7: Leistungen der DDM in Abhängigkeit vom Lastwinkel; gegensynchroner Betrieb:

$$a = 1;\ \frac{\omega_R}{\omega_n} = 1{,}2\ ;\ \frac{\dot{\gamma}}{\omega_n} = -\,0{,}2\ ;\ \frac{\omega_{RK}}{\omega_n} = 0{,}1\ ;\ R_S = 0$$

Bildern 2.5, 2.6 und 2.7 sind für drei Drehzahlen in den drei Betriebsbereichen die Verläufe der verschiedenen Leistungen nach (2.28), (2.29), (2.30) und (2.23) in Abhängigkeit vom Lastwinkel δ aufgetragen unter Annahme einer bezogenen Rotorkippfrequenz $\omega_{RK}/\omega_n = 0{,}1$. Statisch stabiler Betriebsbereich ist jeweils das Lastwinkelinterval, in dem $\partial P_D / \partial \delta$ negativ ist. Nimmt man für $U_R = 0$ einen Nennschlupf von 0,04 an, dann ergibt sich für die bezogene Drehfeldleistung ein Nennwert $P_{DN} / P_{DK} = 0{,}67$. Wie genaue Berechnungen beweisen, sind die durch die Voraussetzung $R_S = 0$ bedingten Fehler im Bereich $|P_D| < P_{DN}$ gering [2.2] .

Die Extrema der Kennlinien $P_D / P_{DK} = f(\delta)$ sind von der Rotorfrequenz ω_R und dem eingestellten Rotorspannungswert abhängig. Sie können für $|a| = 1$ aus (2.28) bestimmt werden:

$$\left(\frac{P_D}{P_{DK}}\right)_{Extr.} = \frac{2}{\frac{\omega_{RK}}{\omega_R} + \frac{\omega_R}{\omega_{RK}}} \left[1 \pm a \sqrt{1 + \left(\frac{\omega_R}{\omega_{RK}}\right)^2}\,\right] \quad . \tag{2.31}$$

Der Betrag der Extrema ist im Diagramm von Bild 2.8 für ein Beispiel ($\omega_{RK} / \omega_n = 0{,}1$) in Abhängigkeit von ω_R / ω_n dargestellt.

Aus dem Ersatzschaltbild Bild 2.1 gewinnt man - wiederum unter der Voraussetzung $R_S = 0$ - folgende Beziehungen für die Stromzeiger:

$$\frac{\underline{I}'_R}{U_n/\omega_n L_{SS}} = \frac{(1-\sigma)(1+\sigma_S)}{\sigma} \frac{1}{\frac{\omega_{RK}}{\omega_R} + \frac{\omega_R}{\omega_{RK}}} \left\{ a \cos\delta - 1 + \frac{\omega_R}{\omega_{RK}} a \sin\delta + \right.$$

$$\left. j \left[a \sin\delta - \frac{\omega_R}{\omega_{RK}} (a \cos\delta - 1) \right] \right\} , \tag{2.32}$$

$$\frac{\underline{I}_S}{U_n/\omega_n L_{SS}} = -\frac{1-\sigma}{\sigma} \frac{1}{\frac{\omega_{RK}}{\omega_R} + \frac{\omega_R}{\omega_{RK}}} \left\{ a \cos\delta - 1 + \frac{\omega_R}{\omega_{RK}} a \sin\delta + \right.$$

$$j \left[a \sin \delta - \frac{\omega_R}{\omega_{RK}} (a \cos \delta - 1) \right] \Big\} - j \quad , \qquad (2.33)$$

$$\frac{\underline{I}_\mu}{U_n/\omega_n L_{SS}} = \frac{\sigma_S(1-\sigma)}{\sigma} \frac{1}{\frac{\omega_{RK}}{\omega_R} + \frac{\omega_R}{\omega_{RK}}} \Big\{ a \cos \delta - 1 + \frac{\omega_R}{\omega_{RK}} a \sin \delta +$$

$$j \left[a \sin \delta - \frac{\omega_R}{\omega_{RK}} (a \cos \delta - 1) \right] \Big\} - j \quad . \qquad (2.34)$$

Aus (2.33) kann man eine Steuervorschrift für die Rotorspannung herleiten, die bewirkt, daß die Statorblindleistung verschwindet ($\cos \varepsilon_{So} = 1$ bei $\alpha_{So} = 0$). Die Forderung $\text{Im}\{\underline{I}_S\} = 0$ führt zu dem Steuergesetz

$$a = \frac{\frac{\sigma}{1-\sigma}\left(\frac{\omega_{RK}}{\omega_R} + \frac{\omega_R}{\omega_{RK}}\right) + \frac{\omega_R}{\omega_{RK}}}{\frac{\omega_R}{\omega_{RK}} \cos \delta - \sin \delta} \quad . \qquad (2.35)$$

Mit dieser Methode würden sich für die Drehzahlen der drei Beispiele von Bild 2.5, 2.6 und 2.7 folgende in Abhängigkeit vom Lastwinkel δ einzuhaltende Werte a ergeben (Annahme $\sigma = 0{,}1$):

1) $\frac{\dot{\gamma}}{\omega_n} = 0{,}8 \quad , \quad \frac{\omega_R}{\omega_{RK}} = 2 \quad :$

$$a = \frac{2{,}278}{2 \cos \delta - \sin \delta} \quad , \quad a(\delta = 0) = 1{,}138$$

2) $\frac{\dot{\gamma}}{\omega_n} = 1{,}2 \quad ; \quad \frac{\omega_R}{\omega_{RK}} = -2 \quad :$

$$a = \frac{2{,}278}{2 \cos \delta - \sin \delta} \quad , \quad a(\delta = \pi) = -1{,}138$$

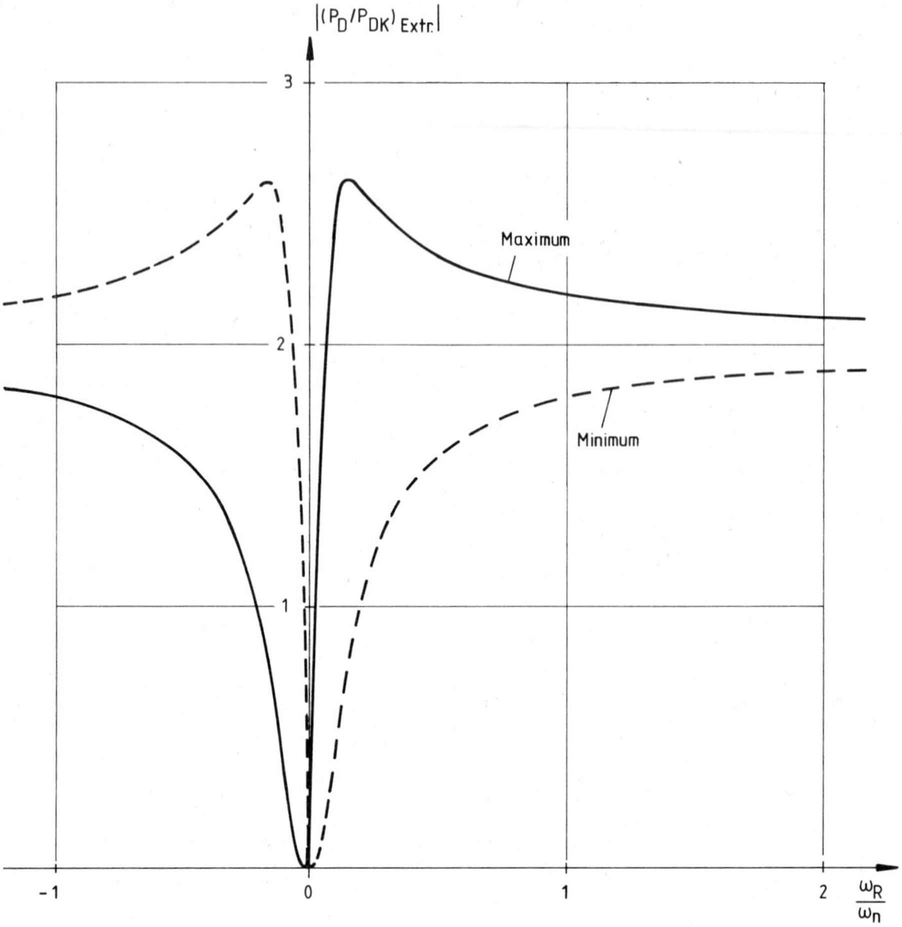

Bild 2.8: Beträge der Extrema der Drehfeldleistung in Abhängigkeit von der Rotorfrequenz bei Steuerung der DDM mit $|a| = 1$ $(\omega_{RK}/\omega_n = 0{,}1\ ;\ R_S = 0)$

3) $\frac{\dot{\gamma}}{\omega_n} = -0{,}2 \quad , \quad \frac{\omega_R}{\omega_{RK}} = 12 \quad :$

$$a = \frac{13{,}342}{12\cos\delta - \sin\delta} \quad , \quad a(\delta = 0) = 1{,}112 \quad .$$

Die für die Lastwinkel $\delta = 0$ bzw. $\delta = \pi$ errechneten Werte für a zeigen wegen $|a| > 1$, daß eine höhere Rotorspannung $\underline{U}'_R$ eingestellt werden muß als bei der Steuerung mit $|a| = 1$ und daß in diesen Betriebspunkten weder P_{vR} noch P_D verschwindet. Der Leerlaufpunkt $P_D = 0$ stellt sich dann gemäß (2.28) und (2.35) bei einem anderen Winkel $\delta \neq 0$ bzw. $\delta \neq \pi$ ein. $P_{vR} = 0$ tritt bei dieser Steuermethode überhaupt nicht auf. Steuert man die Statorblindleistung auf null, indem man die Rotorspannung in Abhängigkeit von ω_R und δ gemäß (2.35) verstellt, dann wird nach (2.33), (2.34), (2.32)

$$\frac{\underline{I}_S}{U_n/\omega_n L_{SS}} = \mathrm{Re}\left\{\frac{\underline{I}_S}{U_n/\omega_n L_{SS}}\right\} = -\frac{1-\sigma}{\sigma}\,\frac{1}{\frac{\omega_{RK}}{\omega_R} + \frac{\omega_R}{\omega_{RK}}}\left(a\cos\delta - 1 + \frac{\omega_R}{\omega_{RK}}\,a\sin\delta\right) , \qquad (2.36)$$

$$\frac{\underline{I}_\mu}{U_n/\omega_n L_{SS}} = -\sigma_S\,\mathrm{Re}\left\{\frac{\underline{I}_S}{U_n/\omega_n L_{SS}}\right\} - (1 + \sigma_S)\,j \quad , \qquad (2.37)$$

$$\frac{\underline{I}'_R}{U_n/\omega_n L_{SS}} = -(1 + \sigma_S)\,\mathrm{Re}\left\{\frac{\underline{I}_S}{U_n/\omega_n L_{SS}}\right\} - (1 + \sigma_S)\,j \quad . \qquad (2.38)$$

Daraus geht hervor, daß der gesamte Magnetisierungsstrom, der die Luftspaltfeldinduktion bestimmt, von der Rotorseite her aufgebracht werden muß.

Die B l i n d l e i s t u n g e n von Stator- und Rotorseite berechnen sich allgemein aus den Raumzeigern (2.11) bis (2.14) mit $\underline{U}_S = U_n$ wie folgt:

$$Q_S = 2\,\mathrm{Im}\left\{ \underline{i}^*_{S1}\, \underline{u}_{S1} \right\} \quad ,$$

$$Q_S = 3\, U_n\, \mathrm{Im}\left\{ \underline{I}^*_S \right\} \quad ,$$

$$Q_R = \mathrm{sign}\, \omega_R\, 2\,\mathrm{Im}\left\{ \underline{i}'^*_{R1}\, \underline{u}'_{R1} \right\} \quad ,$$

$$Q_R = \mathrm{sign}\, \omega_R\, 3\,\mathrm{Im}\left\{ \underline{I}'^*_{R1}\, \underline{U}'_R\, e^{j\gamma_0} \right\} \quad ,$$

$$Q_R = \mathrm{sign}\, \omega_R\, 3\, U'_R \left[\mathrm{Im}\left\{ \underline{I}'^*_R \right\} \cos\delta + \mathrm{Re}\left\{ \underline{I}'_R \right\} \sin\delta \right] \quad .$$

In bezogener Darstellung erhält man daraus mit (2.33) und (2.32):

$$\frac{Q_S}{3U_n^2/\omega_n L_{SS}} = \mathrm{Im}\left\{ \frac{\underline{I}^*_S}{U_n/\omega_n L_{SS}} \right\} \quad ,$$

$$\frac{Q_S}{3U_n^2/\omega_n L_{SS}} = \frac{1-\sigma}{\sigma}\, \frac{1}{\frac{\omega_{RK}}{\omega_R} + \frac{\omega_R}{\omega_{RK}}} \left[a \sin\delta - \frac{\omega_R}{\omega_{RK}} (a \cos\delta - 1) \right] + 1 \tag{2.39}$$

$$\frac{Q_R}{3U_n^2/\omega_n L_{SS}} = \mathrm{sign}\, \omega_R\, \frac{a}{1+\sigma_S}\, \frac{\omega_R}{\omega_n} \left[\mathrm{Im}\left\{ \frac{\underline{I}'^*_R}{U_n/\omega_n L_{SS}} \right\} \cos\delta + \mathrm{Re}\left\{ \frac{\underline{I}'_R}{U_n/\omega_n L_{SS}} \right\} \sin\delta \right],$$

$$\frac{Q_R}{3U_n^2/\omega_n L_{SS}} = \mathrm{sign}\, \omega_R\, a\, \frac{1-\sigma}{\sigma}\, \frac{\omega_R}{\omega_n}\, \frac{1}{\frac{\omega_{RK}}{\omega_R} + \frac{\omega_R}{\omega_{RK}}} \left[\frac{\omega_R}{\omega_{RK}} (a - \cos\delta) - \sin\delta \right] \tag{2.40}$$

Für die drei Beispiele der Bilder 2.5, 2.6, 2.7 sind die bezogenen Blindleistungen in Abhängigkeit vom Lastwinkel nach (2.39) und (2.40) unter der Annahme $\sigma = 0{,}1$ in den Diagrammen der Bilder 2.9, 2.10, 2.11 dargestellt. Man erkennt, daß bei dieser Art der Steuerung ($|a| = 1$) der Stator immer induktive Blindleistung aufnimmt.

Zur Messung des Lastwinkels δ im stationären Betrieb braucht man eine Information über den Rotorpositionswinkel γ , die z.B. von einem permanent-erregten dreiphasigen Hilfsgenerator stammen kann, der mit der DDM starr gekuppelt ist. Dieser Hilfsgenerator erzeuge das Spannungssystem

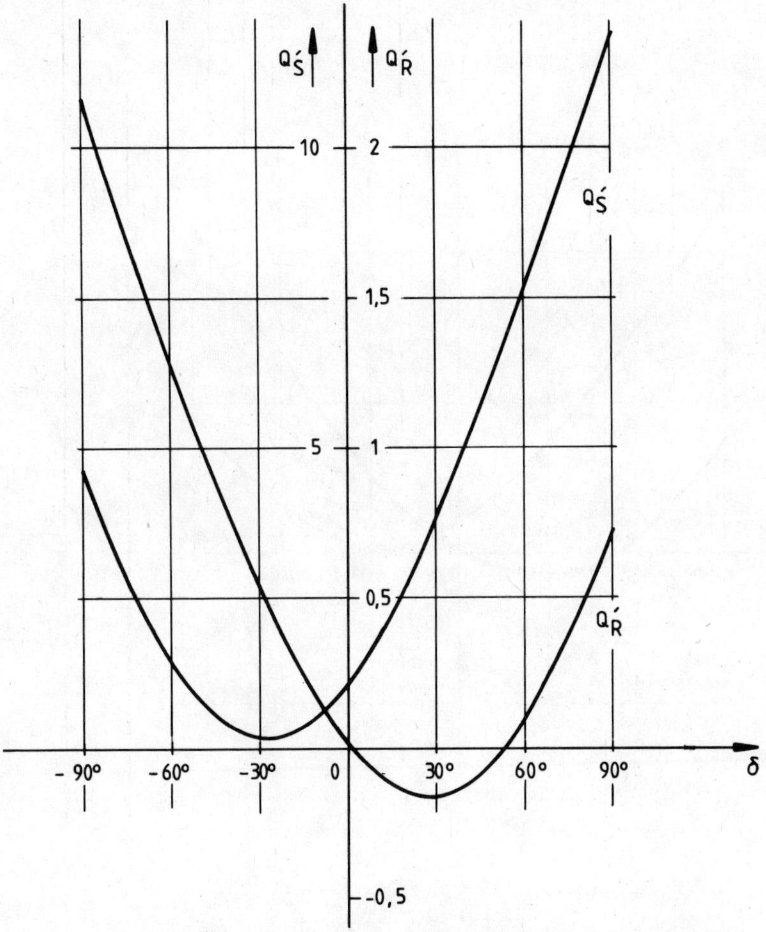

Bild 2.9: Blindleistungen der DDM in Abhängigkeit vom Lastwinkel (Bezugsgröße $3\,U_n^2/\omega_n L_{SS}$) ; untersynchroner Betrieb:

$$a = 1; \quad \frac{\dot{\gamma}}{\omega_n} = 0{,}8 \; ; \quad \frac{\omega_R}{\omega_{RK}} = 2 \; ; \quad R_S = 0$$

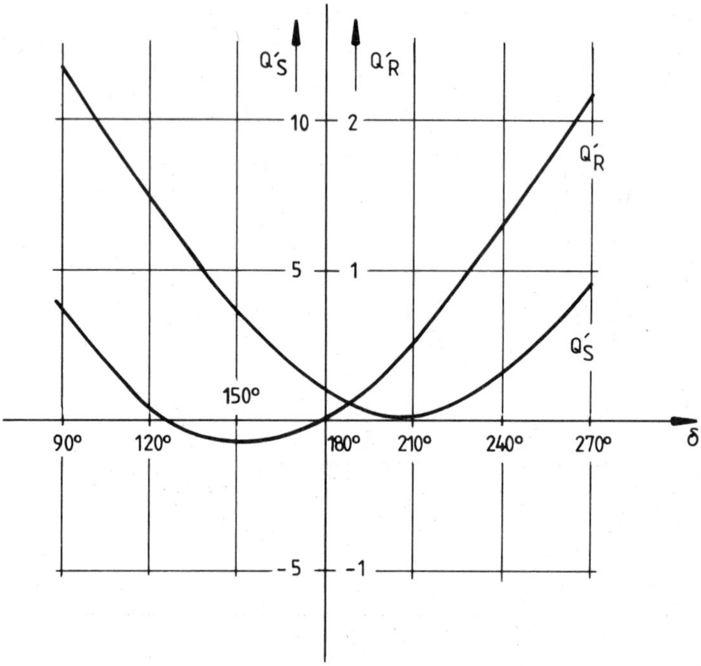

Bild 2.10: Blindleistungen der DDM in Abhängigkeit vom Lastwinkel (Bezugsgröße $3\ U_n^2 / \omega_n L_{SS}$); übersynchroner Betrieb:

$$a = -1; \quad \frac{\dot{\gamma}}{\omega_n} = 1{,}2\ ; \quad \frac{\omega_R}{\omega_{RK}} = -2\ ; \quad R_S = 0$$

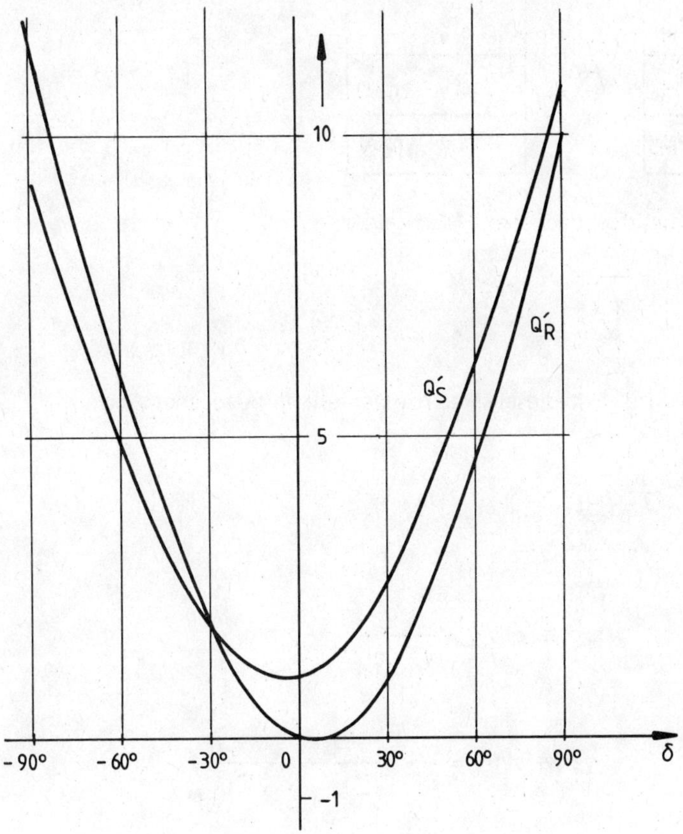

Bild 2.11: Blindleistungen der DDM in Abhängigkeit vom Lastwinkel (Bezugsgröße $3\,U_n^2/\omega_n L_{SS}$); gegensynchroner Betrieb:

$$a = 1; \quad \frac{\dot{\gamma}}{\omega_n} = -0{,}2\,; \quad \frac{\omega_R}{\omega_{RK}} = 12\,; \quad R_S = 0$$

$$\begin{bmatrix} u_{H1} \\ u_{H2} \\ u_{H3} \end{bmatrix} = \sqrt{2}\, U_H \begin{bmatrix} \cos\gamma \\ \cos(\gamma - 2\pi/3) \\ \cos(\gamma - 4\pi/3) \end{bmatrix}$$

das durch den statorbezogenen Raumzeiger

$$\underline{u}_{H1} = \sqrt{\tfrac{3}{2}}\, U_H\, e^{j\gamma}$$

repräsentiert wird. Für diesen Raumzeiger gilt in bezogener Form

$$\sqrt{\tfrac{2}{3}}\, \frac{1}{U_H}\, \underline{u}_{H1} = x_H + j\, y_H$$

mit

$$x_H \equiv \cos\gamma = \frac{u_{H1}}{\sqrt{2}\, U_H}$$

$$y_H \equiv \sin\gamma = \frac{1}{\sqrt{3}} \left(\frac{u_{H2}}{\sqrt{2}\, U_H} - \frac{u_{H3}}{\sqrt{2}\, U_H} \right) \quad .$$

Für den Raumzeiger der Statorspannung (2.5) erhält man mit $\alpha_{So} = 0$ und $\gamma_S = 0$:

$$\underline{u}_{S1} = \sqrt{\tfrac{3}{2}}\, U_S\, e^{j\omega_S t}$$

$$\sqrt{\tfrac{2}{3}}\, \frac{1}{U_S}\, \underline{u}_{S1} = x_S + j\, y_S$$

mit

$$x_S \equiv \cos \omega_S t = \frac{u_{S1}}{\sqrt{2}\, U_S}$$

$$y_S \equiv \sin \omega_S t = \frac{1}{\sqrt{3}} \left(\frac{u_{S2}}{\sqrt{2}\, U_S} - \frac{u_{S3}}{\sqrt{2}\, U_S} \right) \quad .$$

Analog wird der Raumzeiger der Rotorspannung (2.6) mit $\gamma_R = 0$ mit den Strangspannungen ausgedrückt:

$$\underline{u}'_{R1} = \sqrt{\frac{3}{2}}\, U'_R\, e^{j(\omega_R t + \alpha_{Ro})}$$

$$\sqrt{\frac{2}{3}}\,\frac{1}{U'_R}\,\underline{u}'_{R1} = x_R + j\, y_R$$

mit

$$x_R \equiv \cos(\omega_R t + \alpha_{Ro}) = \frac{u_{R1}}{\sqrt{2}\, U_R}$$

$$y_R \equiv \sin(\omega_R t + \alpha_{Ro}) = \frac{1}{\sqrt{3}}\left(\frac{u_{R2}}{\sqrt{2}\, U_R} - \frac{u_{R3}}{\sqrt{2}\, U_R}\right) \quad .$$

Alle drei Wertepaare x, y können aus den jeweils meßbaren Spannungen gebildet werden. Die folgende Transformation ermöglicht dann unter Beachtung von (2.7) und (2.8) die Bestimmung des im stationären Betrieb zeitlich konstanten Lastwinkels $\delta = \alpha_{Ro} + \gamma_o$:

$$\sqrt{\frac{2}{3}}\,\frac{1}{U_S}\,\underline{u}^*_{S1}\;\sqrt{\frac{2}{3}}\,\frac{1}{U'_R}\,\underline{u}'_{R1}\;\sqrt{\frac{2}{3}}\,\frac{1}{U_H}\,\underline{u}_{H1} = e^{j\delta} \quad .$$

$$e^{-j\omega_S t}\; e^{j(\omega_R t + \alpha_{Ro})}\; e^{j(\dot{\gamma} t + \gamma_o)} = e^{j\delta}$$

Mit den jeweiligen Komponenten x, y geschrieben nimmt diese zweifache Transformation z.B. folgende Form an:

$$\begin{bmatrix} \cos\delta \\ \sin\delta \end{bmatrix} = \begin{bmatrix} x_H & -y_H \\ y_H & x_H \end{bmatrix} \cdot \begin{bmatrix} x_S & y_S \\ -y_S & x_S \end{bmatrix} \cdot \begin{bmatrix} x_R \\ y_R \end{bmatrix} .$$

Bei einer genaueren Untersuchung der gesteuert betriebenen doppeltgespeisten Drehstrommaschine kann man d y n a m i s c h e I n s t a b i l i t ä t e n nachweisen, die in bestimmten Betriebsbereichen den stationären Betrieb unmöglich machen [2.2, 2.3, 2.4] . Als Abhilfe werden in der Literatur verschiedene Methoden vorgeschlagen. Grund für die dynamischen Instabilitäten sind bei bestimmten Parameterkonstellationen auftretende positive Realteile der Eigenwerte des mittels der Methode der kleinen Änderungen linearisierten mathematischen Modells.

2.1.2 Stationärer Betrieb der selbstgesteuerten DDM bei Statorspeisung durch ein starres Netz

Im bisher betrachteten Fall wurde eine Fremdsteuerung der DDM zugrunde gelegt. Sowohl das Stator- als auch das Rotorspannungssystem wurden vorgegeben und somit die stationäre Drehfrequenz des Rotors unabhängig von der Belastung durch die Differenz von Stator- und Rotorfrequenz bestimmt. Das Verhalten entsprach dem einer Synchronmaschine. Von S e l b s t s t e u e r u n g der DDM mit Statorspannungseinprägung kann man sprechen, wenn die Rotorspeisung über einen maschinengeführten Stromrichter erfolgt oder von einem zwangskommutierten Stromrichter übernommen wird, dessen Steuerfrequenz aus der Differenz zwischen Statorfrequenz und Drehfrequenz des Rotors abgeleitet wird. Der Stromrichter kann z.B. Teil eines Stromzwischenkreisumrichters sein. Im Gegensatz zum maschinengeführten Stromrichter unterliegt der zwangskommutierte keiner Steuerwinkelbeschränkung. Bei Einsatz eines maschinengeführten Stromrichters muß der Betriebsbereich um $\omega_R = 0$ bzw. $\dot{\gamma} = \omega_S$ (Synchronismus) ausgespart werden, wenn keine Kommutierungshilfe vorhanden ist. Es wird nun das stationäre Verhalten einer DDM untersucht, bei der das Statorspannungssystem starr vorgegeben ist, die Amplitude der ersten Harmonischen des Rotorstromsystems über den Zwischenkreisstrom bestimmt wird und der Phasenwinkel zwischen Rotorspannung und Rotorstrom durch den Steuerwinkel α_M

des rotorseitigen Stromrichters festgelegt wird. Zwischen dem Nacheilwinkel des Rotorstroms gegenüber der Rotorspannung nach (2.4), (2.16)

$$\varphi_R = -\varepsilon_{Ro} + (\alpha_{Ro} + \gamma_o) = -\varepsilon_{Ro} + \delta$$

und dem wie üblich definierten Steuerwinkel α_M des Stromrichters besteht infolge der gewählten Zählrichtung für den Rotorstrom der Zusammenhang

$$\alpha_M = \varphi_R - \pi = -\varepsilon_{Ro} + \delta - \pi \quad , \qquad (2.41)$$

wenn die stromabhängige Überlappung außeracht gelassen wird (Bild 2.12). Die Drehfrequenz des Rotors wird bei dieser Art der Steuerung nicht erzwungen, sondern stellt sich gemäß den Betriebsbedingungen frei ein. Setzt man zeitlich sinusförmige symmetrische Systeme voraus, dann folgen mit $\underline{U}_S = U_n$, $\omega_S = \omega_n$ unter der Annahme $R_S = 0$ aus (2.17) bei Beachtung von (2.6) und (2.14) die beiden Spannungsgleichungen:

$$U_n = j\,\omega_n L_{SS} \underline{I}_S + j\,\omega_n L_{Sh} I'_R e^{j\varepsilon_{Ro}} \quad ,$$

$$\frac{\omega_n}{\omega_R} U'_R e^{j\delta} = \frac{\omega_n}{\omega_R} R'_R I'_R e^{j\varepsilon_{Ro}} + j\,\omega_n L_{Sh} \underline{I}_S + j\omega_n L'_{RR} I'_R e^{j\varepsilon_{Ro}} \quad .$$

Dabei gelten die Abkürzungen

$$L_{SS} = L_{Sh} + L_{S\sigma} \quad , \quad L'_{RR} = L_{Sh} + L'_{R\sigma} \quad .$$

Setzt man den Statorstromzeiger aus der Statorgleichung in die Rotorgleichung ein, dann resultiert:

$$\frac{\omega_n}{\omega_R}\frac{U'_R}{U_n}e^{j(\delta-\varepsilon_{Ro})} = \frac{1}{1+\sigma_S}e^{-j\varepsilon_{Ro}} + \left(\frac{\omega_n}{\omega_R}r_R + j\,x_R\right)\frac{I'_R}{I'_{RN}} \tag{2.42}$$

mit den Maschinenparametern

$$r_R = \frac{R'_R\,I'_{RN}}{U_n} \quad , \quad x_R = \frac{\omega_n\,\sigma\,L'_{RR}\,I'_{RN}}{U_n} \quad . \tag{2.43}$$

Die komplexe Gleichung (2.42) ist folgenden beiden reellen gleichwertig, in die gemäß (2.41) der Steuerwinkel α_M eingeführt wurde:

$$-\frac{\omega_n}{\omega_R}\frac{U'_R}{U_n}\cos\alpha_M = \frac{1}{1+\sigma_S}\cos\varepsilon_{Ro} + \frac{\omega_n}{\omega_R}r_R\frac{I'_R}{I'_{RN}} \quad , \tag{2.44}$$

$$-\frac{\omega_n}{\omega_R}\frac{U'_R}{U_n}\sin\alpha_M = -\frac{1}{1+\sigma_S}\sin\varepsilon_{Ro} + x_R\frac{I'_R}{I'_{RN}} \quad . \tag{2.45}$$

Aus (2.44) und (2.45) gewinnt man durch Elimination von ε_{Ro} eine quadratische Gleichung für ω_R/ω_n:

$$\left(\frac{\omega_R}{\omega_n}\right)^2 - p\,\frac{\omega_R}{\omega_n} - q = 0 \tag{2.46}$$

mit

$$p = \frac{2x_R\,\dfrac{U'_R}{U_n}\,\dfrac{I'_R}{I'_{RN}}\sin\alpha_M}{\dfrac{1}{(1+\sigma_S)^2} - x_R^2\left(\dfrac{I'_R}{I'_{RN}}\right)^2} \quad ,$$

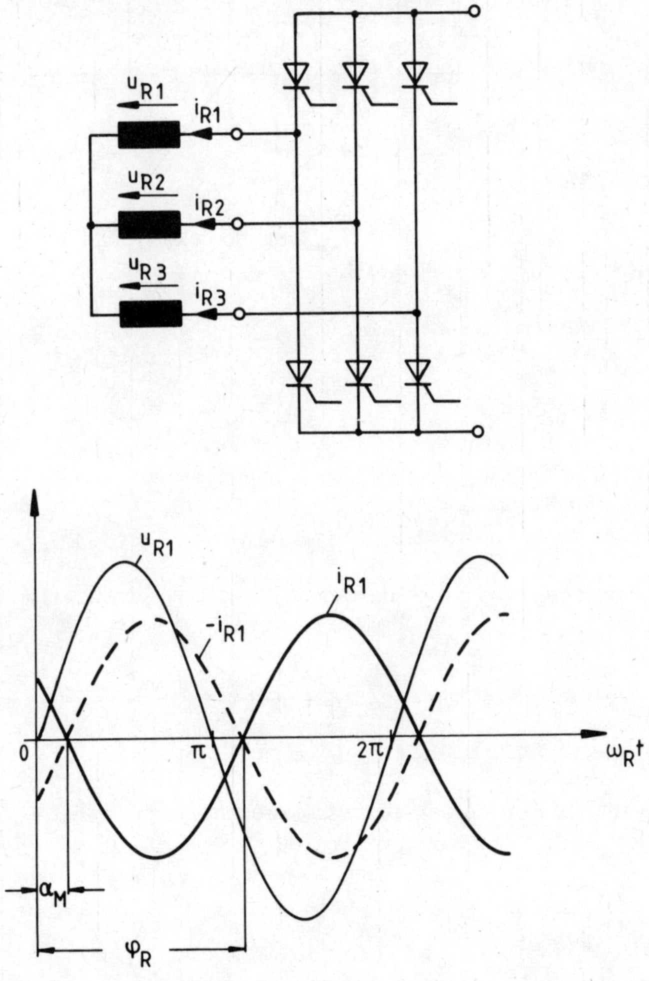

Bild 2.12: Zusammenhang zwischen Stromrichtersteuerwinkel α_M und Stromnacheilwinkel φ_R am Beispiel der Rotorspeisung der DDM über einen maschinengeführten Stromrichter (nur 1. Stromharmonische dargestellt, Überlappung vernachlässigt)

$$q = \frac{\left(\frac{U'_R}{U_n}\right)^2 + 2\, r_R \frac{U'_R}{U_n} \frac{I'_R}{I'_{RN}} \cos\alpha_M + r_R^2 \left(\frac{I'_R}{I'_{RN}}\right)^2}{\frac{1}{(1+\sigma_S)^2} - x_R^2 \left(\frac{I'_R}{I'_{RN}}\right)^2} \quad .$$

Gibt man U'_R / U_n , I'_R / I'_{RN} und α_M vor, dann kann man aus (2.46) die bezogene Rotorfrequenz ω_R / ω_n und mit

$$\frac{\dot{\gamma}}{\omega_n} = 1 - \frac{\omega_R}{\omega_n}$$

die Drehfrequenz des Rotors berechnen.

Das innere Drehmoment erhält man dann durch Einsetzen von (2.41) in (2.18) zu

$$M_{il} = \frac{p}{\omega_R} 3 R'_R I'^2_R + \frac{p}{\omega_R} 3 I'_R U'_R \cos\alpha_M \quad .$$

Mit dem Nennwert für Betrieb bei kurzgeschlossenem Rotor

$$M_{ilN} = \frac{p}{\omega_{RN}} \; 3 R'_R I'^2_{RN}$$

als Bezugsgröße und den Maschinenparametern nach (2.43) folgt daraus

$$\frac{M_{il}}{M_{ilN}} = \frac{\omega_n}{\omega_R} \frac{\omega_{RN}}{\omega_n} \frac{I'_R}{I'_{RN}} \left(\frac{I'_R}{I'_{RN}} + \frac{1}{r_R} \frac{U'_R}{U_n} \cos\alpha_M \right) \quad . \tag{2.47}$$

Für $I'_R / I'_{RN} = 0$ folgt aus (2.47) $M_{il}/M_{ilN} = 0$ und aus (2.46) die der Kennlinie von Bild 2.4 entsprechende Leerlaufkennlinie

$$\left|\frac{\omega_R}{\omega_n}\right| = (1+\sigma_S) \frac{U'_R}{U_n} \quad ,$$

die unabhängig vom Steuerwinkel α_M ist. Das innere Drehmoment verschwindet nach (2.47) auch, wenn gilt

$$\frac{I'_R}{I'_{RN}} = - \frac{1}{r_R} \frac{U'_R}{U_n} \cos \alpha_M \quad .$$

In diesem Fall, der auch im Abschnitt 2.1.1 erwähnt wurde ($P_R = P_{vR}$), muß $\cos \alpha_M < 0$ sein.

Es sollen nun noch die beiden idealisierten Sonderfälle $\alpha_M = 0$ und $\alpha_M = \pi$ untersucht werden, die mit einem maschinengeführten Stromrichter unter Last nur näherungsweise erreichbar sind. Ist $\alpha_M = 0$, dann sind Rotorspannung und Rotorstrom in Gegenphase und es gilt $P_R < 0$ (Bild 2.3). Die unter dieser Bedingung realisierbaren Betriebsarten sind im folgenden Abschnitt 2.1.3 aufgeführt. Gleichung (2.46) ergibt für $\alpha_M = 0$ mit $p = 0$

$$\frac{U'_R}{U_n} = \left| \frac{\omega_R}{\omega_n} \right| \sqrt{\frac{1}{(1+\sigma_S)^2} - x_R^2 \left(\frac{I'_R}{I'_{RN}} \right)^2} - r_R \frac{I'_R}{I'_{RN}} \qquad (2.48)$$

und Gleichung (2.47) damit für das innere Drehmoment

$$\frac{M_{i1}}{M_{i1N}} = \pm \frac{1}{r_R} \frac{\omega_{RN}}{\omega_n} \sqrt{\frac{1}{(1+\sigma_S)^2} - x_R^2 \left(\frac{I'_R}{I'_{RN}} \right)^2} \; \frac{I'_R}{I'_{RN}} \quad . \qquad (2.49)$$

Für den untersynchronen Motorbetrieb ($M_{i1} > 0$, $0 < \omega_R < \omega_n$), die einzige Betriebsart mit $\alpha_M = 0$ von Bedeutung, sind die Beziehungen (2.48) und (2.49) im Bild 2.13 als Kennlinien dargestellt. Während das Drehmoment nur vom Rotorstromeffektivwert abhängt, wird die Rotorfrequenz und damit auch die Drehzahl vom Rotorspannungseffektivwert und geringfügig auch von I'_R oder M_{i1} bestimmt. Praktisch bedeutet

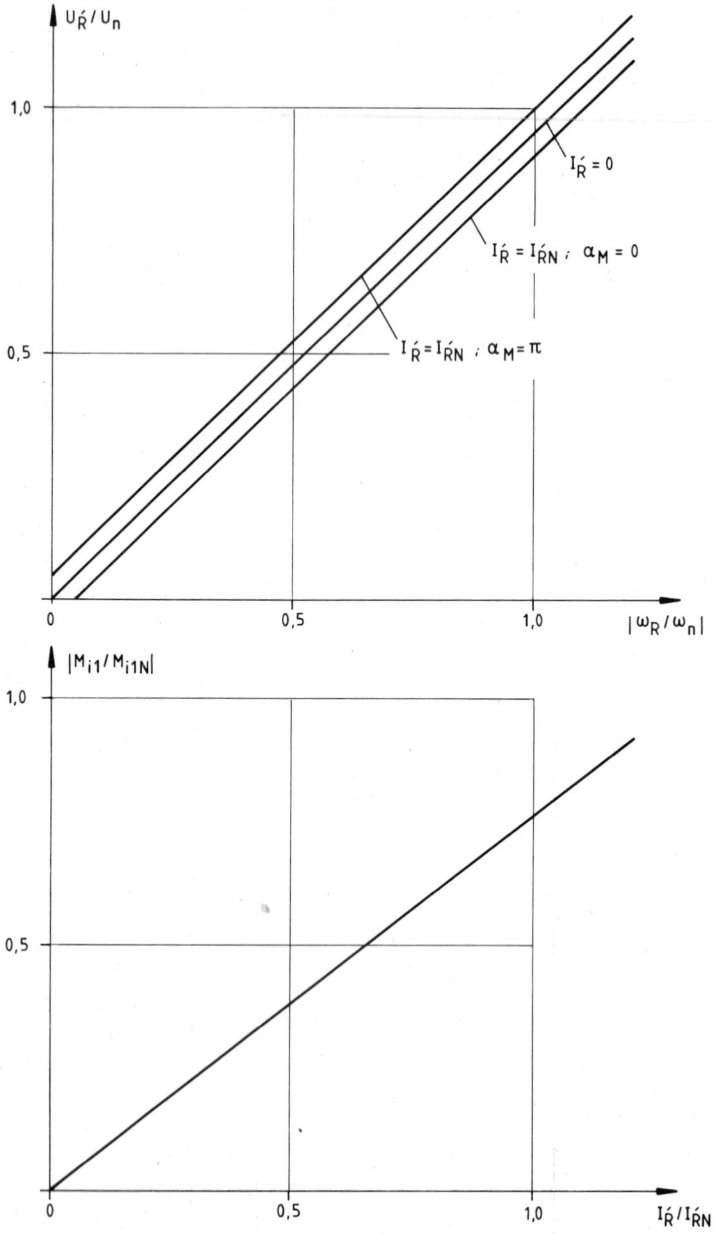

Bild 2.13: Spannungs- und Momentenkennlinien der selbstgesteuerten DDM (Maschinendaten: $\sigma_S = 0{,}05$; $r_R = 0{,}05$; $x_R = 0{,}1$; $\omega_{RN}/\omega_n = 0{,}04$; $R_S = 0$)

dies bei Verwendung eines Zwischenkreisumrichters, daß durch die Zwischenkreisspannung die Leerlaufdrehzahl und durch den Zwischenkreisstrom das innere Drehmoment bestimmt wird. Bei konstanter Zwischenkreisspannung nimmt die Drehzahl bei Belastung gegenüber ihrem Leerlaufwert ab.

Ist $\alpha = \pi$, dann sind Rotorspannung und Rotorstrom in Phase und es gilt $P_R > 0$ (Bild 2.3). Über die damit realisierbaren Betriebsarten wird ebenfalls in Abschnitt 2.1.3 berichtet. Gleichung (2.46) ergibt für $\alpha_M = \pi$ mit $p = 0$

$$\frac{U'_R}{U_n} = \left| \frac{\omega_R}{\omega_n} \right| \sqrt{\frac{1}{(1+\sigma_S)^2} - x_R^2 \left(\frac{I'_R}{I'_{RN}} \right)^2} + r_R \frac{I'_R}{I'_{RN}} \quad , \tag{2.50}$$

während man für das innere Drehmoment nach Gleichung (2.47) wiederum den Ausdruck (2.49) erhält. Die Beziehung (2.50) ist ebenfalls als Kennlinie in Bild 2.13 enthalten. Es zeigt sich, daß bei konstanter Rotorspannung eine vom Leerlauf ausgehende Erhöhung von I'_R und $|M_{il}|$ bei $\alpha_M = 0$ einen Anstieg und bei $\alpha_M = \pi$ eine Verminderung von $|\omega_R|$ gegenüber dem Leerlaufwert bei $I'_R = 0$ verursacht. Für die Drehfrequenz des Rotors $\dot{\gamma}$ resultiert daraus im ganzen Motorbetriebsbereich ein Abfall und im ganzen Generatorbetriebsbereich eine Vergrößerung gegenüber dem Leerlaufwert. Während das Verhalten der fremdgesteuerten DDM dem der Synchronmaschine gleicht, ähnelt das hier erläuterte grundsätzliche Verhalten der selbstgesteuerten DDM dem der frenderregten Gleichstrommaschine.

2.1.3 Betriebsarten der DDM und grundsätzliche Realisierungsmöglichkeiten

Beim praktisch üblichen Einsatz der doppeltgespeisten Drehstrommaschine wird eine Seite (hier der Stator) aus dem vorhandenen starren Netz gespeist und die andere Seite (hier der Rotor) aus einem Umrichter, der ebenfalls an das starre Netz angeschlossen ist (Bild 2.14). Die Zuordnung von Stator und Rotor ist theoretisch belanglos und wird nach praktischen Gesichtspunkten (z.B. Spannungshöhe, vom Bürsten-Schleifringapparat zu übertragende Leistung) festgelegt. Der verlustlos angenommene Umrichter formt die aus dem Netz der Frequenz ω_n gelieferte Rotorleistung in Leistung der gewünschten Rotorfrequenz ω_R um und bietet die Möglichkeit die Rotorspannung oder den Rotorstrom einzustellen. Im allgemeinen Fall ist Energierichtungsumkehr möglich. Die gesamte Leistungsbilanz lautet dann

$$P_n = P_S + P_R = P_{vS} + P_{vR} + P_{mechi} \quad . \tag{2.51}$$

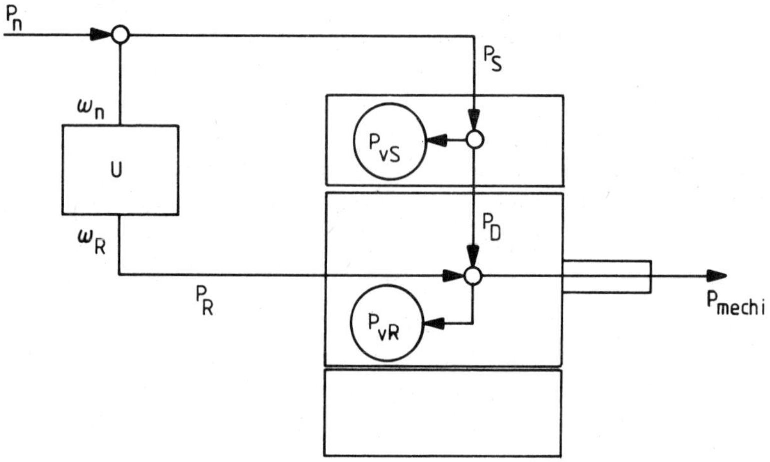

Bild 2.14: Energieflußdiagramm einer doppeltgespeisten Drehstrommaschine mit Umrichterspeisung im Rotor bei stationärem Betrieb (U, verlustfreier Umrichter mit der Möglichkeit der Energierichtungsumkehr)

Als U m r i c h t e r , der ein Dreiphasensystem der Frequenz ω_n in eines der Frequenz ω_R umformt, stehen verschiedene Varianten zur Verfügung:

a) netzgeführter Stromrichter - Gleichstromzwischenkreis - maschinengeführter Stromrichter:

Die Kommutierungsblindleistung für den maschinengeführten Stromrichter muß die Drehstrommaschine liefern. Wechselrichterbetrieb des maschinengeführten Stromrichters ist nur oberhalb einer Mindestfrequenz möglich ($|\omega_R| \geq \omega_{Rmin}$) , die bei einigen Hz liegt.

b) netzgeführter Stromrichter - Gleichstrom- oder Gleichspannungszwischenkreis - selbstgeführter Wechselrichter:

Hier gibt es theoretisch keine Einschränkung für die Rotorfrequenz.

c) netzgeführter Direktumrichter:

Die Rotorfrequenz kann dabei einen Maximalwert nicht überschreiten ($|\omega_R| \leq \omega_{Rmax} < \omega_n$) mit Rücksicht auf die Qualität des Spektrums der Ausgangsspannung ($\omega_{Rmax} \approx 0{,}5\ \omega_n$).

Alle diese Umrichtervarianten liefern mehr oder weniger stark oberschwingungshaltige Spannungen und Ströme.

In der folgenden Tabelle 1 sind für ω_n = const nochmals die sechs möglichen Betriebsarten der doppeltgespeisten Maschine zusammengefaßt. Die Vorzeichenbeziehungen sind durch (2.19) und (2.26) belegt. Zur Interpretation dient Bild 2.14. Das Verhältnis der Rotorleistung P_R , für die der Umrichter zu bemessen ist, zur drehmomentproportionalen Drehfeldleistung kann unter Vernachlässigung von P_{vR} aus (2.26) bestimmt werden (Bild 2.15):

$$\frac{P_R}{P_D} = \frac{\dot{\gamma}}{\omega_n} - 1 \quad . \tag{2.52}$$

Tabelle 1: Betriebsarten der doppeltgespeisten Drehstrommaschine (Die mit * gekennzeichneten Angaben setzen die Vernachlässigung von P_{vR} voraus)

$\dot{\gamma}$	ω_R	M_{il} , P_D	P_{mechi}	P_R	Betriebsart
$0 < \dot{\gamma} < \omega_n$ untersynchron	$0 < \omega_R < \omega_n$	> 0	> 0	< 0*	Motor ①
		< 0	< 0	> 0	Bremse ②
$\dot{\gamma} > \omega_n$ übersynchron	$\omega_R < 0$	> 0	> 0	> 0	Motor ③
		< 0	< 0	< 0*	Generator ④
$\dot{\gamma} < 0$ gegensynchron	$\omega_R > \omega_n$	> 0	< 0	< 0*	Bremse ⑤
		< 0	> 0	> 0	Motor ⑥

Will man untersynchron bis zum Stillstand fahren, dann muß man in den Umrichter die volle Drehfeldleistung installieren, für übersynchronen Betrieb bis $\dot{\gamma} = 2\,\omega_n$ ebenfalls die volle Drehfeldleistung und für gegensynchronen Betrieb bis $\dot{\gamma} = -\,\omega_n$ die doppelte Drehfeldleistung. Der gegensynchrone Motorbetrieb erfordert also die höchsten Anlagekosten.

Im folgenden werden die prinzipiellen Realisierungsmöglichkeiten der in Tabelle 1 aufgezählten Betriebsarten erläutert. Die Betriebsarten 1), 4) und 5) sind als selbstgesteuerte DDM mit Umrichtervariante a) realisierbar, wobei der maschinengeführte Stromrichter ungesteuert sein kann. Der Steuerwinkel ist dann $\alpha_M \approx 0$ (vergl. Abschnitt 2.1.2!). Für den untersynchronen Betrieb ist dieses Antriebssystem als sog. u n t e r s y n c h r o n e S t r o m r i c h t e r k a s k a d e im Einsatz (Bild 2.16), die also nur Motorbetrieb ermöglicht. Führt man den maschinengeführten Stromrichter gesteuert aus, dann sind auch die Betriebsarten 2), 3) und 6) als selbstgesteuerte DDM möglich (Steuerwinkel $\alpha_M \approx \pi$), wobei jedoch bei 2) und 3) die Einschränkung $|\omega_R| > \omega_{Rmin}$ gilt und deshalb um die synchrone Drehzahl herum nicht gefahren werden kann. Gegensynchroner Motorbetrieb nach 6) ist dagegen im ganzen Drehzahlbereich $\dot{\gamma} < 0$ möglich (also auch bei $\dot{\gamma} = -\,\omega_n$), für den die Anlage bemessen

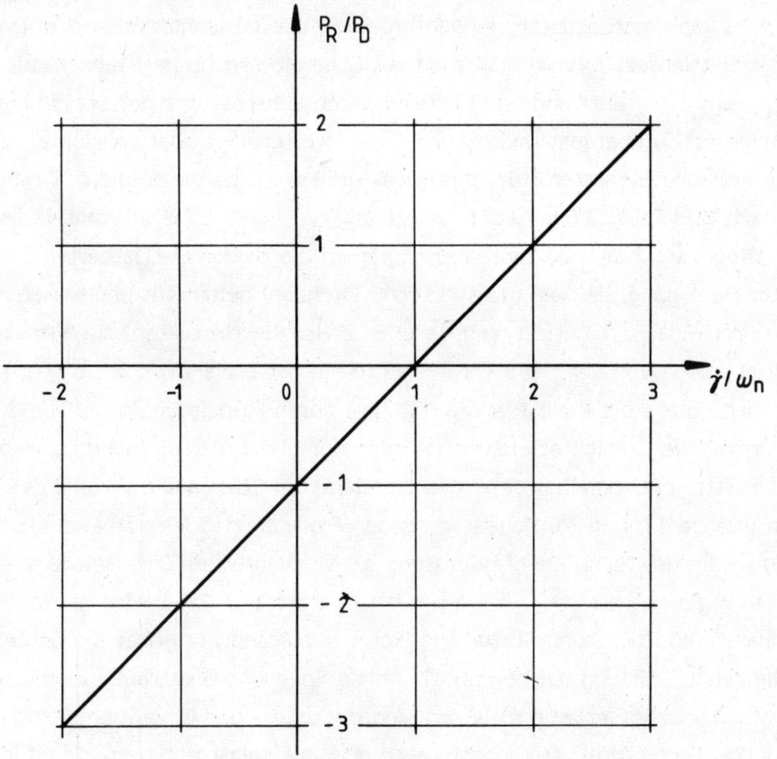

Bild 2.15: Verhältnis der Rotorleistung zur Drehfeldleistung in Abhängigkeit von der bezogenen Drehfrequenz bei der doppeltgespeisten Drehstrommaschine (Annahme: $P_{vR} = 0$)

ist. Motorischen Betrieb vom Stillstand bis z.B. zur doppelten synchronen Drehzahl, $\dot{\gamma} = 2\,\omega_n$, kann man dadurch realisieren, daß man bei umgekehrter Statorphasenfolge mit Betriebsart 6) vom Stillstand aus über die synchrone Drehzahl bis $\dot{\gamma} = \omega_n + \omega_{Rmin}$ fährt und anschließend durch Umschaltung der Statorphasenfolge auf Betriebsart 3) übergeht und bis $\dot{\gamma} = 2\,\omega_n$ weiterfährt. Der Umrichter muß dann für eine Leistung bemessen sein, die etwas größer ist als die doppelte Drehfeldleistung (nach Bild 2.15 $|P_R / P_D| = 2 + \omega_{Rmin} / \omega_n$). Eine alternative Methode von $\dot{\gamma} = 0$ bis $\dot{\gamma} = 2\,\omega_n$ zu fahren ermöglichen die beiden Betriebsarten 1) und 3) unter der Bedingung, daß um die synchrone Drehzahl herum für den maschinenseitigen Stromrichter eine Kommutierungshilfe (z.B. Zwischenkreistakten) zur Verfügung steht. Man spricht dann von der über- und untersynchronen Stromrichterkaskade [2.5], deren Prinzipschaltbild Bild 2.17 zeigt. Die erforderliche Umrichterleistung ist dann nur gleich der einfachen Drehfeldleistung. Überstreicht man den gesamten Bereich vom Stillstand bis zur doppelten synchronen Drehzahl mit dem gegensynchronen Motorbetrieb (Betriebsart 6)), dann benötigt man die dreifache Drehfeldleistung als Umrichterleistung. Bei dem nach Läuger benannten gegensynchronen Motor [2.6] wird gegenüber der hier bisher benutzten Zuordnung Stator und Rotor vertauscht, um über die Schleifringe nicht die große Leistung bei der relativ hohen Spannung übertragen zu müssen (Bild 2.18). Mit Umrichtervariante c) lassen sich die unter- und übersynchronen Betriebsarten 1), 2), 3) und 4) als fremdgesteuerte oder als selbstgesteuerte DDM in einem Drehzahlbereich realisieren, der durch die maximal mögliche Ausgangsfrequenz ω_{Rmax} des Direktumrichters bestimmt wird:

$$\omega_n + \omega_{Rmax} > \dot{\gamma} > \omega_n - \omega_{Rmax}$$

Bild 2.19 zeigt das Prinzipschaltbild der Kaskade mit Direktumrichter. Diese Variante der doppeltgespeisten Drehstrommaschine dient z.B. zum Antrieb des Einphasensynchrongenerators (Statorfrequenz 16 2/3 Hz) bei Netzkupplungsumformern für die Bahnstromversorgung [2.7]. Anwendungen von Bedeutung mit der aufwendigsten Umrichtervariante b), die ebenfalls fremdgesteuerten oder selbstgesteuerten Betrieb ermöglicht, sind bisher nicht bekannt.

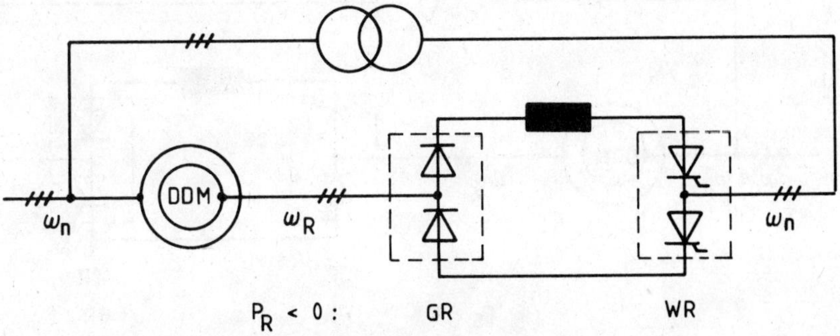

Bild 2.16: Doppeltgespeiste Drehstrommaschine als untersynchrone Stromrichterkaskade [Betriebsart 1); GR = Gleichrichter, WR = Wechselrichter]

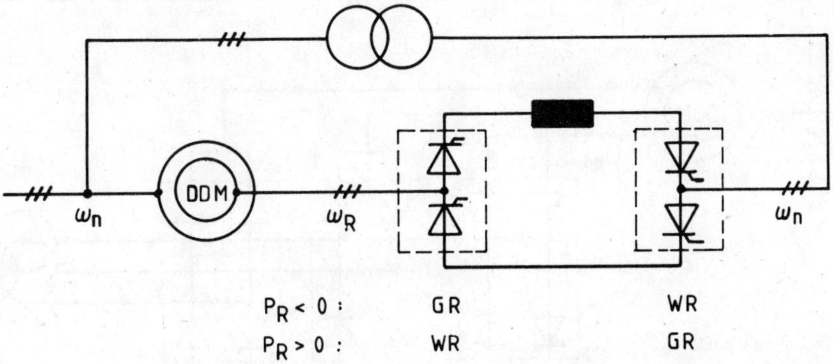

Bild 2.17: Doppeltgespeiste Drehstrommaschine als über- und untersynchrone Stromrichterkaskade mit netz- und maschinengeführtem Zwischenkreisumrichter [Betriebsbereiche 1), 2), 3) und 4); GR = Gleichrichter, WR = Wechselrichter]

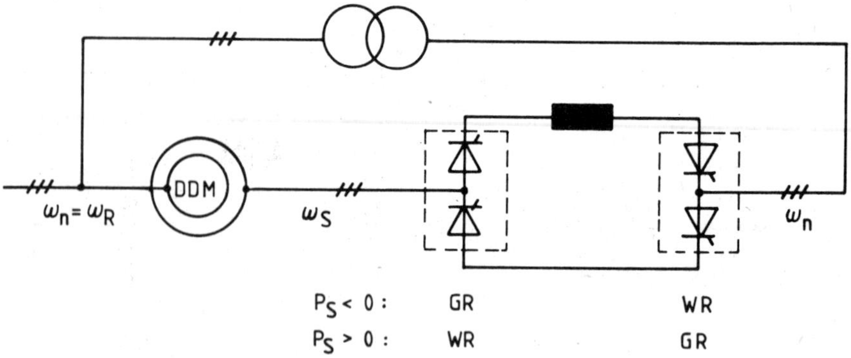

Bild 2.18: Doppeltgespeiste Drehstrommaschine als gegensynchrone Kaskade (nach Läuger) mit netz- und maschinengeführtem Zwischenkreisumrichter im Statorkreis [Betriebsbereiche 5) und 6); GR = Gleichrichter, WR = Wechselrichter]

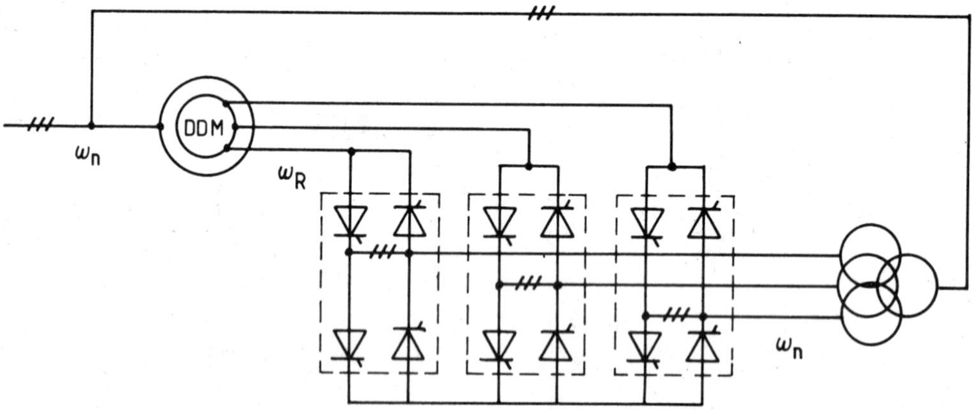

Bild 2.19: Doppeltgespeiste Drehstrommaschine als über- und untersynchrone Stromrichterkaskade mit Direktumrichter [Betriebsbereiche 1), 2), 3) und 4)]

2.2 Feldorientierte Steuerung der DDM

Für die im Stator spannungs- und im Rotor stromgespeiste Drehstrommaschine wird ein feldorientiertes Steuerverfahren entwickelt [2.8] . Gesteuert werden soll der Statorfluß der Maschine und das innere Drehmoment mit Hilfe der Rotorströme als Stellgrößen. Das Statorspannungssystem soll als mehr oder weniger starr vorgegeben sein. Zunächst wird die Maschinenstruktur für ein statorflußorientiertes Bezugssystem hergeleitet.

2.2.1 Statorflußorientiertes Modell der DDM

Allgemein gilt das Spannungsgleichungssystem (2.1) mit den Flußbeziehungen (1.2). Durch Vergleich der Definitionsgleichung (1.36)

$$\underline{\Psi}_{S1} = L_{Sh}\,\underline{i}''_{\mu}$$

mit der Flußgleichung nach (1.2) erhält man für den dem Statorflußraumzeiger proportionalen Magnetisierungsstromraumzeiger (1.70)

$$\underline{i}''_{\mu} = (1 + \sigma_S)\,\underline{i}_{S1} + \underline{i}'_{R1} \quad .$$

Bei Vernachlässigung der Statorstreuinduktivität ($\sigma_S = 0$) sind Stator- und Luftspaltfluß identisch ($\underline{i}''_{\mu} = \underline{i}_{\mu}$). Aus dem (1.8) und (1.13) entsprechenden Ansatz (1.71)

$$\underline{i}''_{\mu} = \frac{1}{\sqrt{2}}\, i''_{\mu}\, e^{j(\varphi''_S + \gamma_S)}$$

ergibt sich die Festlegung der Bezugsachse nach (1.72)

$$\gamma_S = -\varphi''_S \quad , \quad \gamma_R = -(\varphi''_S - \gamma) \quad .$$

Damit resultiert aus (1.71) für den Magnetisierungsstromraumzeiger die Form (1.73)

$$\underline{i}''_{\mu} = \frac{1}{\sqrt{2}}\, i''_{\mu} \quad ,$$

d. h. $\underline{i}''_\mu$ fällt mit der Bezugsachse zusammen (Bild 2.20). Dieses Bezugssystem wird den folgenden Ableitungen zugrunde gelegt. Die Statorspannungsgleichung von (2.1) ergibt dann mit (1.36), (1.72), (1.73)

$$\underline{u}_n = R_S \underline{i}_{S1} + j\dot{\varphi}''_S \frac{1}{\sqrt{2}} L_{Sh}\, i''_\mu + \frac{1}{\sqrt{2}} L_{Sh}\, \dot{i}''_\mu \quad .$$

Darin wird $\underline{i}_{S1}$ mit Hilfe von (1.70) unter Beachtung von (1.73) ersetzt:

$$\underline{u}_n = \frac{R_S}{1+\sigma_S}\left(\frac{1}{\sqrt{2}} i''_\mu - \underline{i}'_{R1}\right) + j\dot{\varphi}''_S \frac{1}{\sqrt{2}} L_{Sh}\, i''_\mu + \frac{1}{\sqrt{2}} L_{Sh}\, \dot{i}''_\mu \quad .$$

Mit der Zeitkonstanten τ_S nach (1.59)

$$\tau_S = \frac{(1+\sigma_S)\, L_{Sh}}{R_S}$$

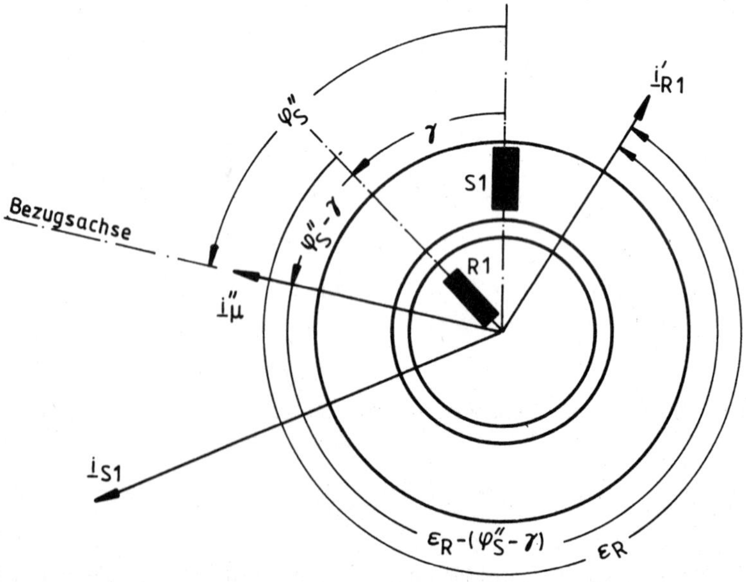

Bild 2.20: Stromraumzeiger bei statorflußfester Bezugsachse ($\gamma_S = -\varphi''_S$)

folgt dann die endgültige komplexe S t a t o r s p a n n u n g s g l e i c h u n g

$$i''_\mu + \tau_S \dot{i}''_\mu = \frac{1+\sigma_S}{R_S} \sqrt{2}\, \underline{u}_n + \sqrt{2}\, \underline{i}'_{R1} - j\, \dot{\varphi}''_S\, \tau_S\, i''_\mu \quad . \tag{2.53}$$

Aus den allgemeinen Definitionen des Rotorstromraumzeigers

$$\underline{i}'_{R1} = \frac{1}{\sqrt{2}} i'_R\, e^{j(\varepsilon_R + \gamma_R)} \tag{2.54}$$

$$\underline{i}'_{R1} = \frac{1}{\sqrt{2}} (i_{Rp} + j\, i_{Rq}) \tag{2.55}$$

und des Statorspannungsraumzeigers

$$\underline{u}_n = \frac{1}{\sqrt{2}} u_n\, e^{j(\alpha_n + \gamma_S)} \tag{2.56}$$

$$\underline{u}_n = \frac{1}{\sqrt{2}} (u_{np} + j\, u_{nq}) \tag{2.57}$$

erhält man mit (1.72) die für das statorflußfeste Bezugssystem geltenden Ausdrücke

$$\underline{i}'_{R1} = \frac{1}{\sqrt{2}} i'_R\, e^{j[\varepsilon_R - (\varphi''_S - \gamma)]} \tag{2.58}$$

und

$$\underline{u}_n = \frac{1}{\sqrt{2}} u_n\, e^{j(\alpha_n - \varphi''_S)} \quad . \tag{2.59}$$

Mit (2.55) und (2.57) ergeben sich aus (2.53) die beiden reellen Gleichungen:

$$i''_\mu + \tau_S \dot{i}''_\mu = \frac{1+\sigma_S}{R_S} u_{np} + i_{Rp} \tag{2.60}$$

$$0 = \frac{1+\sigma_S}{R_S} u_{nq} + i_{Rq} - \dot{\varphi}''_S \tau_S i''_\mu \quad . \tag{2.61}$$

Diesen beiden Gleichungen kann man entnehmen, daß i''_μ von i_{Rp} und u_{np} bestimmt wird und bei konstantem i''_μ die Winkelgeschwindigkeit $\dot{\varphi}''_S$ mit i_{Rq} und u_{nq} verknüpft ist. $\dot{\varphi}''_S$ beschreibt die Drehung des Raumzeigers $\underline{i}''_\mu$ relativ zum Stator (Bild 2.20).

Das i n n e r e D r e h m o m e n t berechnet sich nach (1.4) mit (1.70), (1.73) und (2.55) zu

$$M_{i1} = 2\,p\,L_{Sh}\,\mathrm{Im}\left\{\frac{1}{1+\sigma_S}\left(\frac{1}{\sqrt{2}} i''_\mu - \underline{i}'_{R1}\right)\underline{i}'^{*}_{R1}\right\}$$

$$M_{i1} = -K_3\, i''_\mu\, i_{Rq} \tag{2.62}$$

mit

$$K_3 = \frac{p\,L_{Sh}}{1+\sigma_S} \quad . \tag{2.63}$$

Für i''_μ = const ist das innere Drehmoment der senkrecht zur Bezugsachse liegenden Komponente von $\underline{i}'_{R1}$ proportional. Die Komponenten des $\sqrt{2}$-fachen Rotorstromraumzeigers folgen aus (2.55) und (2.58) zu

$$i_{Rp} = i'_R \cos\left[\varepsilon_R - (\varphi''_S - \gamma)\right] \quad ,$$

$$i_{Rq} = i'_R \sin\left[\varepsilon_R - (\varphi''_S - \gamma)\right] \quad . \tag{2.64}$$

Im stationären Betrieb mit symmetrischen sinusförmigen Systemen sind diese Größen zeitlich konstant, so daß für die Winkelgeschwindigkeiten

$$\dot{\varepsilon}_R = \dot{\varphi}''_S - \dot{\gamma}$$

gelten muß mit $\dot{\varepsilon}_R = \omega_R$ nach (2.16) und $\dot{\varphi}''_S = \omega_S = \omega_n$ nach (2.7).

Um die Struktur des statorflußorientierten Maschinenmodells aufbauen zu können, müssen mit Hilfe von Transformationen aus den durch die Rotorspeisung gegebenen Größen i'_R und ε_R nach (2.64) die Komponenten i_{Rp} und i_{Rq} und aus den durch die Statorspeisung gegebenen Größen u_n und α_n nach (2.59), (2.57) die Komponenten

$$u_{np} = u_n \cos(\alpha_n - \varphi''_S)$$
$$u_{nq} = u_n \sin(\alpha_n - \varphi''_S) \qquad (2.65)$$

gebildet werden. Für die beiden Transformationen, die im Strukturbild Bild 2.21 dargestellt sind, benötigt man also die Winkel φ''_S und γ (Bild 2.20). φ''_S kann über die Gleichung (2.61) durch einfache Integration und γ über die mechanische Gleichung (1.5) durch zweifache Integration gewonnen werden. Es entstehen somit zwei Rückkopplungsschleifen, die das Einschwingverhalten der doppeltgespeisten Drehstrommaschine bestimmen [2.2].

2.2.2 Statorflußorientierte Steuerung der DDM

Um die statorflußorientierten Komponenten (2.64) des $\sqrt{2}$-fachen Rotorstromraumzeigers bei einer rotorstromgespeisten Maschine vorgeben zu können, muß die zu der in der Maschinenstruktur durchgeführten Transformation inverse Transformation außerhalb der Maschine aufgebaut werden. Hierzu werden die Winkel φ''_S und γ gebraucht. Die Größen i''_μ und φ''_S werden entweder nach Bild 1.7 durch Integration aus Klemmengrößen ermittelt oder direkt aus Klemmengrößen nach einer unten beschriebenen Methode, die noch zusätzlich einen Lagegeber zur Messung des Positionswinkels erfordert. Die inverse Transformation besorgt die eigentliche "Feldorientierung" (Bild 2.21)

$$b_p + j\, b_q = i'_R\, e^{j\beta} \qquad (2.66)$$

mit

$$\beta = \varepsilon_R - (\varphi''_S - \gamma) \quad , \qquad (2.67)$$

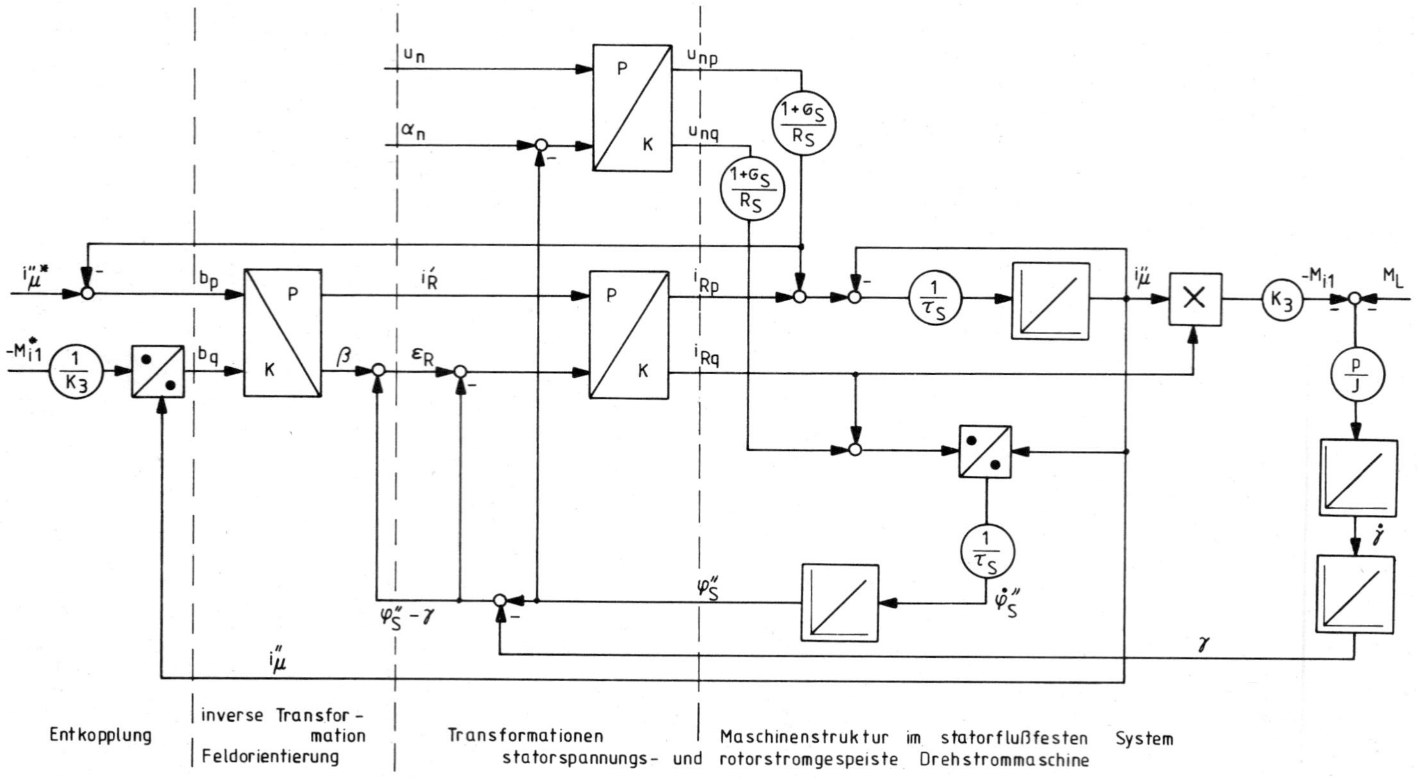

Bild 2.21: Statorflußorientierte Steuerung der statorspannungs- und rotorstromgespeisten Drehstrommaschine mit Feld- und Positionswinkelmessung

woraus durch Vergleich mit (2.55), (2.58) folgt

$$b_p = i_{Rp} \quad , \quad b_q = i_{Rq} \quad . \tag{2.68}$$

Um mittels dieser Steuergrößen b_p, b_q unabhängig voneinander das innere Drehmoment M_{i1} und den Magnetisierungsstrom i''_μ beeinflussen zu können, muß noch eine aus den Gleichungen (2.60) und (2.62) zu entnehmende Entkopplung erfolgen. Dazu benötigt man den Istwert i''_μ und die Statorspannungskomponente u_{np}. Eingangsgrößen des gesamten Steuerungssystems sind dann die Sollwerte

$$- M^*_{i1} = - M_{i1} \tag{2.69}$$

und

$$i''^*_\mu = i''_\mu + \tau_S \dot{i}''_\mu \quad . \tag{2.70}$$

Damit wurde erreicht, daß die doppeltgespeiste Drehstrommaschine ein Steuerverhalten annimmt, das dem der fremderregten Gleichstrommaschine ähnlich ist. Voraussetzung ist eine perfekt funktionierende Stromeinprägung im Rotor. Außerdem müssen die für die Feldorientierung und die Entkopplung notwendigen Größen exakt ermittelt sein. Zur Gewinnung von i''_μ und φ''_S kann Gleichung (1.70) herangezogen werden bei statorfestem Bezugssystem ($\gamma_S = 0$, $\gamma_R = \gamma$). Mit (1.24), (1.71) und (2.54) erhält man dann

$$i''_\mu e^{j\varphi''_S} = (1 + \sigma_S) i_S e^{j\varepsilon_S} + i'_R e^{j(\varepsilon_R + \gamma)}$$

und daraus die beiden Komponentengleichungen

$$\begin{aligned} i''_\mu \cos \varphi''_S &= (1 + \sigma_S) i_S \cos \varepsilon_S + i'_R \cos(\varepsilon_R + \gamma) \quad , \\ i''_\mu \sin \varphi''_S &= (1 + \sigma_S) i_S \sin \varepsilon_S + i'_R \sin(\varepsilon_R + \gamma) \quad . \end{aligned} \tag{2.71}$$

Gemessen werden müssen die Stator-, die Rotorströme und der Rotorpositionswinkel γ, um i''_μ und φ''_S berechnen zu können (Bild 2.22). Im Gegensatz zu dem für die Asynchronmaschine mit Kurzschlußläufer entwickelten Verfahren nach Bild 1.7 bedarf es hier keiner Integration.

Im Fall der Verwendung eines die Spannung steuernden Umrichters braucht man für die Realisierung der Stromeinprägung mittels einer hochdynamsichen Stromregelung den Zusammenhang zwischen Rotorspannung und Rotorstrom. Er wird durch die R o t o r s p a n n u n g s g l e i c h u n g nach (2.1) geliefert, die hier im rotorfesten Bezugssystem wiedergegeben ist ($\gamma_R = 0$, $\gamma_S = -\gamma$) :

$$\underline{u}'_{R1} = R'_R\, \underline{i}'_{R1} + \dot{\underline{\Psi}}'_{R1} \quad . \tag{2.72}$$

Für den Rotorflußraumzeiger gilt nach (1.2) mit (1.70)

$$\underline{\Psi}'_{R1} = (L_{Sh} + L'_{R\sigma})\, \underline{i}'_{R1} + L_{Sh} \frac{1}{1+\sigma_S} (\underline{i}''_{\mu} - \underline{i}'_{R1}) \quad ,$$

$$\underline{\Psi}'_{R1} = \frac{L_{Sh}}{1+\sigma_S} \left(\frac{\sigma}{1-\sigma}\, \underline{i}'_{R1} + \underline{i}''_{\mu}\right) \quad . \tag{2.73}$$

Durch Einsetzen von (2.73) in (2.72) folgt

$$\frac{1}{R'_R}\, \underline{u}'_{R1} = \underline{i}'_{R1} + \sigma \tau_R\, \dot{\underline{i}}'_{R1} + (1-\sigma)\, \tau_R\, \dot{\underline{i}}''_{\mu} \tag{2.74}$$

mit der Zeitkonstanten τ_R nach (1.17) und

$$\underline{i}''_{\mu} = \frac{1}{\sqrt{2}}\, i''_{\mu}\, e^{j(\varphi''_S - \gamma)} \tag{2.75}$$

nach (1.71). Setzt man die Ableitung von (2.75) in (2.74) ein und definiert man mit $\gamma_R = 0$ den Rotorspannungsraumzeiger

$$\underline{u}'_{R1} = \frac{1}{\sqrt{2}}\, u'_R\, e^{j\alpha_R} = \frac{1}{\sqrt{2}} (u_{R\alpha} + j\, u_{R\beta}) \tag{2.76}$$

und nach (2.54) den Rotorstromraumzeiger

$$\underline{i}'_{R1} = \frac{1}{\sqrt{2}}\, i'_R\, e^{j\varepsilon_R} = \frac{1}{\sqrt{2}} (i_{R\alpha} + j\, i_{R\beta}) \quad , \tag{2.77}$$

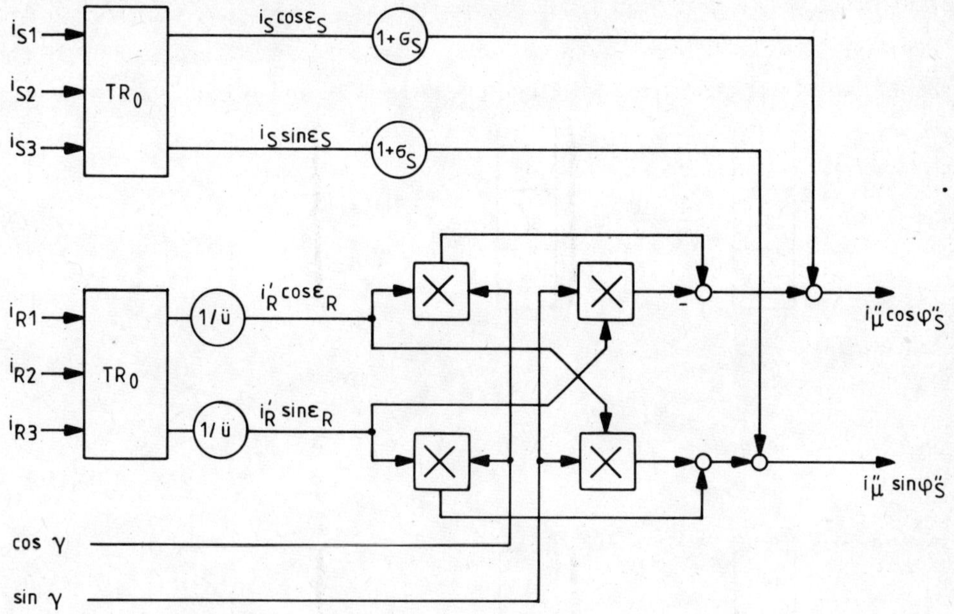

Bild 2.22: Bildung der Orientierungsgrößen i''_μ und φ''_S aus den gemessenen Stator- und Rotorströmen und Signalen des Rotorpositionswinkels γ (Transformation TRo auf S. 18 erläutert)

dann folgen aus (2.74) die Komponentengleichungen:

$$i_{R\alpha} + \sigma \tau_R \dot{i}_{R\alpha} = \frac{1}{R'_R} u_{R\alpha} - (1-\sigma)\,\tau_R \frac{d}{dt}\left[i''_\mu \cos(\varphi''_S - \gamma)\right]$$

$$i_{R\beta} + \sigma \tau_R \dot{i}_{R\beta} = \frac{1}{R'_R} u_{R\beta} - (1-\sigma)\,\tau_R \frac{d}{dt}\left[i''_\mu \sin(\varphi''_S - \gamma)\right] \qquad (2.78)$$

Aus den Komponenten im rotorfesten Bezugssystem (2.76), (2.77) lassen sich die Stranggrößen ermitteln. Analog zu (1.26) gilt bei verschwindenden Nullkomponenten

$$\begin{bmatrix} u_{R1} \\ u_{R2} \\ u_{R3} \end{bmatrix} = \frac{2}{\sqrt{3}} \frac{1}{ü} \operatorname{Re} \left\{ \begin{bmatrix} 1 \\ \underline{a}^2 \\ \underline{a} \end{bmatrix} \underline{u}'_{R1} \, e^{-j\gamma_R} \right\} \tag{2.79}$$

und

$$\begin{bmatrix} i_{R1} \\ i_{R2} \\ i_{R3} \end{bmatrix} = \frac{2}{\sqrt{3}} \, ü \operatorname{Re} \left\{ \begin{bmatrix} 1 \\ \underline{a}^2 \\ \underline{a} \end{bmatrix} \underline{i}'_{R1} \, e^{-j\gamma_R} \right\} , \tag{2.80}$$

woraus durch Einsetzen von (2.76) bzw. (2.77) mit $\gamma_R = 0$ folgende zeitinvariante Transformationen resultieren.

$$\begin{bmatrix} u_{R1} \\ u_{R2} \\ u_{R3} \end{bmatrix} = \sqrt{\frac{2}{3}} \frac{1}{ü} \begin{bmatrix} 1 & 0 \\ -\frac{1}{2} & \frac{1}{2}\sqrt{3} \\ -\frac{1}{2} & -\frac{1}{2}\sqrt{3} \end{bmatrix} \begin{bmatrix} u_{R\alpha} \\ u_{R\beta} \end{bmatrix} , \tag{2.81}$$

$$\begin{bmatrix} i_{R1} \\ i_{R2} \\ i_{R3} \end{bmatrix} = \sqrt{\frac{2}{3}}\,\ddot{u} \begin{bmatrix} 1 & 0 \\ -\frac{1}{2} & \frac{1}{2}\sqrt{3} \\ -\frac{1}{2} & -\frac{1}{2}\sqrt{3} \end{bmatrix} \begin{bmatrix} i_{R\alpha} \\ i_{R\beta} \end{bmatrix} . \qquad (2.82)$$

Die Gleichungen (2.78) ermöglichen eine dynamische Verbesserung der Rotorstromregelung durch eine Störgrößenaufschaltung. Hierzu ist es notwendig, die in (2.83) mit f_α , f_β bezeichneten Ausdrücke zu bilden und aufzuschalten:

$$i_{R\alpha} + \sigma\tau_R\,\dot{i}_{R\alpha} = \frac{1}{R_R'}\,u_{R\alpha} - f_\alpha$$

$$(2.83)$$

$$i_{R\beta} + \sigma\tau_R\,\dot{i}_{R\beta} = \frac{1}{R_R'}\,u_{R\beta} - f_\beta$$

$$f_\alpha = (1-\sigma)\tau_R\left[\dot{i}''_\mu \cos(\varphi''_S - \gamma) - (\dot{\varphi}''_S - \dot{\gamma})\,i''_\mu \sin(\varphi''_S - \gamma)\right]$$

$$(2.84)$$

$$f_\beta = (1-\sigma)_R\left[\dot{i}''_\mu \sin(\varphi''_S - \gamma) + (\dot{\varphi}''_S - \dot{\gamma})\,i''_\mu \cos(\varphi''_S - \gamma)\right]$$

Das Prinzip der R e g e l u n g d e r R o t o r s t r ö m e zeigt Bild 2.23 und die Bildung der für die Aufschaltung benötigten Störgrößen nach (2.84) Bild 2.24.

2.3 Steuerungsgrenzen der statorflußorientiert betriebenen DDM

Für $M_{i1} = 0$ folgt wegen $i_{Rq} = 0$ aus Gleichung (2.61)

$$u_{nq} = \dot{\varphi}''_S\,L_{Sh}\,i''_\mu \qquad (2.85)$$

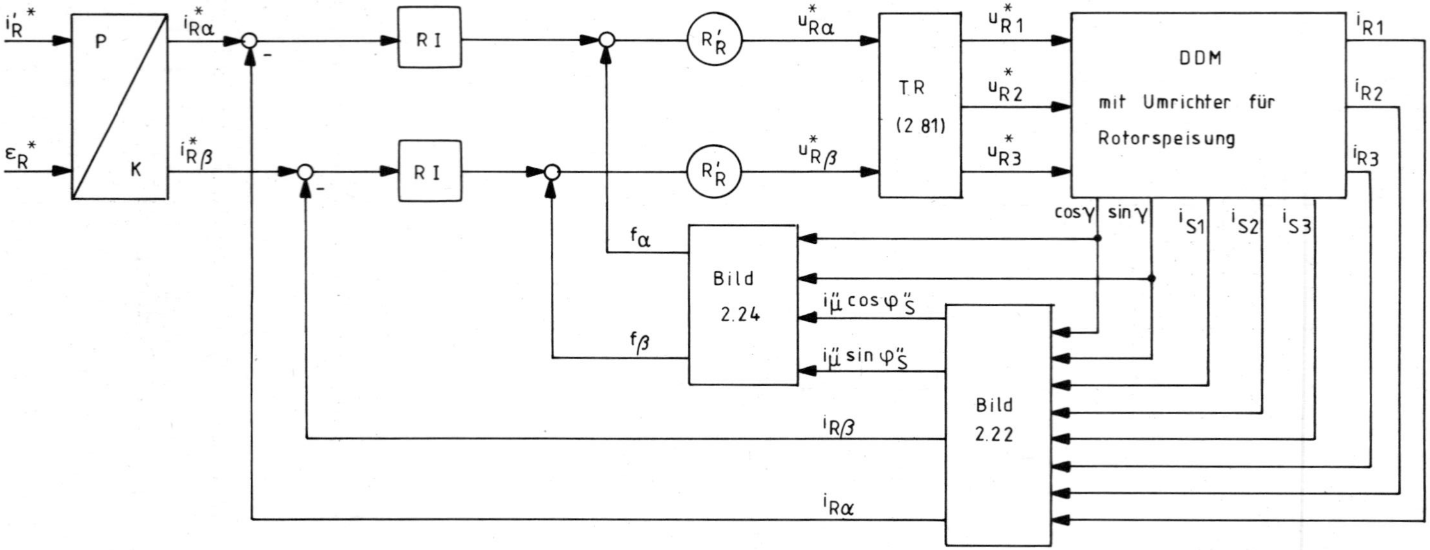

Bild 2.23: Struktur der Rotorstromregelung bei der dopppeltgespeisten Drehstrommaschine (RI, Stromregler)

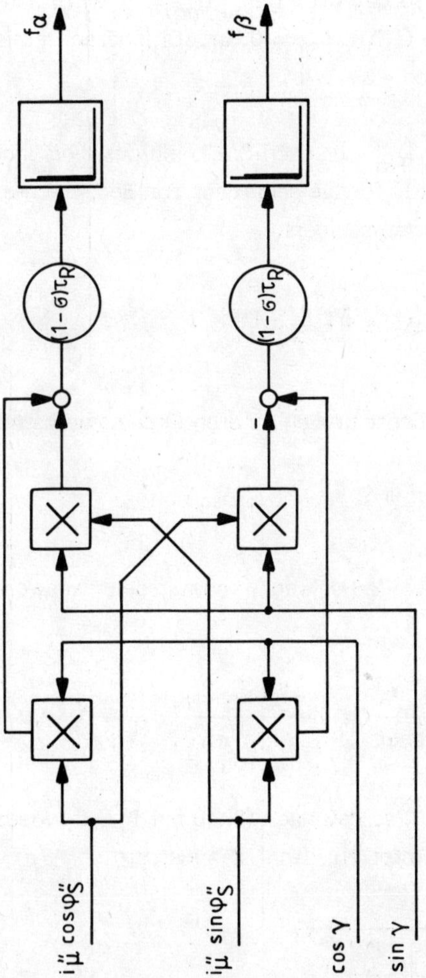

Bild 2.24: Bildung der für die Aufschaltung in Bild 2.23 benötigten Störgrößen

und für stationären Betrieb mit symmetrischen sinusförmigen Systemen aus Gleichung (2.60)

$$i_{Rp} = i''_\mu \pm \frac{1+\sigma_S}{R_S} \sqrt{u_n^2 - u_{nq}^2} \quad . \tag{2.86}$$

Wählt man i''_μ maximal, so daß nach (2.85) $u_{nq} = u_n$ wird, dann erhält man nach (2.86) $i_{Rp} = i''_\mu$ und nach (1.70) $\underline{i}_{S1} = 0$. Im stationären Betrieb ist $\dot{\varphi}''_S$ mit der Netzfrequenz ω_n identisch.

Will man bei $i''_\mu > 0$ mit $i_{Rq} < 0$ nach (2.62) ein positives inneres Drehmoment einstellen, dann gilt nach (2.61) für die senkrecht zur Bezugsachse liegende Komponente des $\sqrt{2}$-fachen Rotorstromraumzeigers

$$- i_{Rq} = \frac{1+\sigma_S}{R_S}(u_{nq} - \dot{\varphi}''_S L_{Sh} i''_\mu) > 0 \quad . \tag{2.87}$$

Zur Erreichung eines möglichst großen inneren Drehmoments muß man

$$u_{nq} = u_n \tag{2.88}$$

fordern. Dann resultiert aus (2.87), wenn man auf den Nennwert i'_{RN} bezieht

$$- \frac{i_{Rq}}{i'_{RN}} = \frac{(1+\sigma_S) u_n}{R_S i'_{RN}}(1 - \frac{\dot{\varphi}''_S L_{Sh} i'_{RN}}{u_n} \cdot \frac{i''_\mu}{i'_{RN}}) \quad . \tag{2.89}$$

Wegen (2.88) wird $u_{np} = 0$, so daß nach (2.60) bei $\dot{i}''_\mu = 0$ wiederum $i_{Rp} = i''_\mu$ gilt. Läßt man Nennstrom im Rotor zu, dann ist außerdem

$$- \frac{i_{Rq}}{i'_{RN}} = \sqrt{1 - (\frac{i''_\mu}{i'_{RN}})^2} \quad . \tag{2.90}$$

Aus (2.89) und (2.90) kann man $-i_{Rq} / i'_{RN}$ und i''_μ / i'_{RN} berechnen. Die Strombeziehung (1.70) liefert für diesen Fall $i_{Sp} = 0$ und $(1+\sigma_S) i_{Sq} = - i_{Rq}$. Welche Werte sich für $-i_{Rq} / i'_{RN}$ und i''_μ / i'_{RN} in Abhängigkeit von den in Gleichung (2.89) enthaltenen Maschinenparametern ergeben, kann man beispielhaft dem Diagramm von Bild 2.25 entnehmen. Wie im folgenden Abschnitt gezeigt wird, nimmt die Maschine in den beiden hier aufgeführten Fällen rotorseitig induktive Blindleistung auf.

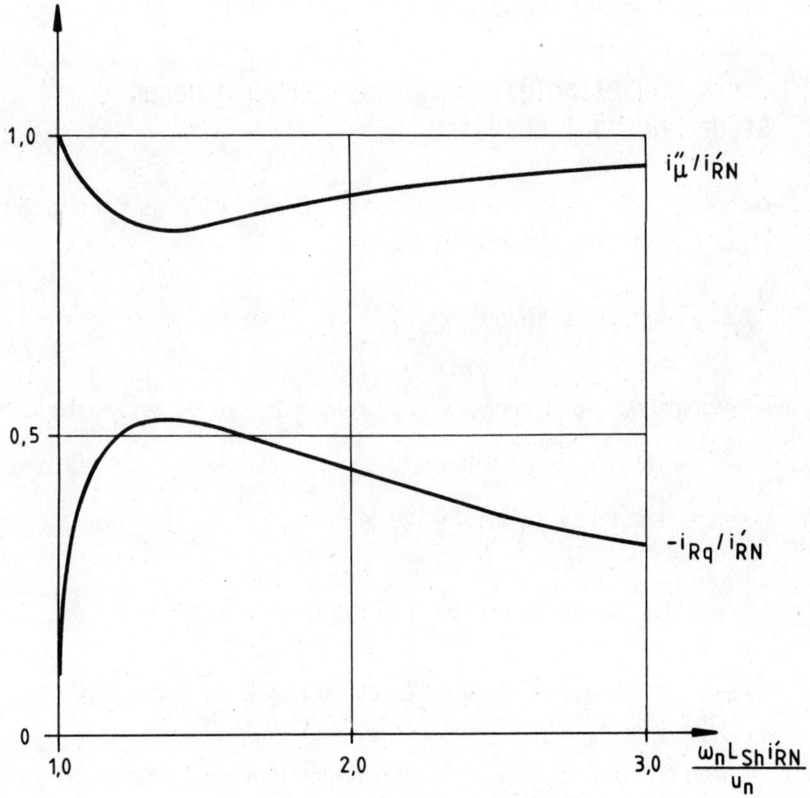

Bild 2.25: Steuerungsgrenzen der statorflußorientiert betriebenen DDM für $u_{nq} = u_n$ und $i'_R = i'_{RN}$ in Abhängigkeit von einem Maschinenparameter (Annahme: $R_S\, i'_{RN} / (1 + \sigma_S)\, u_n = 0{,}05$)

Wird der Rotor über einen maschinengeführten Stromrichter gespeist, dann muß die Maschine rotorseitig induktive Blindleistung abgegeben, d.h. bei $i''_\mu > 0$ muß $i_{Rp} < 0$ sein. Zur Erreichung eines positiven inneren Drehmoments mit $i_{Rq} < 0$ ist dann eine Bild 2.20 entsprechende Stromraumzeiger-Konstellation nötig. Aus den Gleichungen (2.60), (2.61) folgt, daß in diesem Fall, wenn außerdem $\dot{i}''_\mu = 0$ ist, $u_{np} > 0$ und $u_{nq} > 0$ gelten muß.

2.4 Wirk- und Blindleistungen der DDM und deren Steuerungsmöglichkeiten

Die Berechnung der rotorseitigen Blindleistung erfolgt mit $\dot{\varphi}''_S - \dot{\gamma} = \omega_R$ nach (vergl. Abschnitt 2.1.1!)

$$Q_R = \text{sign}\,\omega_R \; 2\,\text{Im}\left\{\underline{i}'^*_{R1}\,\underline{u}'_{R1}\right\} \quad . \tag{2.91}$$

Aus der Rotorspannungsgleichung von (2.1) folgt mit dem Bezugssystem nach (1.72) für den stationären Zustand:

$$\underline{u}'_{R1} = R'_R\,\underline{i}'_{R1} + j\,(\dot{\varphi}''_S - \dot{\gamma})\,\underline{\psi}'_{R1} \quad .$$

Damit und mit der Flußgleichung von (1.2) resultiert aus (2.91)

$$Q_R = \text{sign}\,\omega_R \; 2\,\text{Im}\left\{\underline{i}'^*_{R1}\,[R'_R\,\underline{i}'_{R1} + j\,(\dot{\varphi}''_S - \dot{\gamma})(L'_{RR}\,\underline{i}'_{R1} + L_{Sh}\,\underline{i}_{S1})]\right\} .$$

Mit $\underline{i}_{S1}$ nach (1.70) und $\underline{i}''_\mu$ nach (1.73) ergibt sich daraus für die rotorseitige Blindleistung

$$Q_R = |\omega_R|\,\frac{L_{Sh}}{1+\sigma_S}\left(\frac{\sigma}{1-\sigma}\,i'^2_R + i''_\mu\,i_{Rp}\right) \quad . \tag{2.92}$$

Die Verwendung eines maschinengeführten Stromrichters zur Rotorspeisung erfordert Abgabe induktiver Blindleistung (Kommutierungsblindleistung) $Q_R < 0$, was bedeutet, daß $i_{Rp} < 0$ sein muß. Daraus folgt, daß die im Abschnitt 2.3 erläuterten Betriebsfälle wegen $i_{Rp} = i''_\mu$ nur einstellbar sind, wenn ein netzgeführter oder ein selbstgeführter Stromrichter eingesetzt wird.

Analog hierzu ergibt sich die r o t o r s e i t i g e W i r k l e i s t u n g

$$P_R = 2\,\mathrm{Re}\left\{\underline{i}'^*_{R1}\,\underline{u}'_{R1}\right\} \tag{2.93}$$

zu

$$P_R = i'^2_R R'_R + \omega_R \frac{1}{1+\sigma_S} L_{Sh}\, i''_\mu\, i_{Rq} \tag{2.94}$$

wobei $i'^2_R R'_R = P_{vR}$ die Stromwärmeverluste im Rotor bedeuten.

Im folgenden wird für stationären Betrieb noch gezeigt, daß man mit Hilfe der Läuferströme die S t a t o r w i r k - u n d d i e S t a t o r b l i n d l e i s t u n g steuern kann. Aus

$$P_S = 2\,\mathrm{Re}\left\{\underline{i}'^*_{S1}\,\underline{u}_n\right\} \tag{2.95}$$

und der unter der Voraussetzung $\dot{\alpha}_n = \omega_n > 0$ geltenden Beziehung

$$Q_S = 2\,\mathrm{Im}\left\{\underline{i}^*_{S1}\,\underline{u}_n\right\} \tag{2.96}$$

folgt

$$P_S = i_{Sp}\,u_{np} + i_{Sq}\,u_{nq} \tag{2.97}$$

und

$$Q_S = -\,i_{Sq}\,u_{np} + i_{Sp}\,u_{nq} \quad . \tag{2.98}$$

Durch Einsetzen von (1.70)

$$\sqrt{2}\,\underline{i}_{S1} = \frac{1}{1+\sigma_S}\,(i''_\mu - i_{Rp} - j\,i_{Rq})$$

mit

$$i_{Sp} = \frac{1}{1+\sigma_S}(i''_\mu - i_{Rp})$$

$$i_{Sq} = -\frac{1}{1+\sigma_S} i_{Rq}$$

und u_{np} , u_{nq} nach (2.60), (2.61) erhält man aus (2.97), (2.98)

$$P_S = i_S^2 R_S - \frac{1}{1+\sigma_S} \omega_n L_{Sh} i''_\mu i_{Rq} \quad , \qquad (2.99)$$

$$Q_S = \frac{1}{1+\sigma_S} \omega_n L_{Sh} i''_\mu (i''_\mu - i_{Rp}) \quad . \qquad (2.100)$$

Es zeigt sich, daß bei fest vorgegebenem Statorfluß (i''_μ = const) und vernachlässigbarem Statorwiderstand eine entkoppelte Verstellung von P_S über i_{Rq} und Q_S über i_{Rp} möglich wäre. Ein Vergleich mit (2.92) läßt erkennen, daß eine Steuerung auf $Q_S = 0$ mit $i_{Rp} = i''_\mu > 0$ Aufnahme induktiver Blindleistung im Rotor bedeutet und deshalb mit einem maschinengeführten Stromrichter als Rotorspeiseaggregat nicht erreichbar ist. Dies trifft z.B. für die im Abschnitt 2.3 behandelten beiden Betriebsfälle zu.

3. Doppeltgespeiste Drehstrommaschine mit Dämpferwicklung (DDMD)

Die doppeltgespeiste Drehstrommaschine mit Dämpferwicklung (DDMD) ist ein universeller Maschinentyp, der in sich die Eigenschaften der Asynchron- und der Synchronmaschine vereinigt. Welches Betriebsverhalten die Maschine annimmt, hängt von dem gewählten Steuerverfahren ab. Das einfachste Steuerungskonzept erhält man in Analogie zur Asynchronmaschine mit Kurzschlußläufer, wenn man das Bezugssystem am Dämpferflußraumzeiger orientiert [1.1] .

3.1 Allgemeines Modell der DDMD in Raumzeigerdarstellung

Es wird von einem magnetisch symmetrischen Maschinenmodell gemäß Bild 3.1 ausgegangen, das im Rotor mit einer zweiachsigen Erregerwicklung (f) und einer zweiachsigen Dämpferwicklung (k) ausgestattet ist. Das komplexe S p a n n u n g s g l e i c h u n g s s y s t e m in Raumzeigerschreibweise lautet, wenn keine Nullsysteme auftreten und eine Grundwellenmaschine vorausgesetzt wird,

$$\begin{bmatrix} \underline{u}_{S1} \\ \underline{u}'_{f1} \\ 0 \end{bmatrix} = \begin{bmatrix} R_S & & \\ & R''_f & \\ & & R''_k \end{bmatrix} \begin{bmatrix} \underline{i}_{S1} \\ \underline{i}'_{f1} \\ \underline{i}'_{k1} \end{bmatrix} - j \begin{bmatrix} \dot{\gamma}_S & & \\ & \dot{\gamma}_R & \\ & & \dot{\gamma}_R \end{bmatrix} \begin{bmatrix} \underline{\Psi}_{S1} \\ \underline{\Psi}'_{f1} \\ \underline{\Psi}'_{k1} \end{bmatrix} + \begin{bmatrix} \dot{\underline{\Psi}}_{S1} \\ \dot{\underline{\Psi}}'_{f1} \\ \dot{\underline{\Psi}}'_{k1} \end{bmatrix} \quad . \qquad (3.1)$$

Unter der Annahme einer linearen Verknüpfung der Flüsse mit den Strömen erhält man die Flußgleichungen

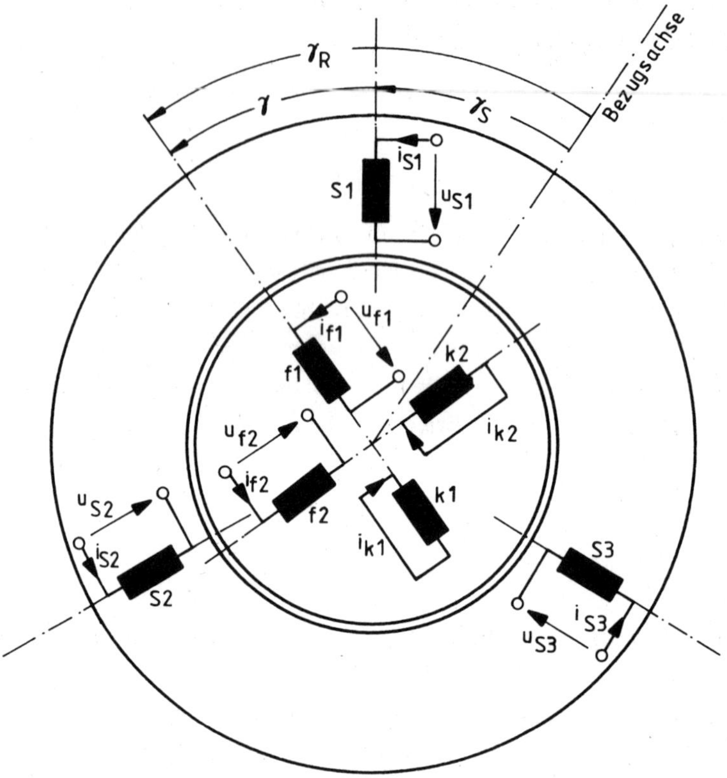

Bild 3.1: Zweipoliges Modell der doppeltgespeisten Drehstrommaschine mit Dämpferwicklung (Vollpolmaschine)

$$\begin{pmatrix} \underline{\Psi}_{S1} \\ \underline{\Psi}'_{f1} \\ \underline{\Psi}'_{k1} \end{pmatrix} = \begin{pmatrix} L_{Sh} + L_{S\sigma} & L'_{Sh} & L'_{Sh} \\ L'_{Sh} & L''_{ff} & L'_{Sh} \\ L'_{Sh} & L'_{Sh} & L''_{kk} \end{pmatrix} \begin{pmatrix} \underline{i}_{S1} \\ \underline{i}'_{f1} \\ \underline{i}'_{k1} \end{pmatrix} \quad . \tag{3.2}$$

Die Original-Induktivitätsmatrix des Rotors ist unter der Annahme, daß zueinander orthogonale Wicklungsstränge nicht gekoppelt sind:

$$(L_R) = \begin{array}{c|c|c|c|c|} & f1 & f2 & k1 & k2 \\ \hline f1 & L_{ff} & & L_{fk} & \\ \hline f2 & & L_{ff} & & L_{fk} \\ \hline k1 & L_{fk} & & L_{kk} & \\ \hline k2 & & L_{fk} & & L_{kk} \\ \hline \end{array} \quad . \tag{3.3}$$

Mit diesen Induktivitäten sind die in (3.2) enthaltenen folgendermaßen verknüpft:

$$L''_{ff} = \frac{3}{2}\, \ddot{u}_{fk}^2\, \ddot{u}_f^2\, L_{ff} \quad ,$$

$$L''_{kk} = \frac{3}{2}\, \ddot{u}_{fk}^2\, \ddot{u}_k^2\, L_{kk} \quad ,$$

$$\ddot{u}_f = \frac{w_S\, \xi_{S1}}{w_f\, \xi_{f1}} \quad ,$$

$$\ddot{u}_k = \frac{w_S \xi_{S1}}{w_k \xi_{k1}} ,$$

$$\ddot{u}_{fk} = \frac{2}{3} \frac{L_{Sh}}{\ddot{u}_f \, \ddot{u}_k \, L_{fk}} < 1 ,$$

$$L'_{Sh} = \ddot{u}_{fk} \, L_{Sh} .$$

$w_S \xi_{S1}$, $w_f \xi_{f1}$ und $w_k \xi_{k1}$ sind die wirksamen Windungszahlen der Wicklungsstränge von S, f und k.

Außerdem gilt:

$$R''_f = \frac{3}{2} \ddot{u}_{fk}^2 \, \ddot{u}_f^2 \, R_f ,$$

$$R''_k = \frac{3}{2} \ddot{u}_{fk}^2 \, \ddot{u}_k^2 \, R_k ,$$

wobei R_f und R_k die wirklichen Strangwiderstände sind. Die in (3.1) benutzten Raumzeiger sind mit den Zeitwerten der Stranggrößen folgendermaßen definiert:

$$\left.\begin{aligned}
\underline{u}_{S1} &= \frac{1}{\sqrt{3}} (u_{S1} + \underline{a} \, u_{S2} + \underline{a}^2 \, u_{S3}) \, e^{j \gamma_S} \\
\underline{i}_{S1} &= \frac{1}{\sqrt{3}} (i_{S1} + \underline{a} \, i_{S2} + \underline{a}^2 \, i_{S3}) \, e^{j \gamma_S} \\
\underline{\Psi}_{S1} &= \frac{1}{\sqrt{3}} (\Psi_{S1} + \underline{a} \, \Psi_{S2} + \underline{a}^2 \, \Psi_{S3}) \, e^{j \gamma_S} \\
\underline{u}'_{f1} &= \frac{1}{\sqrt{2}} (u_{f1} + j \, u_{f2}) \, \ddot{u}_f \sqrt{\frac{3}{2}} \, \ddot{u}_{fk} \, e^{j \gamma_R}
\end{aligned}\right\} \qquad (3.4)$$

$$\underline{i}'_{f1} = \frac{1}{\sqrt{2}}(i_{f1} + j\, i_{f2}) \frac{1}{\ddot{u}_f} \sqrt{\frac{2}{3}} \frac{1}{\ddot{u}_{fk}} e^{j\gamma_R}$$

$$\underline{\Psi}'_{f1} = \frac{1}{\sqrt{2}}(\Psi_{f1} + j\,\Psi_{f2})\, \ddot{u}_f \sqrt{\frac{3}{2}}\, \ddot{u}_{fk}\, e^{j\gamma_R}$$

$$\underline{i}'_{k1} = \frac{1}{\sqrt{2}}(i_{k1} + j\, i_{k2}) \frac{1}{\ddot{u}_k} \sqrt{\frac{2}{3}} \frac{1}{\ddot{u}_{fk}} e^{j\gamma_R}$$

$$\underline{\Psi}'_{k1} = \frac{1}{\sqrt{2}}(\Psi_{k1} + j\,\Psi_{k2})\, \ddot{u}_k \sqrt{\frac{3}{2}}\, \ddot{u}_{fk}\, e^{j\gamma_R} \quad .$$

Alle Raumzeiger werden nach folgender Regel in reelle Komponenten aufgespalten:

$$\underline{u}_{S1} = \frac{1}{\sqrt{2}}(u_{Sp} + j\, u_{Sq}) \quad .$$

Die Eigeninduktivitäten aus (3.2) werden folgendermaßen in Hauptinduktivität und Streuinduktivität aufgespalten:

$$\left.\begin{aligned} L_{Sh} + L_{S\sigma} &= L'_{Sh} + L'_{S\sigma} \\ L''_{ff} &= L'_{Sh} + L'_{f\sigma} \\ L''_{kk} &= L'_{Sh} + L'_{k\sigma} \quad . \end{aligned}\right\} \tag{3.5}$$

Dadurch sind die Streuinduktivitäten $L'_{S\sigma} > L_{S\sigma}$, $L'_{f\sigma}$ und $L'_{k\sigma}$ definiert. Die Flüsse können dann mit dem das Luftspaltfeld bestimmenden Magnetisierungsstromraumzeiger

$$\underline{i}_\mu = \underline{i}_{S1} + \underline{i}'_{f1} + \underline{i}'_{k1} \tag{3.6}$$

wie folgt ausgedrückt werden

$$\left.\begin{aligned} \underline{\Psi}_{S1} &= L'_{Sh}\,\underline{i}_{\mu} + L'_{S\sigma}\,\underline{i}_{S1} \\ \underline{\Psi}'_{f1} &= L'_{Sh}\,\underline{i}_{\mu} + L'_{f\sigma}\,\underline{i}'_{f1} \\ \underline{\Psi}'_{k1} &= L'_{Sh}\,\underline{i}_{\mu} + L'_{k\sigma}\,\underline{i}'_{k1} \quad . \end{aligned}\right\} \tag{3.7}$$

Für das innere Drehmoment gilt die aus (1.4) durch Ergänzung gewonnene Beziehung

$$M_{i1} = 2\,p\,L'_{Sh}\,\mathrm{Im}\left\{\underline{i}_{S1}\,(\underline{i}'^{*}_{f1} + \underline{i}'^{*}_{k1})\right\} \quad . \tag{3.8}$$

Mit (3.6) kann man daraus die Form

$$M_{i1} = 2\,p\,L'_{Sh}\,\mathrm{Im}\left\{\underline{i}_{S1}\,\underline{i}^{*}_{\mu}\right\} \tag{3.9}$$

ableiten.

3.2 Dämpferflußorientiertes Modell der DDMD

Um eine möglichst einfache Maschinenstruktur zu erhalten, wird das Bezugssystem so gewählt, daß die Bezugsachse mit dem Flußraumzeiger der Dämpferwicklung zusammenfällt:

$$\underline{\Psi}'_{k1} = L'_{Sh}\,(\underline{i}_{\mu} + \sigma_k\,\underline{i}'_{k1}) \tag{3.10}$$

mit $\sigma_k = L'_{k\sigma} / L'_{Sh}$. Mit der Definitionsgleichung

$$\underline{\Psi}'_{k1} = L'_{Sh}\,\underline{i}'_{\mu} \tag{3.11}$$

folgt daraus der dem Flußraumzeiger $\underline{\Psi}'_{k1}$ entsprechende Magnetisierungsstromraumzeiger

$$\underline{i}'_{\mu} = \underline{i}_{\mu} + \sigma_k\,\underline{i}'_{k1} \quad . \tag{3.12}$$

Wählt man den mit (1.13) identischen Ansatz

$$\underline{i}'_\mu = \frac{1}{\sqrt{2}} i'_\mu \, e^{j(\varphi'_S + \gamma_S)} \quad , \tag{3.13}$$

dann ergibt sich für das Bezugssystem analog zu (1.14)

$$\gamma_S = -\varphi'_S \quad , \quad \gamma_R = -\varphi'_S + \gamma \quad . \tag{3.14}$$

Damit wird analog zu (1.15)

$$\underline{i}'_\mu = \frac{1}{\sqrt{2}} i'_\mu \quad . \tag{3.15}$$

Die Spannungsgleichung der Dämpferwicklung nach (3.1) nimmt dann folgende Form an:

$$0 = R''_k \underline{i}'_{k1} + j(\dot{\varphi}'_S - \dot{\gamma}) \frac{1}{\sqrt{2}} L'_{Sh} i'_\mu + \frac{1}{\sqrt{2}} L'_{Sh} \dot{i}'_\mu \quad .$$

Mit dem aus (3.6), (3.12) und (3.15) ermittelten Dämpferstromraumzeiger

$$\underline{i}'_{k1} = -\frac{1}{1+\sigma_k} \left(\underline{i}_{S1} + \underline{i}'_{f1} - \frac{1}{\sqrt{2}} i'_\mu\right) \tag{3.16}$$

und der Zeitkonstanten

$$\tau_k = \frac{L'_{Sh}}{R''_k}$$

resultiert aus der Spannungsgleichung:

$$\tau_k \dot{i}'_\mu = \frac{\sqrt{2}}{1+\sigma_k} \left(\underline{i}_{S1} + \underline{i}'_{f1} - \frac{1}{\sqrt{2}} i'_\mu\right) - j(\dot{\varphi}'_S - \dot{\gamma}) \tau_k i'_\mu \quad . \tag{3.17}$$

Diese komplexe Gleichung liefert die beiden reellen Gleichungen

$$i'_\mu + (1 + \sigma_k)\,\tau_k\,\dot{i}'_\mu = i_{Sp} + i_{fp} \tag{3.18}$$

$$0 = i_{Sq} + i_{fq} - (\dot{\varphi}'_S - \dot{\gamma})\,(1 + \sigma_k)\,\tau_k\,i'_\mu \;. \tag{3.19}$$

Mit den aus (3.16) resultierenden Strombeziehungen

$$i_{kp} = -\frac{1}{1+\sigma_k}\,(i_{Sp} + i_{fp} - i'_\mu) \tag{3.20}$$

$$i_{kq} = -\frac{1}{1+\sigma_k}\,(i_{Sq} + i_{fq}) \tag{3.21}$$

kann man die Gleichungen (3.18), (3.19) umformen in

$$\tau_k\,\dot{i}'_\mu = -\,i_{kp} \quad , \tag{3.22}$$

$$0 = -\,i_{kq} - (\dot{\varphi}'_S - \dot{\gamma})\,\tau_k\,i'_\mu \;. \tag{3.23}$$

Aus (3.22), (3.23) ist ersichtlich, daß die Dämpferwicklung stromlos bleibt, wenn $\dot{i}'_\mu = 0$ gilt und $\dot{\varphi}'_S = \dot{\gamma}$ ist, d.h. wenn der Dämpferflußraumzeiger betragsmäßig konstant ist und eine feste Lage relativ zum Rotor einnimmt.

Zur Berechnung des **inneren Drehmoments** benötigt man den Zusammenhang von $\underline{i}_\mu$ und i'_μ. Aus (3.12) folgt mit (3.16) und (3.15)

$$\underline{i}_\mu = \frac{1}{1+\sigma_k}\,\frac{1}{\sqrt{2}}\,i'_\mu + \frac{\sigma_k}{1+\sigma_k}\,(\underline{i}_{S1} + \underline{i}'_{f1}) \;. \tag{3.24}$$

Damit liefert (3.9)

$$M_{i1} = \frac{2\,p\,L'_{Sh}}{1+\sigma_k}\,\mathrm{Im}\left\{\underline{i}_{S1}\,\frac{1}{\sqrt{2}}\,i'_\mu + \sigma_k\,\underline{i}_{S1}\,\underline{i}'^{*}_{f1}\right\} \tag{3.25}$$

oder mit $\sigma_k \approx 0$ die Näherung

$$M_{i1} \approx K_4\,i'_\mu\,i_{Sq} \tag{3.26}$$

mit

$$K_4 = \frac{p\,L'_{Sh}}{1+\sigma_k} \quad . \tag{3.27}$$

Geht man von einer Maschine aus, bei der die Stator- und die Erregerströme eingeprägt werden können, dann resultiert aus obigen Beziehungen die Bild 3.2 zu entnehmende Maschinenstruktur im dämpferflußorientierten Koordinatensystem.

Die Ansätze für die Stromraumzeiger

$$\underline{i}_{S1} = \frac{1}{\sqrt{2}}\, i_S\, e^{j(\varepsilon_S + \gamma_S)} = \frac{1}{\sqrt{2}}\,(i_{Sp} + j\, i_{Sq}) \quad , \tag{3.28}$$

$$\underline{i}'_{f1} = \frac{1}{\sqrt{2}}\, i'_f\, e^{j(\varepsilon_f + \gamma_R)} = \frac{1}{\sqrt{2}}\,(i_{fp} + j\, i_{fq}) \quad . \tag{3.29}$$

$$\underline{i}'_{k1} = \frac{1}{\sqrt{2}}\, i'_k\, e^{j(\varepsilon_k + \gamma_R)} = \frac{1}{\sqrt{2}}\,(i_{kp} + j\, i_{kq}) \quad , \tag{3.30}$$

liefern für das Bezugssystem nach (3.14)

$$\underline{i}_{S1} = \frac{1}{\sqrt{2}}\, i_S\, e^{j(\varepsilon_S - \varphi'_S)} \tag{3.31}$$

$$\underline{i}'_{f1} = \frac{1}{\sqrt{2}}\, i'_f\, e^{j[\varepsilon_f - (\varphi'_S - \gamma)]} \tag{3.32}$$

$$\underline{i}'_{k1} = \frac{1}{\sqrt{2}}\, i'_k\, e^{j[\varepsilon_k - (\varphi'_S - \gamma)]} \tag{3.33}$$

und die Komponenten

$$i_{Sp} = i_S \cos(\varepsilon_S - \varphi'_S) \quad ,$$
$$i_{Sq} = i_S \sin(\varepsilon_S - \varphi'_S) \tag{3.34}$$

$$i_{fp} = i'_f \cos[\varepsilon_f - (\varphi'_S - \gamma)] \quad ,$$
$$i_{fq} = i'_f \sin[\varepsilon_f - (\varphi'_S - \gamma)] \tag{3.35}$$

$$i_{kp} = i'_k \cos[\varepsilon_k - (\varphi'_S - \gamma)] \quad ,$$
$$i_{kq} = i'_k \sin[\varepsilon_k - (\varphi'_S - \gamma)] \quad . \tag{3.36}$$

Die dämpferflußorientierten Stromkomponenten (3.34) und (3.35) können aus den die wirklich eingeprägten Stromsysteme bestimmenden Größen i_S, ε_S und i'_f, ε_f mittels zweier Transformationen nach (3.31) und (3.32) gewonnen werden. Zusammen mit diesen Transformationen, für die die Winkel φ'_S und $\varphi'_S - \gamma$ benötigt werden, erhält man die Struktur der doppeltstromgespeisten Drehstrommaschine mit Dämpferwicklung (Bild 3.2). Sie weist zwei Rückkopplungsschleifen auf, die das Einschwingverhalten bestimmen.

3.3 Dämpferflußorientierte Steuerung der stromgespeisten DDMD

Um eine feldorientierte Steuerung zu ermöglichen, d.h. die dämpferflußorientierten Stromkomponenten steuern zu können, müssen der stromgespeisten Maschine die inversen Transformationen vorgeschaltet werden. Hierzu werden die Winkel φ'_S und γ außerhalb der Maschine als Signale benötigt. Die inversen Transformationen (Bild 3.2) ergeben dann

$$b_{Sp} + j\, b_{Sq} = i_S\, e^{j\beta_S} \tag{3.37}$$

mit

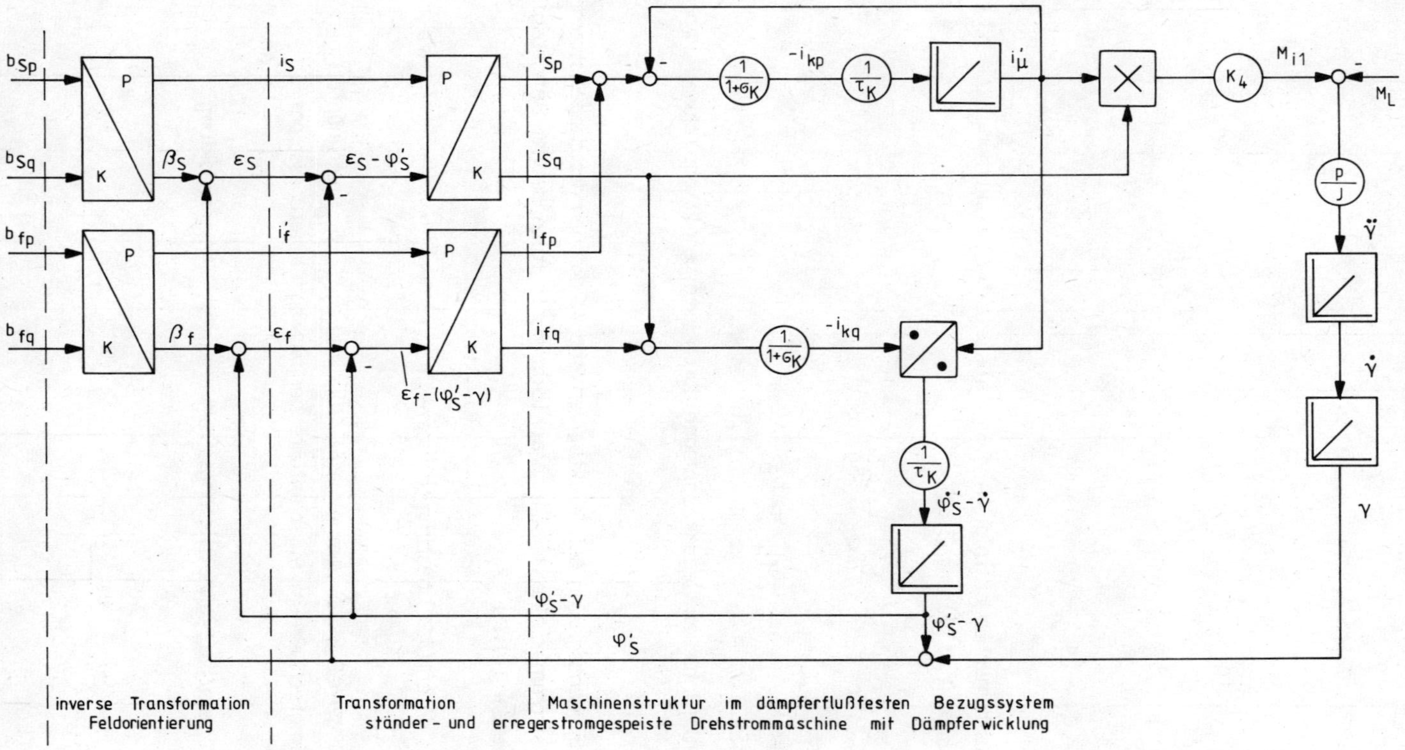

Bild 3.2: Dämpferflußorientierte Steuerung der ständer- und erregerstromgespeisten Drehstrommaschine mit Dämpferwicklung (mit Feld- und Positionswinkelmessung)

$$\beta_S = \varepsilon_S - \varphi'_S \tag{3.38}$$

und

$$b_{fp} + j\, b_{fq} = i'_f\, e^{j \beta_f} \tag{3.39}$$

mit

$$\beta_f = \varepsilon_f - (\varphi'_S - \gamma) \quad . \tag{3.40}$$

Aus diesen Zusammenhängen folgt dann im Falle exakter Bestimmung von φ'_S und γ durch Vergleich mit (3.31) und (3.32)

$$b_{Sp} = i_{Sp} \quad , \quad b_{Sq} = i_{Sq} \tag{3.41}$$

$$b_{fp} = i_{fp} \quad , \quad b_{fq} = i_{fq} \quad . \tag{3.42}$$

Dadurch sind die internen Gegenkopplungen durch externe Mitkopplungen kompensiert worden.

Mit den vier Eingangsgrößen der Struktur von Bild 3.2 können der doppeltstromgespeisten Drehstrommaschine mit Dämpferwicklung z.B. folgende vier Betriebsgrößen vorgegeben werden [1.1] :

1) das durch (3.26) bestimmte innere Drehmoment M_{i1}

2) der gemäß (3.18) über ein VZ1-Glied mit $i_{Sp} + i_{fp}$ verknüpfte, dem Dämpferflußraumzeiger entsprechende Magnetisierungsstrom i'_μ

3) der relative Magnetisierungsstromanteil der Erregerwicklung

$$x = \frac{i_{fp}}{i_{Sp} + i_{fp}} \tag{3.43}$$

4) der relative Anteil der nach (3.23) induzierten Dämpferstromkomponente an der Momentenbildung nach (3.26)

$$y = -\frac{(1+\sigma_k)\, i_{kq}}{i_{Sq}} = \frac{i_{Sq} + i_{fq}}{i_{Sq}} \quad . \qquad (3.44)$$

Um die Deutung der verschiedenen Betriebsarten zu erleichtern, werden für stationären Betrieb mit sinusförmigen symmetrischen Systemen die Wirk- und Blindleistung des Stators berechnet:

$$P_S = 2\,\mathrm{Re}\left\{ \underline{i}^*_{S1}\, \underline{u}_{S1} \right\} \qquad (3.45)$$

und mit $\omega_S > 0$

$$Q_S = 2\,\mathrm{Im}\left\{ \underline{i}^*_{S1}\, \underline{u}_{S1} \right\} \quad . \qquad (3.46)$$

Der Statorspannungsraumzeiger ist dann nach (3.1) mit (3.14) und $\dot{\underline{\Psi}}_{S1} = 0$

$$\underline{u}_{S1} = R_S\, \underline{i}_{S1} + j\, \dot{\varphi}'_S\, \underline{\Psi}_{S1} \quad ,$$

wobei

$$\underline{\Psi}_{S1} = L'_{Sh}\, \underline{i}_{\mu} + L'_{S\sigma}\, \underline{i}_{S1}$$

ist mit $\underline{i}_{\mu}$ nach (3.24). Durch Einsetzen in (3.45) und (3.46) erhält man mit $\dot{\varphi}'_S = \omega_S > 0$

$$P_S = R_S\, i_S^2 + \frac{1}{1+\sigma_k}\, \omega_S\, L'_{Sh} \left[i'_{\mu}\, i_{Sq} + \sigma_k\, (i_{Sq}\, i_{fp} - i_{Sp}\, i_{fq}) \right] \qquad (3.47)$$

und für $R_S \approx 0$ und $\sigma_k \approx 0$ die Näherung

$$P_S \approx \frac{1}{1+\sigma_k}\, \omega_S\, L'_{Sh}\, i'_{\mu}\, i_{Sq} \quad , \qquad (3.48)$$

$$Q_S = \frac{1}{1+\sigma_k} \omega_S L'_{Sh} \{ i'_\mu i_{Sp} + [\sigma_S(1+\sigma_k)+\sigma_k] i_S^2$$

$$+ \sigma_k (i_{Sq} i_{fq} - i_{Sp} i_{fp}) \} \tag{3.49}$$

und für $\sigma_k \approx 0$ und $\sigma_S \approx 0$ die Näherung

$$Q_S \approx \frac{1}{1+\sigma_k} \omega_S L'_{Sh} i'_\mu i_{Sp} \quad . \tag{3.50}$$

Bild 3.3 zeigt die Entkopplungsschaltung, die aus den Sollwerten der vier zu steuernden Betriebsgrößen als Eingagnsgrößen die vier dämpferflußorientierten Stromkomponenten als Ausgangsgrößen liefert. Dieses Netzwerk ist der Struktur von Bild 3.2 vorzuschalten. Die Entkopplungsschaltung benötigt als Eingangsgröße aus der Maschine den Magnetisierungsstrom i'_μ. Betrieb mit $x < 1$, also $i_{Sp} > 0$ bei $i_{fp} > 0$, bedeutet nach (3.50) im Stator Aufnahme induktiver Blindleistung, die Erregungen i_{Sp} und i_{fp} wirken gleichsinnig. Im Fall $x = 1$, also $i_{Sp} = 0$ bei $i_{fp} > 0$, wird $Q_S \approx 0$, die gesamte Erregung liefert die Erregerwicklung (stationär: $i'_\mu = i_{fp}$). Steuert man $x > 1$, also $-i_{fp} < i_{Sp} < 0$ bei $i_{fp} > 0$, dann gibt der Stator induktive Blindleistung ab, die Erregungen i_{Sp} und i_{fp} wirken gegensinnig. Diese Betriebsart ist notwendig, wenn der Stator auf einen maschinengeführten Stromrichter arbeitet und dessen Kommutierungsblindleistung zu liefern hat. Wählt man $x = 0$, also $i_{fp} = 0$ und $i_{Sp} > 0$, dann wird vom Stator induktive Blindleistung aufgenommen und die gesamte Erregung geliefert (stationär: $i'_\mu = i_{Sp}$). Ist außerdem noch $i_{fq} = 0$, dann ist die Erregerwicklung stromlos und es liegt eine Asynchronmaschine mit Kurzschlußläufer vor.

Die momentenbildende Dämpferstromkomponente $-i_{kq}$ ist nach (3.23) bei i'_μ=const der Winkelgeschwindigkeit $(\dot{\varphi}'_S - \dot{\gamma})$ proportional. Da im stationären Betrieb mit sinusförmigen symmetrischen Systemen $\dot{\varphi}'_S = \omega_S$ gilt, wird im synchronen Betrieb $(\dot{\gamma} = \omega_S)$ nach (3.44) $y = 0$, was auch bedeutet $i_{Sq} = -i_{fq}$. Steuert man auf $y = 1$, dann ist $i_{fq} = 0$ und man erhält, wenn auch $i_{fp} = 0$ gilt, eine Asynchronmaschine mit Kurzschlußläufer. Reiner Synchronbetrieb liegt vor für $y = 0$ und beliebiges x. Dann ist $i_{kq} = 0$ und im Falle $\dot{i}'_\mu = 0$ nach (3.22) auch $i_{kp} = 0$ und somit die Dämpferwicklung stromlos. Reiner Asynchronbetrieb liegt vor für $y = 1$ und $x = 0$. Dann ist $i_{fq} = 0$ und $i_{fp} = 0$ und somit die Erregerwicklung stromlos.

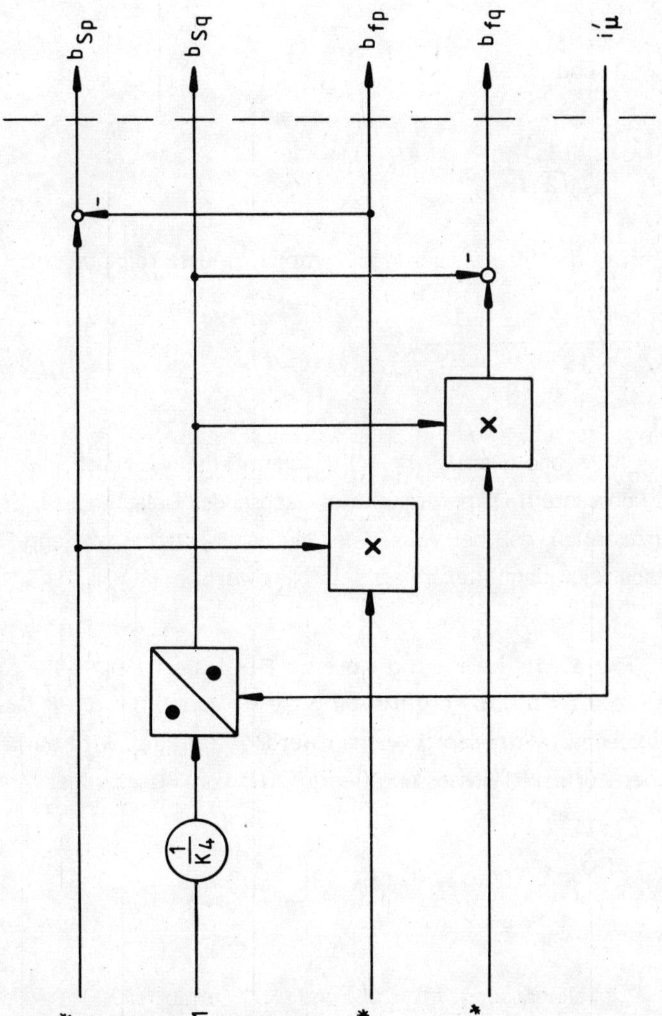

Bild 3.3: Entkopplungsschaltung für die feldorientierte Steuerung der doppeltgespeisten Drehstrommaschine mit Dämpferwicklung nach Bild 3.2

Der dem Luftspaltfluß entsprechende Magnetisierungsstrom i_μ ändert sich betriebsmäßig, wenn der dem Dämpferfluß entsprechende Magnetisierungsstrom i'_μ konstant gehalten wird. Aus (3.12) folgt mit (3.15)

$$\underline{i}_\mu = \frac{1}{\sqrt{2}}\, i'_\mu - \sigma_k\, \underline{i}'_{k1}$$

und daraus mit $\dot{i}'_\mu = 0$ und (3.22)

$$\underline{i}_\mu = \frac{1}{\sqrt{2}}\, i'_\mu - \sigma_k \frac{1}{\sqrt{2}}\, j\, i_{kq} \quad .$$

Für den $\sqrt{2}$-fachen Betrag des Magnetisierungsstromraumzeigers folgt dann

$$i_\mu = i'_\mu \sqrt{1 + (\sigma_k\, i_{kq} / i'_\mu)^2} > i'_\mu \quad . \tag{3.51}$$

Im Fall $y = 0$ ist $i_{kq} = 0$ und deshalb $i_\mu = i'_\mu$, andernfalls ($y = \text{const} \neq 0$) nimmt der Luftspaltfluß bei konstantem Dämpferfluß mit wachsender Belastung zu. Es empfiehlt sich i'_μ so einzustellen, daß bei Vollast der Nennluftspaltfluß vorliegt. Bei Leerlauf ist der Luftspaltfluß dann kleiner als sein Nennwert.

Die für die Realisierung der Feldorientierung und der Entkopplung benötigten Größen i'_μ und φ'_S können mittels folgender Methoden gewonnen werden. Zunächst wird davon ausgegangen, daß aus einer Luftspaltfeldmessung (vergl. 1.1!) vom Raumzeiger

$$\underline{i}_\mu = \frac{1}{\sqrt{2}}\, i_\mu\, e^{j(\varphi_S + \gamma_S)}$$

die Größen i_μ und φ_S bekannt sind. Mit (3.6) und (3.12) ergibt sich

$$\underline{i}'_\mu = (1 + \sigma_k)\, \underline{i}_\mu - \sigma_k\, (\underline{i}_{S1} + \underline{i}'_{f1}) \quad .$$

Mit den Raumzeigerdefinitionen (3.13), (3.28), (3.29) folgt dann für $\gamma_S = 0$ und $\gamma_R = \gamma$

$$i'_\mu \cos \varphi'_S = (1 + \sigma_k)\, i_\mu \cos \varphi_S - \sigma_k \left[i_S \cos \varepsilon_S + i'_f \cos(\varepsilon_f + \gamma) \right] \quad ,$$

$$i'_\mu \sin \varphi'_S = (1 + \sigma_k)\, i_\mu \sin \varphi_S - \sigma_k \left[i_S \sin \varepsilon_S + i'_f \sin(\varepsilon_f + \gamma) \right] \quad .$$

Liegen i_μ, φ_S, i_S, ε_S, i'_f, ε_f und γ als Meßgrößen vor, dann können die gesuchten Größen i'_μ, φ'_S berechnet werden.

Eine zweite Methode geht von der Statorspannungsgleichung nach (3.1) aus. Sie lautet für statorfeste Bezugsachse mit $\gamma_S = 0$ und $\gamma_R = \gamma$

$$\underline{u}_{S1} = R_S\, \underline{i}_{S1} + \dot{\underline{\Psi}}_{S1} \quad .$$

Mißt man $\underline{u}_{S1}$ und $\underline{i}_{S1}$, dann liefert eine Integration den Statorflußraumzeiger $\underline{\Psi}_{S1}$ im statorfesten Bezugssystem. Aus der Flußgleichung (3.7) folgt mit (3.6) und (3.12)

$$\underline{\Psi}_{S1} = (1 + \sigma_k)\, L'_{Sh} \left\{ \underline{i}'_\mu + \sigma_k\, \underline{i}'_{f1} + [\sigma_k + \sigma_S (1 + \sigma_k)]\, \underline{i}_{S1} \right\} \quad .$$

Mit den die Raumzeiger $\underline{i}_{S1}$ und $\underline{i}'_{f1}$ bestimmenden meßbaren Größen i_S, ε_S, i'_f, ε_f und γ gewinnt man dann daraus $\underline{i}'_\mu$ bzw. i'_μ und φ'_S.

Die dritte Methode benutzt ebenfalls mit statorfester Bezugsachse ($\gamma_S = 0$, $\gamma_R = \gamma$) die Dämpferspannungsgleichung nach (3.1)

$$0 = R''_k\, \underline{i}'_{k1} - j \dot{\gamma}\, \underline{\Psi}'_{k1} + \dot{\underline{\Psi}}'_{k1} \quad .$$

Sie lautet umgeformt unter Verwendung von (3.6), (3.11), (3.12)

$$0 = R''_k \frac{1}{1 + \sigma_k} (\underline{i}'_\mu - \underline{i}_{S1} - \underline{i}'_{f1}) - j \dot{\gamma}\, L'_{Sh}\, \underline{i}'_\mu + L'_{Sh}\, \dot{\underline{i}}'_\mu \quad ,$$

oder

$$0 = \underline{i}'_\mu - \underline{i}_{S1} - \underline{i}'_{f1} - j \dot{\gamma} \tau'_k\, \underline{i}'_\mu + \tau'_k\, \dot{\underline{i}}'_\mu$$

mit der Zeitkonstanten

$$\tau'_K = (1 + \sigma_k)\, \tau_k \quad .$$

In Komponenten geschrieben folgt daraus

$$i'_{\mu\alpha} + \tau'_k \dot{i}'_{\mu\alpha} = i_{S\alpha} + i'_{f\alpha} - \dot{\gamma}\tau'_k i'_{\mu\beta}$$

$$i'_{\mu\beta} + \tau'_k \dot{i}'_{\mu\beta} = i_{S\beta} + i'_{f\beta} + \dot{\gamma}\tau'_k i'_{\mu\alpha} \quad .$$

Die Komponenten im statorfesten Bezugssystem sind dann nach (3.13), (3.28) und (3.29)

$$i'_{\mu\alpha} = i'_\mu \cos\varphi'_S$$

$$i'_{\mu\beta} = i'_\mu \sin\varphi'_S$$

$$i_{S\alpha} = i_S \cos\varepsilon_S$$

$$i_{S\beta} = i_S \sin\varepsilon_S$$

$$i'_{f\alpha} = i'_f \cos(\varepsilon_f + \gamma)$$

$$i'_{f\beta} = i'_f \sin(\varepsilon_f + \gamma) \quad .$$

Zur Berechnung von i'_μ und φ'_S müssen als Meßwerte i_S, ε_S und i'_f, ε_f sowie $\dot{\gamma}$ und γ zur Verfügung stehen.

3.4 Sonderfall der stromgespeisten Drehstromsynchronmaschine mit einachsiger Erregerwicklung

Einen Sonderfall stellt die normale Synchronmaschine (Vollpolmaschine) mit einachsiger Erregerwicklung und symmetrischer Dämpferwicklung dar. Diese Betriebsart erhält man durch die Festsetzung $i_{f2} = 0$ (Bild 3.1). Allgemein folgt aus (3.29) und (3.4) für $\gamma_R = 0$

$$i'_f e^{j\varepsilon_f} = i'_{f\alpha} + j\, i'_{f\beta}$$

mit $i'_{f\alpha} \sim i_{f1}$ und $i'_{f\beta} \sim i_{f2}$. Die Forderung $i_{f2} = 0$ oder $i'_{f\beta} = 0$ läßt sich erfüllen durch die Festsetzung

$$\varepsilon_f \equiv 0 \quad . \tag{3.52}$$

Damit ergibt sich für die dämpferflußorientierten Komponenten des Erregerstromraumzeigers nach (3.32), (3.35)

$$\begin{aligned} i_{fp} &= i'_f \cos(\varphi'_S - \gamma) \quad , \\ i_{fq} &= -i'_f \sin(\varphi'_S - \gamma) \end{aligned} \tag{3.53}$$

oder

$$i_{fq} = -i_{fp} \tan(\varphi'_S - \gamma) \quad , \tag{3.54}$$

und daraus

$$(\varphi'_S - \gamma) = -\arctan \frac{i_{fq}}{i_{fp}} \quad .$$

Der innere Polradwinkel liegt deshalb innerhalb folgender Grenzen:

$$-\frac{\pi}{2} < -(\varphi'_S - \gamma) < \frac{\pi}{2} \quad . \tag{3.55}$$

Es kann nur eine der beiden feldorientierten Komponenten des Erregerstromraumzeigers vorgegeben werden, z. B. die feldbildende

$$b_{fp} = i_{fp} \quad . \tag{3.56}$$

Damit folgt aus (3.53)

$$i'_f = \frac{b_{fp}}{\cos(\varphi'_S - \gamma)} \tag{3.57}$$

und die drehmomentbildende Komponente

$$i_{fq} = -b_{fp} \tan(\varphi'_S - \gamma) \quad . \tag{3.58}$$

Die Aufteilung des Drehmoments auf die Stromkomponenten i_{kq} und i_{fq} kann nun nicht mehr frei gewählt werden, d.h. die Größe y nach (3.44) ist nicht mehr steuerbar.

Die durch diese Modifikation sich aus Bild 3.2 ergebende Struktur der feldorientierten Steuerung der stromgespeisten Synchronvollpolmaschine mit einachsiger Erregerwicklung zeigt Bild 3.4. Gibt man bei konstant erregter stillstehender Maschine mit $b_{Sp} = i_{Sp} = \text{const}$, $b_{Sq} = i_{Sq} = 0$, $b_{fp} = i_{fp} = i'_f$ und $\varphi'_S - \gamma = 0$ einen Wert für b_{Sq} bzw. i_{Sq} vor, dann wirkt im ersten Augenblick wegen $\varphi'_S - \gamma = 0$ und $i_{fq} = 0$ gemäß (3.21) allein die Dämpferstromkomponente $i_{kq} < 0$ drehmomentbildend. Die dadurch nach (3.23) bedingte Drehung des Dämpferflußraumzeigers relativ zum Rotor ($\dot{\varphi}'_S - \dot{\gamma} > 0$) läßt den Winkel $\varphi'_S - \gamma$ anwachsen, so daß sich nach (3.53) eine Komponente $i_{fq} < 0$ bildet und i_{kq} gemäß der Bilanz (3.21) abklingt. Wenn dieser durch (3.21), (3.23) und (3.54) bestimmte Übergangsvorgang abgeschlossen ist, gilt $i_{kq} = 0$ und daraus folgend nach (3.23) $\dot{\varphi}'_S = \dot{\gamma}$ und nach (3.21) $i_{Sq} = -i_{fq}$. Im Fall $M_{i1} > M_L$ läuft dann ein Beschleunigungsvorgang mit konstantem innerem Polradwinkel ab:

$$\varphi'_S - \gamma = \arctan \frac{i_{Sq}}{b_{fp}} \quad . \tag{3.59}$$

Jede Änderung von b_{Sq} bzw. i_{Sq} löst einen neuen Übergangsvorgang aus. Die Maschine arbeitet also im Fall $i_{Sp} = \text{const}$, $i_{Sq} = \text{const}$ und $i_{fp} = \text{const}$ im Synchronbetrieb ($\dot{\gamma} = \dot{\varphi}'_S$) und bei jeder Änderung des inneren Drehmoments durchläuft sie eine asynchrone Phase. Wenn $i'_\mu = \text{const}$ ist und $i_{kq} = 0$, dann ist die Dämpferwicklung stromlos.

Mit den hier gemachten Einschränkungen gelten im übrigen alle für die Synchronmaschine mit zweiachsiger Erregerwicklung hergeleiteten Beziehungen. Die der Struktur von Bild 3.4 vorzuschaltende Entkopplungsschaltung entsteht aus der Schaltung von Bild 3.3, wenn man den Eingang y^* und den Ausgang b_{fq} beseitigt.

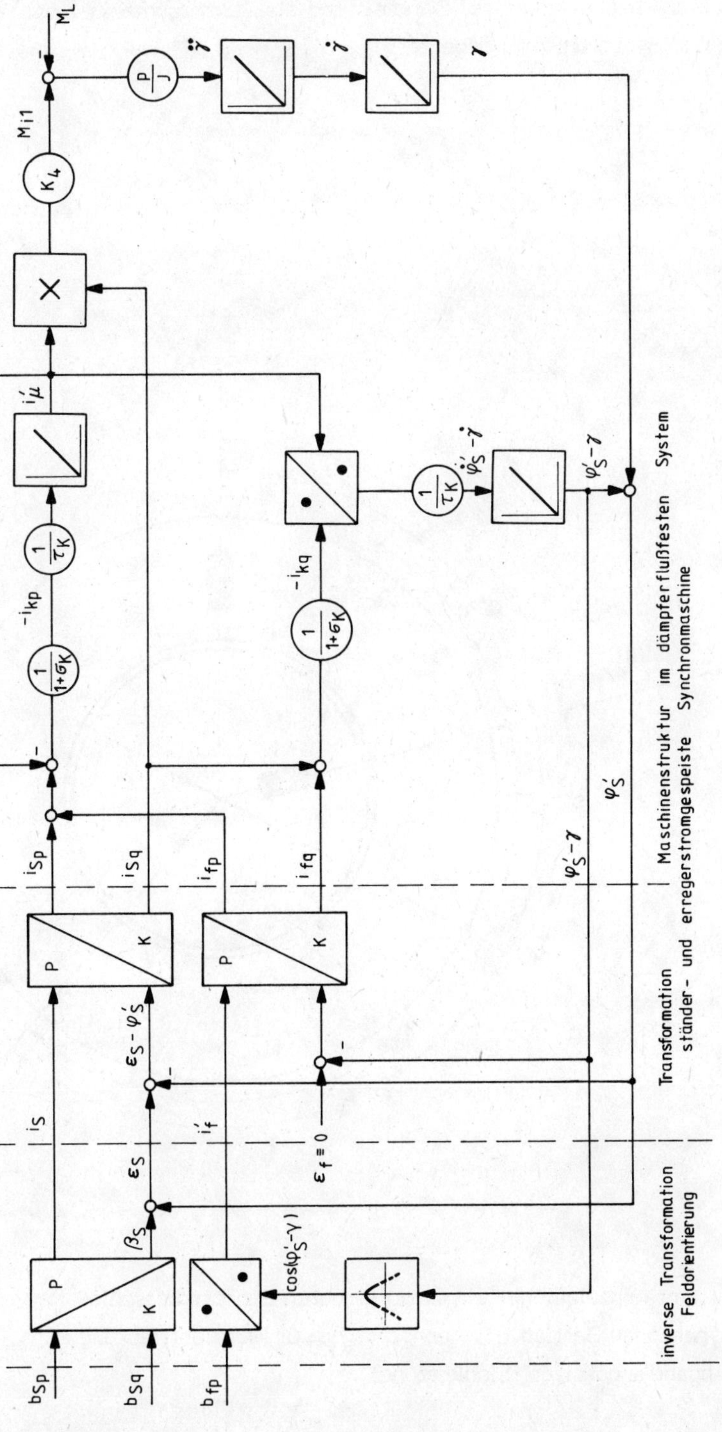

Bild 3.4: Dämpferflußorientierte Steuerung der stromgespeisten einachsig erregten Synchronmaschine mit Feld- und Positionswinkelmessung

In Bild 3.5 sind für synchronen Betrieb der einachsig erregten Synchronmaschine bei Motorbetrieb und Abgabe induktiver Blindleistung die Stromraumzeiger dargestellt. Motorbetrieb und Synchronismus bedeutet:

$$\dot{\gamma} = \dot{\varphi}'_S = \text{const} > 0 \quad ,$$

$$M_{i1} = \text{const} > 0 \quad .$$

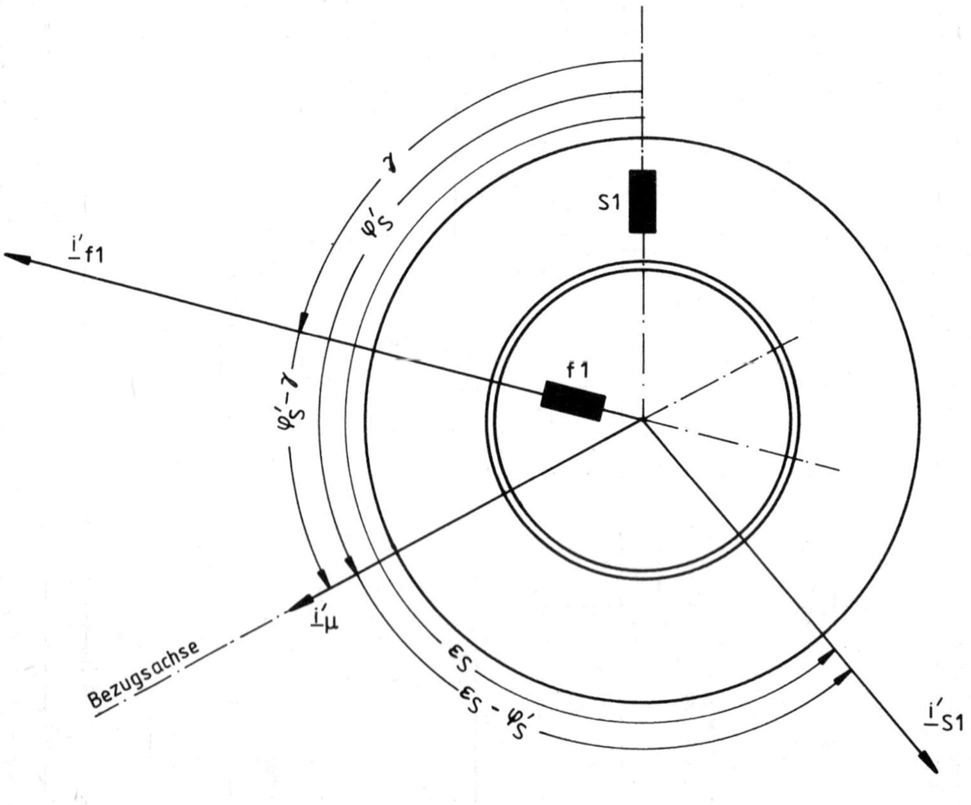

Bild 3.5: Stromraumzeiger der einachsig erregten Synchronmaschine im synchronen Betrieb ($\underline{i}'_\mu$ = const, i_{kq} = 0; Motorbetrieb und Abgabe induktiver Blindleistung)

Daraus folgt mit (3.26)

$$i'_\mu > 0 \quad , \quad i_{Sq} > 0 \quad .$$

Abgabe induktiver Blindleistung verlangt dann gemäß (3.50)

$$i_{Sp} < 0 \quad .$$

Damit gilt nach (3.34) für den Winkel zwischen Statorstromraumzeiger und Bezugsachse

$$\frac{\pi}{2} < (\varepsilon_S - \varphi'_S) < \pi \quad .$$

Wegen $i_{kp} = 0$ und $i_{kq} = 0$ nach (3.22) und (3.23) folgt aus (3.20)

$$i_{fp} > i'_\mu$$

und aus (3.21)

$$i_{fq} = -i_{Sq} < 0 \quad .$$

Mit (3.54) resultiert daraus für den Winkel zwischen der Bezugsachse und der Erregerwicklungsachse

$$0 < (\varphi'_S - \gamma) < \frac{\pi}{2} \quad .$$

Wegen $\underline{i}'_{k1} = 0$ muß nach (3.16) die Bilanz

$$\underline{i}'_\mu = \underline{i}_{S1} + \underline{i}'_{f1}$$

gelten.

3.5 Dämpferflußorientierte Steuerung der spannungsgespeisten DDMD

Bei Spannungsspeisung des Stators und der Erregerwicklung liefern die beiden Spannungsgleichungen nach (3.1) für das Bezugssystem nach (3.14) den Zusammenhang zwischen dämpferflußorientierten Spannungs- und Stromkomponenten. Zunächst werden die Flußraumzeiger nach (3.7) mit $\underline{i}_\mu$ nach (3.24) ermittelt:

$$\underline{\Psi}_{S1} = L'_{Sh} \left[\left(\sigma_S + \frac{\sigma_k}{1+\sigma_k} \right) \underline{i}_{S1} + \frac{\sigma_k}{1+\sigma_k} \underline{i}'_{f1} + \frac{1}{1+\sigma_k} \frac{1}{\sqrt{2}} i'_\mu \right] , \tag{3.60}$$

$$\underline{\Psi}'_{f1} = L'_{Sh} \left[\frac{\sigma_k}{1+\sigma_k} \underline{i}_{S1} + \left(\sigma_f + \frac{\sigma_k}{1+\sigma_k} \right) \underline{i}'_{f1} + \frac{1}{1+\sigma_k} \frac{1}{\sqrt{2}} i'_\mu \right] . \tag{3.61}$$

Die Aufspaltung der Spannungsgleichungen in reelle Komponenten ergibt dann:

$$u_{Sp} = R_S i_{Sp} + L'_{Sh} \Big[- \dot{\varphi}'_S \left(\sigma_S + \frac{\sigma_k}{1+\sigma_k} \right) i_{Sq} - \dot{\varphi}'_S \frac{\sigma_k}{1+\sigma_k} i_{fq}$$

$$+ \left(\sigma_S + \frac{\sigma_k}{1+\sigma_k} \right) \dot{i}_{Sp} + \frac{\sigma_k}{1+\sigma_k} \dot{i}_{fp} + \frac{1}{1+\sigma_k} \dot{i}'_\mu \Big] \tag{3.62}$$

$$u_{Sq} = R_S i_{Sq} + L'_{Sh} \Big[\dot{\varphi}'_S \left(\sigma_S + \frac{\sigma_k}{1+\sigma_k} \right) i_{Sp} + \dot{\varphi}'_S \frac{\sigma_k}{1+\sigma_k} i_{fp}$$

$$+ \dot{\varphi}'_S \frac{1}{1+\sigma_k} i'_\mu + \left(\sigma_S + \frac{\sigma_k}{1+\sigma_k} \right) \dot{i}_{Sq} + \frac{\sigma_k}{1+\sigma_k} \dot{i}_{fq} \Big] \tag{3.63}$$

$$u_{fp} = R''_f i_{fp} + L'_{Sh} \Big[- (\dot{\varphi}'_S - \dot{\gamma}) \frac{\sigma_k}{1+\sigma_k} i_{Sq} - (\dot{\varphi}'_S - \dot{\gamma}) \left(\sigma_f + \frac{\sigma_k}{1+\sigma_k} \right) i_{fq}$$

$$+ \frac{\sigma_k}{1+\sigma_k} \dot{i}_{Sp} + \left(\sigma_f + \frac{\sigma_k}{1+\sigma_k} \right) \dot{i}_{fp} + \frac{1}{1+\sigma_k} \dot{i}'_\mu \Big] \tag{3.64}$$

$$u_{fq} = R''_f\, i_{fq} + L'_{Sh}\Big[(\dot{\varphi}'_S - \dot{\gamma})\frac{\sigma_k}{1+\sigma_k}\, i_{Sp} + (\dot{\varphi}'_S - \dot{\gamma})(\sigma_f + \frac{\sigma_k}{1+\sigma_k})\, i_{fp}$$

$$+ (\dot{\varphi}'_S - \dot{\gamma})\frac{1}{1+\sigma_k}\, i'_\mu + \frac{\sigma_k}{1+\sigma_k}\,\dot{i}_{Sq} + (\sigma_f + \frac{\sigma_k}{1+\sigma_k})\,\dot{i}_{fq}\Big] \qquad (3.65)$$

Mit den Zeitkonstanten

$$\tau'_S = (\sigma_S + \frac{\sigma_k}{1+\sigma_k})\frac{L'_{Sh}}{R_S} \quad , \quad \tau'_f = (\sigma_f + \frac{\sigma_k}{1+\sigma_k})\frac{L'_{Sh}}{R''_f} \qquad (3.66)$$

kann man die Spannungsgleichungen folgendermaßen schreiben:

$$i_{Sp} + \tau'_S\,\dot{i}_{Sp} = \frac{1}{R_S}\,u_{Sp} + \Big[\dot{\varphi}'_S\,\tau'_S\, i_{Sq} + \frac{1}{\sigma_S(1+\sigma_k) + \sigma_k}(\dot{\varphi}'_S\,\sigma_k\,\tau'_S\, i_{fq}$$

$$- \sigma_k\,\tau'_S\,\dot{i}_{fp} + \tau'_S\,\dot{i}'_\mu)\Big] \quad , \qquad (3.67)$$

$$i_{Sq} + \tau'_S\,\dot{i}_{Sq} = \frac{1}{R_S}\,u_{Sq} - \Big[\dot{\varphi}'_S\,\tau'_S\, i_{Sp} + \frac{1}{\sigma_S(1+\sigma_k) + \sigma_k}(\dot{\varphi}'_S\,\sigma_k\,\tau'_S\, i_{fp}$$

$$+ \dot{\varphi}'_S\,\tau'_S\, i'_\mu + \sigma_k\,\tau'_S\,\dot{i}_{fq})\Big] \quad , \qquad (3.68)$$

$$i_{fp} + \tau'_f\,\dot{i}_{fp} = \frac{1}{R''_f}\,u_{fp} + \Big[(\dot{\varphi}'_S - \dot{\gamma})\,\tau'_f\, i_{fq} + \frac{1}{\sigma_f(1+\sigma_k) + \sigma_k}$$

$$((\dot{\varphi}'_S - \dot{\gamma})\,\sigma_k\,\tau'_f\, i_{Sq} - \sigma_k\,\tau'_f\,\dot{i}_{Sp} + \tau'_f\,\dot{i}'_\mu)\Big] \quad , \qquad (3.69)$$

$$i_{fq} + \tau'_f\,\dot{i}_{fq} = \frac{1}{R''_f}\,u_{fq} - \Big[(\dot{\varphi}'_S - \dot{\gamma})\,\tau'_f\, i_{fp} + \frac{1}{\sigma_f(1+\sigma_k) + \sigma_k}$$

$$((\dot{\varphi}'_S - \dot{\gamma})\,\sigma_k\,\tau'_f\, i_{Sp} + (\dot{\varphi}'_S - \dot{\gamma})\,\tau'_f\, i'_\mu + \sigma_k\,\tau'_f\,\dot{i}_{Sq})\Big] \quad . \qquad (3.70)$$

Es handelt sich also um lauter VZ1-Glieder, wobei die rechte Seite die entsprechenden vorzugebenden Spannungskomponenten enthält und Kopplungsglieder in den eckigen

Klammern. Eine Entkopplung kann dann nach der gleichen Methode wie bei der spannungsgespeisten Asynchronmaschine (vergl. 1.6 !) durchgeführt werden, so daß die feldorientierten Spannungskomponenten gewonnen werden können, aus denen dann mittels der inversen Transformation die Sollwerte für die einzuspeisenden Spannungen resultieren. Mit den (3.28) und (3.29) entsprechenden allgemeinen Ansätzen für die Spannungsraumzeiger

$$\underline{u}_{S1} = \frac{1}{\sqrt{2}}\, u_S\, e^{j(\alpha_S + \gamma_S)}$$

$$\underline{u}'_{f1} = \frac{1}{\sqrt{2}}\, u'_f\, e^{j(\alpha_f + \gamma_R)}$$

erhält man unter Beachtung von (3.14)

$$\underline{u}_{S1} = \frac{1}{\sqrt{2}}\, u_S\, e^{j(\alpha_S - \varphi'_S)}$$

$$\underline{u}'_{f1} = \frac{1}{\sqrt{2}}\, u'_f\, e^{j\,[\alpha_f - (\varphi'_S - \gamma)]}$$

und damit:

$$u_{Sp} = u_S \cos(\alpha_S - \varphi'_S) \quad ,$$

$$u_{Sq} = u_S \sin(\alpha_S - \varphi'_S) \quad ,$$

$$u_{fp} = u'_f \cos\,[\alpha_f - (\varphi'_S - \gamma)\,],$$

$$u_{fq} = u'_f \sin\,[\alpha_f - (\varphi'_S - \gamma)\,] \quad .$$

Der Übergang von diesen dämpferflußorientierten Komponenten auf die wirklich einzuspeisenden Spannungen erfolgt unter Zuhilfenahme der Winkel φ'_S und γ .

Es wäre natürlich auch gemischter Betrieb möglich, bei dem z.B. der Stator spannungsgespeist und die Erregerwicklung stromgespeist wird oder umgekehrt.

4. Drehstromsynchronmaschine mit Schenkelpolen und Dämpferwicklung (DSM)

Die normale Synchronmaschine mit ausgeprägten Polen und einachsiger Erregerwicklung bedarf einer besonderen Behandlung, da eine einfache Beschreibung ihres dynamischen Verhaltens wegen des magnetisch unsymmetrischen Rotors nur in einem rotorfesten Bezugssystem möglich ist. Die im folgenden Abschnitt wiedergegebenen Systemgleichungen sind im Anhang für ein vereinfachtes Maschinenmodell hergeleitet.

4.1 Modell der DSM im rotorfesten Bezugssystem

Das im Bild 4.1 charakterisierte Maschinenmodell wird als Grundwellenmaschine durch folgendes S p a n n u n g s g l e i c h u n g s s y s t e m mit rotorfester Bezugsachse beschrieben, wenn keine Nullsysteme im Stator auftreten [1.4 , 4.1 , 4.2]:

$$
\begin{bmatrix} u_d \\ u_q \\ \hline u_f'' \\ 0 \\ 0 \end{bmatrix}
=
\left[\begin{array}{cc|ccc} R_S & & & & \\ & R_S & & & \\ \hline & & R_f'' & & \\ & & & R_{Dd}'' & \\ & & & & R_{Dq}'' \end{array}\right]
\begin{bmatrix} i_d \\ i_q \\ \hline i_f'' \\ i_{Dd}'' \\ i_{Dq}'' \end{bmatrix}
+
\begin{bmatrix} -\dot{\gamma}\psi_q \\ \dot{\gamma}\psi_d \\ \hline \\ \\ \\ \end{bmatrix}
+
\begin{bmatrix} \dot{\psi}_d \\ \dot{\psi}_q \\ \hline \dot{\psi}_f'' \\ \dot{\psi}_{Dd}'' \\ \dot{\psi}_{Dq}'' \end{bmatrix} . \tag{4.1}
$$

Die Flüsse sind mit den Strömen über zunächst konstant angenommene Induktivitäten verknüpft:

$$
\begin{bmatrix} \psi_d \\ \psi_q \\ \hline \psi_f'' \\ \psi_{Dd}'' \\ \psi_{Dq}'' \end{bmatrix}
=
\left[\begin{array}{cc|ccc} L_d & & L_{hd}' & L_{hd}' & \\ & L_q & & & L_{hq} \\ \hline L_{hd}' & & L_{ff}'' & L_{hd}' & \\ L_{hd}' & & L_{hd}' & L_{Dd}'' & \\ & L_{hq} & & & L_{Dq}'' \end{array}\right]
\begin{bmatrix} i_d \\ i_q \\ \hline i_f'' \\ i_{Dd}'' \\ i_{Dq}'' \end{bmatrix} . \tag{4.2}
$$

Die Statorvariablen kann man zu Raumzeigern zusammenfassen,

$$\left.\begin{aligned} \underline{u}_{S1} &= \frac{1}{\sqrt{2}}(u_d + j\,u_q) \\ \underline{i}_{S1} &= \frac{1}{\sqrt{2}}(i_d + j\,i_q) \\ \underline{\Psi}_{S1} &= \frac{1}{\sqrt{2}}(\Psi_d + j\,\Psi_q) \end{aligned}\right\} \qquad (4.3)$$

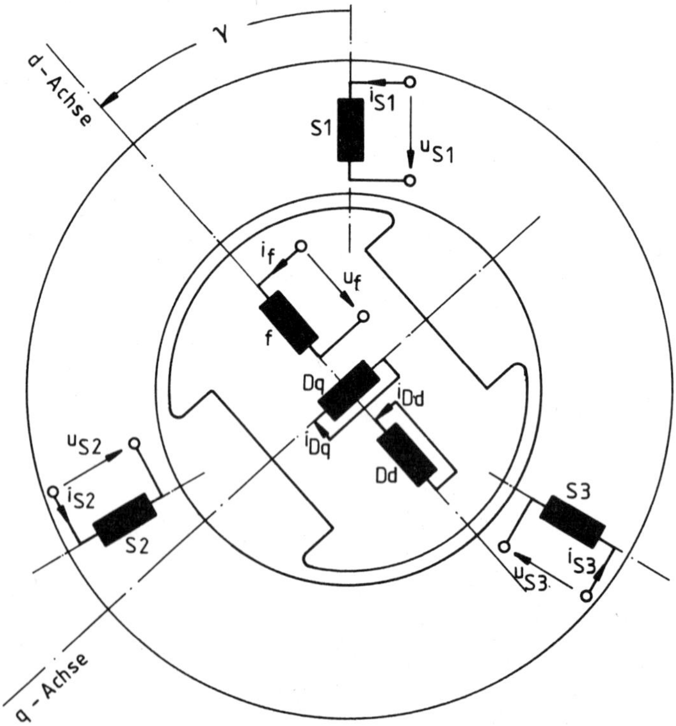

Bild 4.1: Zweipoliges Modell einer Drehstromsynchronmaschine mit Schenkelpolen und einachsiger Erregerwicklung (S, Statorwicklung; f, Erregerwicklung; D, Dämpferwicklung)

die wie folgt mit den echten Momentanwerten der Stranggrößen zusammenhängen:

$$\left.\begin{aligned} \underline{u}_{S1} &= \frac{1}{\sqrt{3}}(u_{S1} + \underline{a}\, u_{S2} + \underline{a}^2\, u_{S3})\, e^{-j\gamma} \\ \underline{i}_{S1} &= \frac{1}{\sqrt{3}}(i_{S1} + \underline{a}\, i_{S2} + \underline{a}^2\, i_{S3})\, e^{-j\gamma} \\ \underline{\Psi}_{S1} &= \frac{1}{\sqrt{3}}(\Psi_{S1} + \underline{a}\, \Psi_{S2} + \underline{a}^2\, \Psi_{S3})\, e^{-j\gamma} \quad . \end{aligned}\right\} \tag{4.4}$$

Ebenso kann man aus den Strömen und Flüssen der Dämpferwicklung Raumzeiger bilden:

$$\begin{aligned} \underline{i}''_{D1} &= \frac{1}{\sqrt{2}}(i''_{Dd} + j\, i''_{Dq}) \quad , \\ \underline{\Psi}''_{D1} &= \frac{1}{\sqrt{2}}(\Psi''_{Dd} + j\, \Psi''_{Dq}) \quad . \end{aligned} \tag{4.5}$$

Die Rotorvariablen sind, wie im Anhang erläutert, über Konstante mit den echten Momentanwerten verknüpft.

Durch Definition der Hauptflüsse

$$\begin{aligned} \Psi'_{hd} &= L'_{hd}\, i_{\mu d} \\ \Psi_{hq} &= L_{hq}\, i_{\mu q} \end{aligned} \tag{4.6}$$

mit den Magnetisierungsströmen

$$\begin{aligned} i_{\mu d} &= i_d + i''_f + i''_{Dd} \\ i_{\mu q} &= i_q + i''_{Dq} \quad . \end{aligned} \tag{4.7}$$

kann man dann die Flüsse (4.2) in folgender Form schreiben:

$$\left.\begin{aligned}
\Psi_d &= L'_{S\sigma}\, i_d + \Psi'_{hd} \\
\Psi_q &= L_{S\sigma}\, i_q + \Psi_{hq} \\
\Psi''_f &= L''_{f\sigma}\, i''_f + \Psi'_{hd} \\
\Psi''_{Dd} &= L''_{Dd\sigma}\, i''_{Dd} + \Psi'_{hd} \\
\Psi''_{Dq} &= L''_{Dq\sigma}\, i''_{Dq} + \Psi_{hq} \quad .
\end{aligned}\right\} \qquad (4.8)$$

Dabei treten formal als Streuinduktivitäten zu bezeichnende Induktivitäten auf:

$$\left.\begin{aligned}
L'_{S\sigma} &= L_d - L'_{hd} > L_{S\sigma} \\
L_{S\sigma} &= L_q - L_{hq} \\
L''_{f\sigma} &= L''_{ff} - L'_{hd} \\
L''_{Dd\sigma} &= L''_{Dd} - L'_{hd} \\
L''_{Dq\sigma} &= L''_{Dq} - L_{hq}
\end{aligned}\right\} \qquad (4.9)$$

Eine nachträgliche pauschale Berücksichtigung der Sättigung in den Beziehungen (4.6) ist möglich, indem man Hauptflüsse und Magnetisierungsströme über geeignete Kennlinien $\Psi'_{hd}(i_{\mu d})$ und $\Psi_{hq}(i_{\mu q})$ miteinander verknüpft. Diese Methode ist jedoch nur empirisch abgesichert.

Das i n n e r e D r e h m o m e n t der Maschine berechnet sich, wie im Anhang angegeben, zu

$$M_{i1} = p\,(i_q\,\Psi_d - i_d\,\Psi_q) \quad . \qquad (4.10)$$

Mit den in (4.3) definierten Raumzeigern kann der Ausdruck (4.10) überführt werden in:

$$M_{i1} = 2\,p\,\mathrm{Im}\{\underline{\Psi}^*_{S1}\,\underline{i}_{S1}\} \quad . \tag{4.11}$$

Während das Spannungsgleichungssystem nur im Falle rotorfester Bezugsachse die einfache Struktur von (4.1) mit der konstanten Induktivitätsmatrix nach (4.2) annimmt, kann man die Statorgrößen unabhängig davon auch in ein anderes für ein Steuerungskonzept geeigneteres Bezugssystem transformieren.

4.2 Statorflußorientierte Steuerung der stromgespeisten DSM

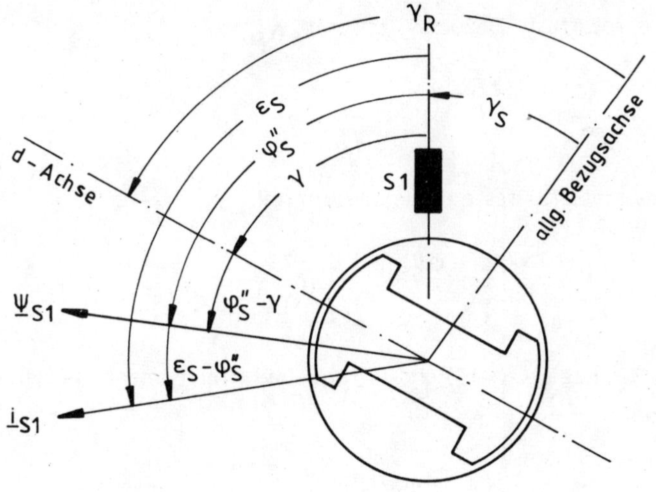

Bild 4.2: Statorfluß- und Statorstromraumzeiger bei der Synchronmaschine mit Schenkelpolen

Der allgemeine Ansatz für den S t a t o r f l u ß r a u m z e i g e r (Bild 4.2)

$$\underline{\Psi}_{S1} = \frac{1}{\sqrt{2}}\,\Psi_S\,e^{j\varphi''_S}\,e^{j\gamma_S} \tag{4.12}$$

liefert

a) für das der Darstellung im Abschnitt 4.1 zugrunde liegende rotorfeste Bezugssystem mit $\gamma_R = 0$, $\gamma_S = -\gamma$

$$\underline{\Psi}_{S1} = \frac{1}{\sqrt{2}}\,\Psi_S\,e^{j(\varphi''_S - \gamma)} = \frac{1}{\sqrt{2}}(\Psi_d + j\,\Psi_q) \tag{4.13}$$

b) für das statorflußfeste Bezugssystem mit $\gamma_S = -\varphi''_S$

$$\underline{\psi}_{S1} = \frac{1}{\sqrt{2}} \psi_S \quad . \tag{4.14}$$

Der allgemeine Ansatz für den Statorstromraumzeiger (Bild 4.2)

$$\underline{i}_{S1} = \frac{1}{\sqrt{2}} i_S \, e^{j(\varepsilon_S + \gamma_S)} \tag{4.15}$$

liefert

a) für das rotorfeste Bezugssystem mit $\gamma_R = 0$, $\gamma_S = -\gamma$

$$\underline{i}_{S1} = \frac{1}{\sqrt{2}} i_S \, e^{j(\varepsilon_S - \gamma)} = \frac{1}{\sqrt{2}} (i_d + j\, i_q) \tag{4.16}$$

b) für das statorflußfeste Bezugssystem mit $\gamma_S = -\varphi''_S$

$$\underline{i}_{S1} = \frac{1}{\sqrt{2}} i_S \, e^{j(\varepsilon_S - \varphi''_S)} = \frac{1}{\sqrt{2}} (i_{Sp} + j\, i_{Sq}) \quad . \tag{4.17}$$

Setzt man die Raumzeiger (4.13) und (4.16) in die Drehmomentenbeziehung (4.11) ein, dann erhält man

$$M_{i1} = p\, \psi_S \, i_S \sin(\varepsilon_S - \varphi''_S)$$

$$M_{i1} = p\, \psi_S \, i_{Sq} \quad . \tag{4.18}$$

Da die Drehmomentenformel (4.11) für jedes beliebige Bezugssystem gilt, kann man die Raumzeiger auch in der allgemeinen Form (4.12) und (4.15) einsetzen. Gleichung (4.18) besagt, daß das innere Drehmoment der Synchronmaschine bei konstantem Statorflußraumzeigerbetrag der senkrecht zum Statorflußraumzeiger liegenden Komponente des Statorstromraumzeigers proportional ist. Auf diesem Zusammenhang basiert die statorflußorientierte Steuerung.

Für die Umrechung der statorflußorientierten in die rotororientierten Statorstromkomponenten und umgekehrt erhält man mit (4.16) und (4.17)

$$i_d + j\, i_q = (i_{Sp} + j\, i_{Sq})\, e^{j(\varphi''_S - \gamma)} \quad ,$$

woraus folgende Transformationsvorschriften resultieren:

$$\begin{bmatrix} i_d \\ i_q \end{bmatrix} = \begin{bmatrix} \cos(\varphi''_S - \gamma) & -\sin(\varphi''_S - \gamma) \\ \sin(\varphi''_S - \gamma) & \cos(\varphi''_S - \gamma) \end{bmatrix} \begin{bmatrix} i_{Sp} \\ i_{Sq} \end{bmatrix} \tag{4.19}$$

$$\begin{bmatrix} i_{Sp} \\ i_{Sq} \end{bmatrix} = \begin{bmatrix} \cos(\varphi''_S - \gamma) & \sin(\varphi''_S - \gamma) \\ -\sin(\varphi''_S - \gamma) & \cos(\varphi''_S - \gamma) \end{bmatrix} \begin{bmatrix} i_d \\ i_q \end{bmatrix} . \tag{4.20}$$

Im statorfesten Bezugssystem mit $\gamma_S = 0$ lautet der Statorstromraumzeiger nach (4.15)

$$\underline{i}_{S1} = \frac{1}{\sqrt{2}} i_S e^{j \varepsilon_S} = \frac{1}{\sqrt{2}} (i_{S\alpha} + j\, i_{S\beta}) . \tag{4.21}$$

Aus (4.16), (4.17), (4.21) kann man noch später benötigte Transformationsbeziehungen herleiten:

$$\begin{bmatrix} i_d \\ i_q \end{bmatrix} = \begin{bmatrix} \cos\gamma & \sin\gamma \\ -\sin\gamma & \cos\gamma \end{bmatrix} \begin{bmatrix} i_{S\alpha} \\ i_{S\beta} \end{bmatrix} \tag{4.22}$$

$$\begin{bmatrix} i_{S\alpha} \\ i_{S\beta} \end{bmatrix} = \begin{bmatrix} \cos\varphi''_S & -\sin\varphi''_S \\ \sin\varphi''_S & \cos\varphi''_S \end{bmatrix} \begin{bmatrix} i_{Sp} \\ i_{Sq} \end{bmatrix} . \tag{4.23}$$

Zur Regelung von ψ_S auf einen konstanten Wert stehen als Stellgrößen i_{Sp} und der Erregerstrom i''_f bzw. i_f zur Verfügung. Aus (4.13) gewinnt man

$$\psi_S = \psi_d \cos(\varphi''_S - \gamma) + \psi_q \sin(\varphi''_S - \gamma)$$

und daraus mit (4.2)

$$\psi_S = \left[L_d i_d + L'_{hd}(i''_f + i''_{Dd})\right] \cos(\varphi''_S - \gamma) + (L_q i_q + L_{hq} i''_{Dq}) \sin(\varphi''_S - \gamma)$$

4. Drehstromsynchronmaschine mit Schenkelpolen und Dämpferwicklung (DSM)

$$\Psi_S = L_d \left[i_d \cos(\varphi_S'' - \gamma) + i_q \sin(\varphi_S'' - \gamma) \right] - (L_d - L_q) i_q \sin(\varphi_S'' - \gamma)$$

$$+ L_{hd}' (i_f'' + i_{Dd}'') \cos(\varphi_S'' - \gamma) + L_{hq} i_{Dq}'' \sin(\varphi_S'' - \gamma) \quad . \quad (4.24)$$

Definiert man einen fiktiven Magnetisierungsstrom i_μ'' mit

$$\Psi_S = L_d i_\mu'' \quad , \quad (4.25)$$

dann ergibt der Vergleich mit (4.24) unter Beachtung von (4.20)

$$i_\mu'' = i_{Sp} - \frac{L_d - L_q}{L_d} i_q \sin(\varphi_S'' - \gamma) + \frac{L_{hd}'}{L_d} (i_f'' + i_{Dd}'') \cos(\varphi_S'' - \gamma)$$

$$+ \frac{L_{hq}}{L_d} i_{Dq}'' \sin(\varphi_S'' - \gamma)$$

und nach Einführen der Streuinduktivitäten gemäß (4.9)

$$i_\mu'' = i_{Sp} + \frac{1}{1 + (L_{S\sigma}' / L_{hd}')} (i_f'' + i_{Dd}'') \cos(\varphi_S'' - \gamma)$$

$$- (1 - \frac{L_q}{L_d}) i_q \sin(\varphi_S'' - \gamma) + \frac{L_{hq}}{L_d} i_{Dq}'' \sin(\varphi_S'' - \gamma) \quad . \quad (4.26)$$

Im stationären symmetrischen Betrieb würde sich obiger Ausdruck bei konstantem Luftspalt ($L_d = L_q$) auf die Summe aus i_{Sp} und einer dem cos des „inneren Polradwinkels" $\varphi_S'' - \gamma$ proportionalen Komponente des Erregerstroms reduzieren. Vorgegeben wird Ψ_S bzw. i_μ'' und mit Rücksicht auf die Statorblindleistung i_{Sp} (siehe weiter unten!). Daraus kann der einzustellende Erregerstrom i_f bzw. i_f'' nur dann errechnet werden, wenn die fehlenden Größen i_q, i_{Dd}'', i_{Dq}'' und der innere Polradwinkel $\varphi_S'' - \gamma$ (Bild 4.2) bekannt sind, d.h. wenn ein Maschinenmodell als Rechenschaltung zur Ermittlung dieser Größen vorhanden ist.

Die Beschaffung des Orientierungswinkels φ_S'' und der Größe Ψ_S aus gemessenen Statorklemmengrößen erfolgt im sog. „S p a n n u n g s m o d e l l". Im statorfesten Bezugssystem mit $\gamma_S = 0$ lautet die Statorspannungsgleichung

$$\underline{u}_{S1} = R_S \, \underline{i}_{S1} + \dot{\underline{\Psi}}_{S1} \tag{4.27}$$

mit $\underline{i}_{S1}$ nach (4.21) ,

$$\underline{u}_{S1} = \frac{1}{\sqrt{3}}(u_{S1} + \underline{a}\, u_{S2} + \underline{a}^2\, u_{S3}) = \frac{1}{\sqrt{2}}(u_{S\alpha} + j\, u_{S\beta}) \tag{4.28}$$

und gemäß (4.12)

$$\underline{\Psi}_{S1} = \frac{1}{\sqrt{2}}\, \Psi_S\, e^{j\varphi''_S} = \frac{1}{\sqrt{2}}(\Psi_{S\alpha} + j\,\Psi_{S\beta}) \quad . \tag{4.29}$$

Die α, ß-Komponenten von $\underline{u}_{S1}$ und $\underline{i}_{S1}$ resultieren direkt aus den gemessenen Stranggrößen entsprechend der Transformation TRo nach (1.33). Die Integration der Spannungsgleichung (4.27) ergibt dann

$$\begin{aligned} \Psi_S \cos\varphi''_S &= \int_0^t (u_{S\alpha} - R_S\, i_{S\alpha})\, dt \quad , \\ \Psi_S \sin\varphi''_S &= \int_0^t (u_{S\beta} - R_S\, i_{S\beta})\, dt \quad . \end{aligned} \tag{4.30}$$

Da die elektronische Realisierung der Integration erst von einer bestimmten Mindestfrequenz an genügend genau arbeitet, kann das Spannungsmodell nur von einer Mindeststatorfrequenz von einigen Hz an benutzt werden.

Als Alternative, die dieser Einschränkung nicht unterliegt, steht das sog. „S t r o m m o d e l l" zur Verfügung, das zusammen mit einem Polradlagegeber, der den Winkel γ mißt, die Bestimmung von φ''_S und Ψ_S ermöglicht. Die Prinzipstruktur der Schaltung zeigt Bild 4.3. Zunächst werden aus den gemessenen statororientierten Komponenten des $\sqrt{2}$-fachen Statorstromraumzeigers und den vom Lagegeber stammenden Signalen $\cos\gamma$, $\sin\gamma$ über die Transformationsbeziehung (4.22) die rotororientierten Komponenten i_d , i_q gebildet. Mit den Strombeziehungen (4.7), den als Kennlinien dargestellten Verknüpfungen (4.6) und den Dämpferspannungsgleichungen nach (4.1) mit (4.8)

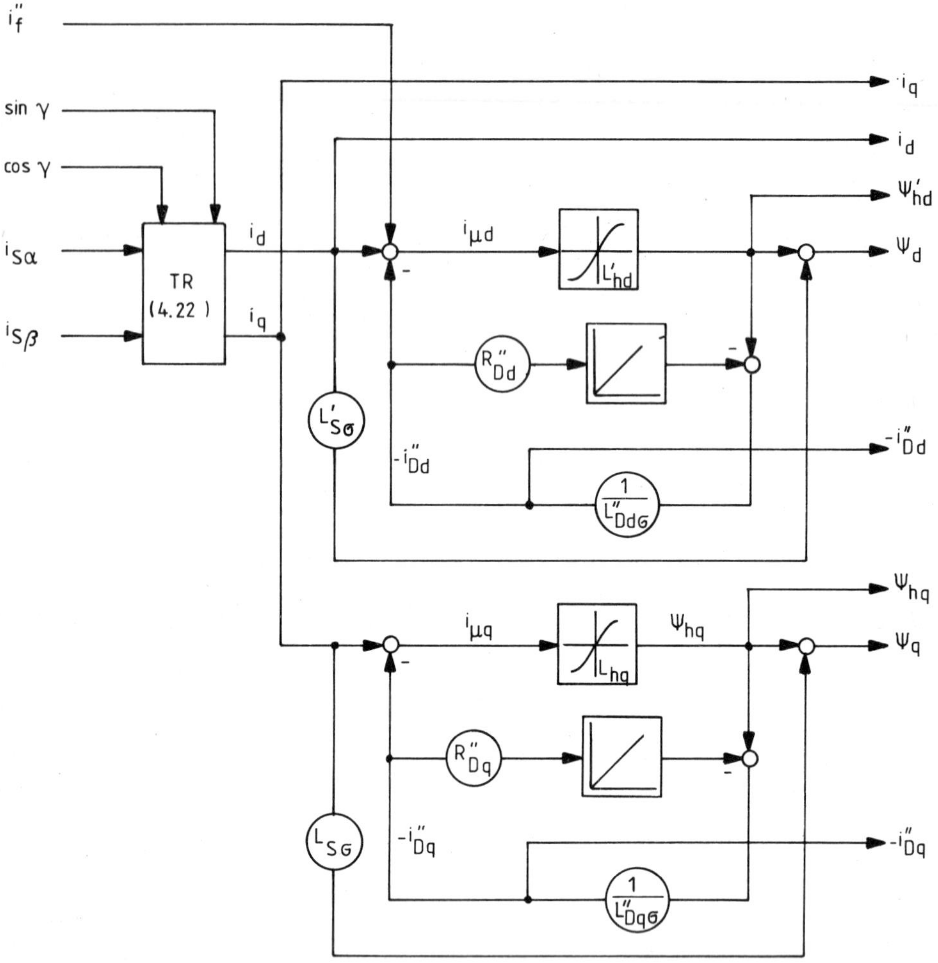

Bild 4.3: „Strommodell" zur Bestimmung der Orientierungsgrößen der statorflußorientiert gesteuerten Synchronmaschine

$$0 = R''_{Dd}\, i''_{Dd} + L''_{Dd\sigma}\, \dot{i}''_{Dd} + \dot{\Psi}'_{hd}$$

$$0 = R''_{Dq}\, i''_{Dq} + L''_{Dq\sigma}\, \dot{i}''_{Dq} + \dot{\Psi}_{hq} \tag{4.31}$$

werden dann die rotororientierten Statorflußkomponenten Ψ_d, Ψ_q errechnet. Aus diesen folgen dann mit der aus (4.13) zu gewinnenden Transformation

$$\begin{bmatrix} \Psi_S \cos\varphi''_S \\ \Psi_S \sin\varphi''_S \end{bmatrix} = \begin{bmatrix} \cos\gamma & -\sin\gamma \\ \sin\gamma & \cos\gamma \end{bmatrix} \begin{bmatrix} \Psi_d \\ \Psi_q \end{bmatrix} \tag{4.32}$$

die gesuchten Größen. Eingangsgrößen dieses Strommodells sind die Meßgrößen Stastorströme, Erregerstrom, Rotorpositionswinkel. Außer den Orientierungsgrößen liefert das Modell auch die Dämpferströme i''_{Dd} und i''_{Dq}, die zur Berechnung des Erregerstromsollwerts aus (4.26) gebraucht werden.

Im folgenden wird erläutert, wie man die Regelung der Statorströme durch eine Aufschaltung der H a u p t f e l d s p a n n u n g e n dynamisch verbessern kann. Die Statorspannungsgleichungen von (4.1) werden mit (4.8) geschrieben in der Form

$$u_d = R_S\, i_d - \dot{\gamma} L_{S\sigma}\, i_q + L'_{S\sigma}\, \dot{i}_d + u_{hd}$$

$$u_q = R_S\, i_q + \dot{\gamma} L'_{S\sigma}\, i_d + L_{S\sigma}\, \dot{i}_q + u_{hq} \tag{4.33}$$

mit den Hauptfeldspannungen

$$u_{hd} = -\dot{\gamma}\Psi_{hq} + \dot{\Psi}'_{hd}$$

$$u_{hq} = \dot{\gamma}\Psi'_{hd} + \dot{\Psi}_{hq} \quad . \tag{4.34}$$

Der allgemeine Ansatz für den Raumzeiger der Hauptfeldspannungen

$$\underline{u}_{h1} = \frac{1}{\sqrt{2}} u_h \, e^{j(\varkappa + \gamma_S)}$$

liefert für rotorfeste Bezugsachse mit $\gamma_R = 0$ und $\gamma_S = -\gamma$

$$\underline{u}_{h1} = \frac{1}{\sqrt{2}} u_h \, e^{j(\varkappa - \gamma)} = \frac{1}{\sqrt{2}} (u_{hd} + j\,u_{hq}) \tag{4.35}$$

und für statorfeste Bezugsachse mit $\gamma_S = 0$

$$\underline{u}_{h1} = \frac{1}{\sqrt{2}} u_h \, e^{j\varkappa} = \frac{1}{\sqrt{2}} (u_{h\alpha} + j\,u_{h\beta}) \quad . \tag{4.36}$$

Folgende Transformation ermöglicht die Bestimmung der statororientierten Komponenten (4.36) aus den mit (4.34) bestimmten rotororientierten Komponenten (4.35)

$$\begin{bmatrix} u_{h\alpha} \\ u_{h\beta} \end{bmatrix} = \begin{bmatrix} \cos\gamma & -\sin\gamma \\ \sin\gamma & \cos\gamma \end{bmatrix} \begin{bmatrix} u_{hd} \\ u_{hq} \end{bmatrix} \quad . \tag{4.37}$$

Bild 4.4 zeigt das Strukturdiagramm für die Berechnung von $u_{h\alpha}$, $u_{h\beta}$ aus Ψ'_{hd}, Ψ_{hq}, $\dot{\gamma}$ und γ. Aus $u_{h\alpha}$, $u_{h\beta}$ resultieren die Stranggrößen mit der (2.81) entsprechenden Transformation

$$\begin{bmatrix} u_{hS1} \\ u_{hS2} \\ u_{hS3} \end{bmatrix} = \sqrt{\frac{2}{3}} \begin{bmatrix} 1 & 0 \\ -\frac{1}{2} & \frac{1}{2}\sqrt{3} \\ -\frac{1}{2} & -\frac{1}{2}\sqrt{3} \end{bmatrix} \begin{bmatrix} u_{h\alpha} \\ u_{h\beta} \end{bmatrix} \quad . \tag{4.38}$$

Der gleiche Zusammenhang besteht zwischen $i_{S\alpha}$, $i_{S\beta}$ nach (4.21) und den Statorstrangströmen

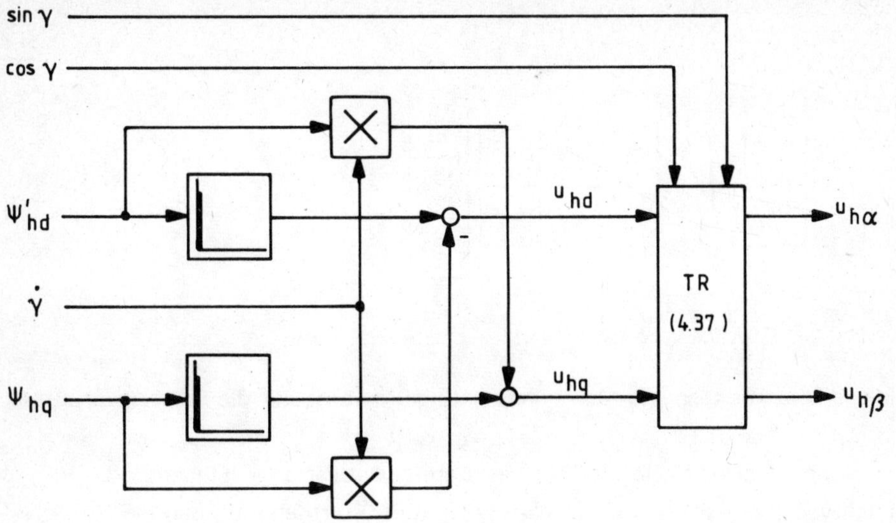

Bild 4.4: Bildung der Hauptfeldspannungen für die Störgrößenaufschaltung bei der Statorstromregelung

$$\begin{bmatrix} i_{S1} \\ i_{S2} \\ i_{S3} \end{bmatrix} = \sqrt{\frac{2}{3}} \begin{bmatrix} 1 & 0 \\ -\frac{1}{2} & \frac{1}{2}\sqrt{3} \\ -\frac{1}{2} & -\frac{1}{2}\sqrt{3} \end{bmatrix} \begin{bmatrix} i_{S\alpha} \\ i_{S\beta} \end{bmatrix} . \qquad (4.39)$$

Die Inversion von (4.39) führt zu der mit TRo bezeichneten Transformation nach (1.33)

$$\begin{bmatrix} i_{S\alpha} \\ i_{S\beta} \end{bmatrix} = \sqrt{\frac{2}{3}} \begin{bmatrix} 1 & -\frac{1}{2} & -\frac{1}{2} \\ 0 & \frac{1}{2}\sqrt{3} & -\frac{1}{2}\sqrt{3} \end{bmatrix} \cdot \begin{bmatrix} i_{S1} \\ i_{S2} \\ i_{S3} \end{bmatrix} \qquad (4.40)$$

Die gleichen Beziehungen wie (4.39) und (4.40) gelten auch für die Statorspannungen.

Bild 4.5 zeigt die prinzipielle Struktur der statorflußorientierten Steuerung einer Drehstromsynchronmaschine mit Schenkelpolen (DSM) für den Fall, daß eine Statorstromregelung eingesetzt wird. Der verwendete Umrichter (U) kann z.B. ein netzgeführter Direktumrichter [4.3] sein. Aus den vorgegebenen Sollwerten i^*_{Sp} und M^*_{i1} bzw. i^*_{Sq} werden mittels der Transformationen (4.23) und (4.39) die Sollwerte der Statorströme i^*_{S1}, i^*_{S2}, i^*_{S3} errechnet. Zur dynamischen Verbesserung der Statorstromregelung werden am Ausgang der Regler (SSR) die im Block HFS und mit der Transformation (4.38) gebildeten Hauptfeldspannungen als Störgrößen zweckmäßig gewichtet (Faktor K_h) aufgeschaltet. Setzt man als Stellglied einen Stromzwischenkreisumrichter mit selbst- oder maschinengeführtem maschinenseitigem Stromrichter ein, dann bedarf die Struktur von Bild 4.5 einer Modifikation. In diesem Fall dienen die normierten Sollwerte $i^*_{S1,\,2,\,3}$ zur Ansteuerung des maschinenseitigen Stromrichters, während die Amplitude des Statorstromsystems mit Hilfe des netzseitigen Stromrichters als Stellglied über den Zwischenkreisstrom geregelt wird. Die für die Transformation (4.23) benötigten Orientierungsgrößen $\cos\varphi''_S$, $\sin\varphi''_S$ und der Statorflußraumzeigerbetrag Ψ_S entstammen entweder dem sog. Spannungsmodell (SPM) bei der Schalterstellung S1 oder dem sog. Strommodell (STM) bei der Schalterstellung S2. Zur Unterscheidung sind die über das Strommodell ermittelten Größen mit dem Index M gekennzeichnet. Unterhalb einer bestimmten Mindestfrequenz von einigen Hz muß mit dem Strommodell gefahren werden. Die aufgeschalteten Hauptfeldspannungen werden aus den vom Strommodell gelieferten Hauptflüssen und den vom Meßwerterfasser ME stammenden Signalen des Rotorpositionswinkels und der Rotorwinkelgeschwindigkeit errechnet. Am Ausgang des Statorflußreglers (SFR) wird der ebenfalls u.a. aus Größen des Strommodells im Block ERS errechnete und deshalb mit Unsicherheiten behaftete Erregerstromsollwert aufgeschaltet, um die Flußregelung

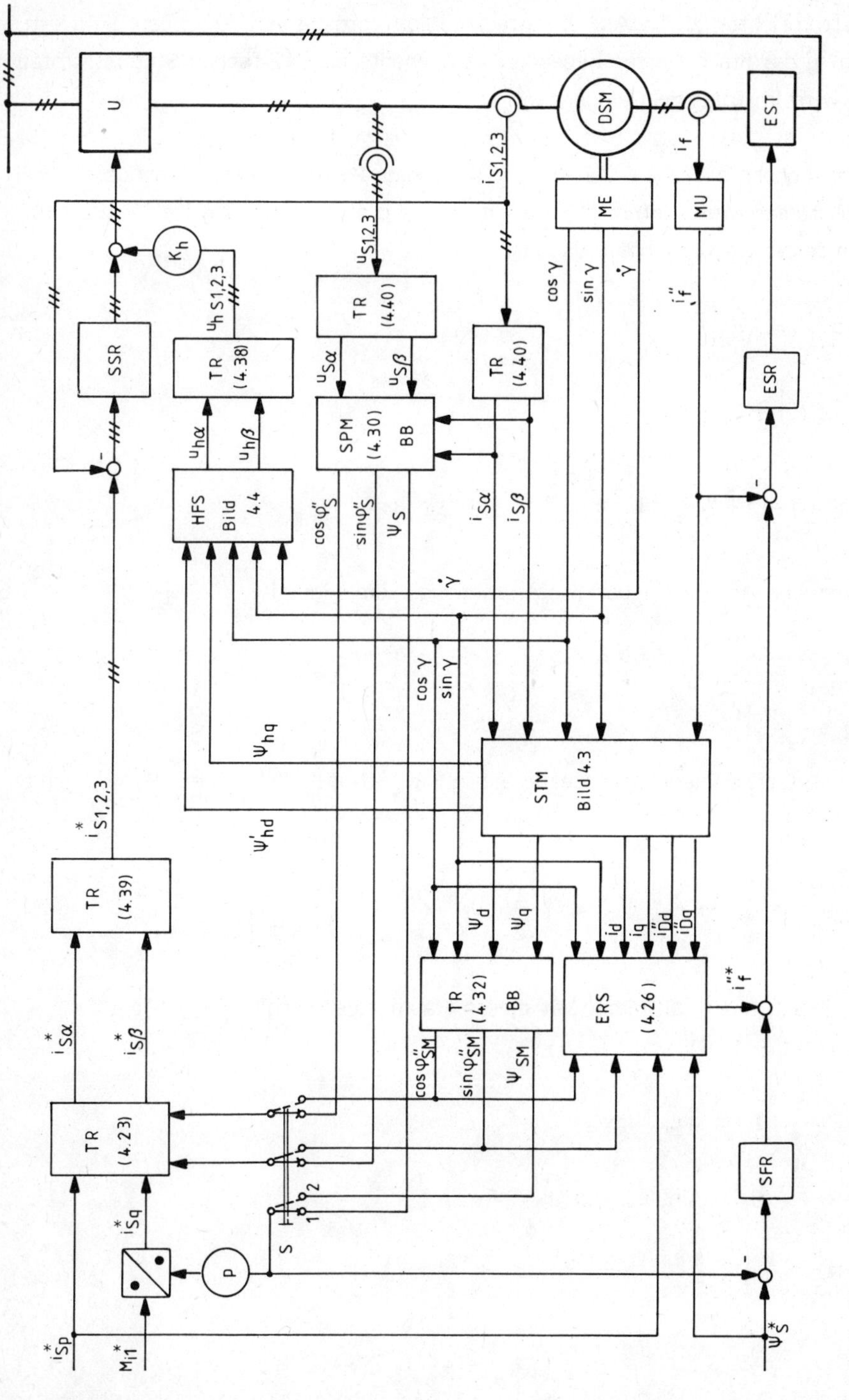

Bild 4.5: Statorflußorientierte Steuerung der Drehstromsynchronmaschine mit Schenkelpolen (Erläuterungen im Text; BB, Betragsbildung)

dynamisch zu verbessern. Der nachfolgende Erregerstromregler (ESR) wirkt auf den Erregerstromrichter (EST). Auf die zweckmäßige Vorgabe von i^*_{Sp} , dem Sollwert der in Richtung des Statorflusses liegenden Komponente des $\sqrt{2}$-fachen Statorstromraumzeigers, wird im folgenden eingegangen.

Unter der Annahme $R_S = 0$ und $\dot{\Psi}_S = 0$ infolge Regelung des Statorflusses auf einen konstanten Wert liefert die S t a t o r s p a n n u n g s g l e i c h u n g bei statorfester Bezugsachse ($\gamma_S = 0$)

$$\underline{u}_{S1} = \dot{\underline{\Psi}}_{S1}$$

und mit (4.12)

$$\underline{u}_{S1} = j \dot{\varphi}''_S \frac{1}{\sqrt{2}} \Psi_S e^{j\varphi''_S} .$$

Der allgemeine Ansatz für den Statorspannungsraumzeiger ist

$$\underline{u}_{S1} = \frac{1}{\sqrt{2}} u_S e^{j(\alpha_S + \gamma_S)} .$$

Im Falle statorflußorientierter Bezugsachse ($\gamma_S = -\varphi''_S$) ist wegen $R_S = 0$ und $\dot{\Psi}_S = 0$

$$\underline{u}_{S1} = j \frac{1}{\sqrt{2}} \dot{\varphi}''_S \Psi_S = j \frac{1}{\sqrt{2}} u_S \tag{4.41}$$

und $\underline{i}_{S1}$ nach (4.17) definiert. Mit diesen Raumzeigern ergibt die S t a t o r - l e i s t u n g

$$P_S = 2 \operatorname{Re} \{ \underline{u}_{S1} \underline{i}^*_{S1} \}$$

$$P_S = u_S i_S \sin(\varepsilon_S - \varphi''_S)$$

$$P_S = u_S i_{Sq} \tag{4.42}$$

$$P_S = u_S i_S \cos \varphi$$

mit

$$\varphi = \frac{\pi}{2} - (\varepsilon_S - \varphi''_S) \quad .$$

Für stationären Betrieb mit symmetrischen sinusförmigen Systemen folgt daraus die S t a t o r b l i n d l e i s t u n g

$$Q_S = u_S \, i_S \sin\varphi$$

$$Q_S = u_S \, i_S \cos(\varepsilon_S - \varphi''_S)$$

$$Q_S = u_S \, i_{Sp} \quad . \qquad (4.43)$$

Im stationären Betrieb ist

$$\dot{\varphi}''_S = \omega_S > 0 \quad ,$$

so daß mit (4.41) aus (4.42) und (4.43) folgt:

$$P_S = \omega_S \Psi_S \, i_{Sq} \quad ,$$

$$Q_S = \omega_S \Psi_S \, i_{Sp} \quad .$$

Unter der Voraussetzung $R_S = 0$ und $\Psi_S = \text{const}$ ist die Wirkleistung $\omega_S \, i_{Sq}$ und die Blindleistung $\omega_S \, i_{Sp}$ proportional. $i_{Sp} > 0$ bedeutet induktive Blindleistungsaufnahme (Untererregung) und $i_{Sp} < 0$ Blindleistungsabgabe (Übererregung) der Maschine. Im Falle des Einsatzes eines Direktumrichters oder eines selbstgeführten Stromrichters bei dem Antriebssystem von Bild 4.5 wählt man den Sollwert $i^*_{Sp} = 0$ um $Q_S = 0$ zu erreichen und mit möglichst geringer Umrichterbauleistung auszukommen. Bei Verwendung eines maschinengeführten Stromrichters muß $i_{Sp} < 0$ sein, da die Kommutierungsblindleistung geliefert werden muß. Das Zeigerdiagramm in Bild 4.6 für untererregten Motorbetrieb ($i_{Sp} > 0$, $i_{Sq} > 0$) unter der Annahme $R_S = 0$ erläutert die Bedeutung der verschiedenen Winkel. Wegen $R_S = 0$ ist der üblicherweise für Generatorbetrieb positiv definierte Polradwinkel ϑ gleich dem negativen hier benutzten inneren Polradwinkel $\varphi''_S - \gamma$:

$$- \vartheta = \varphi''_S - \gamma \quad .$$

Da das behandelte Steuerverfahren der Synchronmaschine mit Schenkelpolen auf einer Statorflußorientierung basiert, ist die Kenntnis des Luftspaltflusses noch von Interesse. Der dem Luftspaltfluß entsprechende auf den Stator bezogene Flußraumzeiger ist

$$\underline{\Psi}_{Sh} = \underline{\Psi}_{S1} - L_{S\sigma}\,\underline{i}_{S1} \quad .$$

Wählt man das statorflußorientierte Bezugssystem, dann wird mit (4.14) und (4.17)

$$\underline{\Psi}_{Sh} = \frac{1}{\sqrt{2}}\,\Psi_S - \frac{1}{\sqrt{2}}\,L_{S\sigma}\,(i_{Sp} + j\,i_{Sq}) \quad . \tag{4.44}$$

Mit dem allgemeinen Ansatz

$$\underline{\Psi}_{Sh} = \frac{1}{\sqrt{2}}\,\Psi_{Sh}\,e^{j(\varphi_{Sh} + \gamma_S)}$$

folgt für statorflußfeste Bezugsachse mit $\gamma_S = -\varphi''_S$

$$\underline{\Psi}_{Sh} = \frac{1}{\sqrt{2}}\,\Psi_{Sh}\,e^{j(\varphi_{Sh} - \varphi''_S)} \quad . \tag{4.45}$$

Durch Vergleich von (4.45) mit (4.44) resultiert für Betrag und Winkel

$$\Psi_{Sh} = \sqrt{(\Psi_S - L_{S\sigma}\,i_{Sp})^2 + (L_{S\sigma}\,i_{Sq})^2} \tag{4.46}$$

und

$$\varphi_{Sh} - \varphi''_S = \arctan\frac{L_{S\sigma}\,i_{Sq}}{\Psi_S - L_{S\sigma}\,i_{Sp}} \quad . \tag{4.47}$$

Aus (4.46) folgt:

$$\Psi_{Sh} \geq \Psi_S \quad \text{für} \quad i_{Sp} \leq \frac{1}{2} i_S \frac{L_{S\sigma} i_S}{\Psi_S}$$

$$\Psi_{Sh} \leq \Psi_S \quad \text{für} \quad i_{Sp} \geq \frac{1}{2} i_S \frac{L_{S\sigma} i_S}{\Psi_S}$$

Der durch (4.47) bestimmte Winkel zwischen den Raumzeigern $\underline{\Psi}_{S1}$ und $\underline{\Psi}_{Sh}$ verschwindet im Fall $i_{Sq} = 0$, d.h. wenn kein inneres Drehmoment nach (4.18) auftritt.

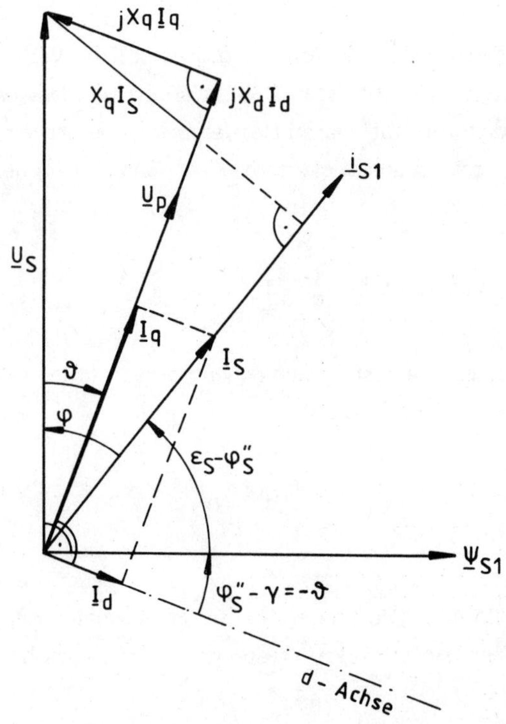

Bild 4.6: Zeigerdiagramm der Synchronmaschine mit Schenkelpolen im stationären untererregten Motorbetrieb (Annahme $R_S = 0$)

4.3 Stationärer Betrieb der selbstgesteuerten DSM (Stromrichtermotor)

Speist man die DSM bei konstantem Erregerstrom statorseitig mit einem starren Spannungs- oder Stromsystem, dann spricht man von Fremdsteuerung und erhält das typische Synchronmaschinenverhalten. Speist man den Stator über einen maschinengeführten oder einen selbstgeführten Stromrichter und leitet man die Steuerimpulse vom Rotorpositionswinkel γ ab, dann spricht man von Selbststeuerung und erhält ein völlig anderes Betriebsverhalten [4.4 , 4.5 , 4.6] . Die Anwendung eines maschinengeführten Stromrichters setzt voraus, daß die Synchronmaschine die Kommutierungsblindleistung liefert.

Durch die folgende vereinfachte Herleitung soll das grundsätzliche Verhalten der Stromrichtermotor genannten selbstgesteuerten DSM erläutert werden. Aus der Drehmomentbeziehung (4.10) folgt für stationären Betrieb mit symmetrischem sinusförmigem Statorstrom - und Statorspannungssystem unter Verwendung der Flußgleichungen (4.2)

$$M_{il} = p\left[i_q\,(L_d\, i_d + L'_{hd}\, i''_f) - i_d\, L_q\, i_q\right] \quad . \tag{4.48}$$

Drückt man die rotororientierten Statorstromkomponenten nach (4.16) mit i_S und dem Winkel $\varepsilon_S - \gamma$ aus, dann wird aus (4.48)

$$M_{il} = p\, L'_{hd}\, i''_f\, i_S \sin(\varepsilon_S - \gamma) + p\,\frac{1}{2}\,(L_d - L_q)\, i_S^2 \sin 2(\varepsilon_S - \gamma) \quad . \tag{4.49}$$

Dabei ist $\varepsilon_S - \gamma$ der Winkel, den der Statorstromraumzeiger gegenüber der Rotorachse (d-Achse) einnimmt (Bild 4.2). Die Steuerimpulse des maschinenseitigen Stromrichters werden mit Hilfe eines den Winkel γ messenden Polradlagegebers generiert, so daß gilt

$$\varepsilon_S = \gamma + \alpha_S \quad .$$

Der im stationären Betrieb konstante Steuerwinkel $\alpha_S = \varepsilon_S - \gamma$ kann über das Steuergerät des Stromrichters eingestellt werden. Bei konstanten Werten für i''_f und i_S

wird das Drehmoment für $\alpha_s = 90°$ maximal, wenn es sich um eine Vollpolmaschine handelt. Es sei noch vermerkt, daß in der hier gewählten konsequenten Darstellung im Gegensatz zur gängigen Literatur die im Motorbetrieb aufgenommene Leistung der Maschine positiv gezählt wird. Dadurch ergibt sich eine andere Definition des Winkels α_s. Vernachlässigt man die elektrischen Verluste von Stromrichter und Maschine, dann muß die Leistungsbilanz

$$-U_d I_d = M_{i1} \frac{1}{p} \dot{\gamma} \tag{4.50}$$

gelten. U_d ist die Gleichspannung und I_d der Gleichstrom des maschinenseitigen Stromrichters, der z.B. als sechspulsige Brückenschaltung ausgeführt sein kann. Im Motorbetrieb mit $M_{i1} > 0$ und $\dot{\gamma} > 0$ arbeitet der Stromrichter als Wechselrichter mit $U_d < 0$. Zwischen dem als glatt angenommenen Zwischenkreisstrom I_d und dem Betrag des $\sqrt{2}$-fachen Statorstromraumzeigers besteht folgender Zusammenhang, wenn man eine Sechspulsbrücke mit unendlich schneller Kommutierung annimmt und nur das Stromgrundschwingungssystem berücksichtigt:

$$I_d = \frac{\pi}{3\sqrt{2}} i_S \quad . \tag{4.51}$$

Ersetzt man i_S in (4.49) mittels (4.51) und (4.50), dann resultiert

$$1 = -\frac{3\sqrt{2}\, L'_{hd}\, i''_f\, \dot{\gamma}}{\pi U_d} \sin(\varepsilon_S - \gamma) + \frac{9\,(L_d - L_q)\, \dot{\gamma}^2 M_{i1}}{\pi^2 p\, U_d^2} \sin 2\,(\varepsilon_S - \gamma)\,. \tag{4.52}$$

Daraus kann man für $M_{i1} = 0$ den Leerlaufwert der Drehfrequenz $\dot{\gamma}$ berechnen:

$$\dot{\gamma}_0 = -\frac{\pi U_d}{3\sqrt{2}\, L'_{hd}\, i''_f \sin(\varepsilon_S - \gamma)} \quad . \tag{4.53}$$

Stellt man bei konstantem Erregerstrom mit Hilfe der Stromrichtersteuerung einen konstanten Winkel $\varepsilon_S - \gamma$ mit $\sin(\varepsilon_S - \gamma) \neq 0$ ein, dann ist die Leerlaufdrehzahl der Gleichspannung U_d proportional. Mit (4.53) folgt aus (4.52) für den Zusammenhang zwischen innerem Drehmoment und Drehfrequenz

$$\frac{M_{il}}{p\,L'_{hd}\,i''_{fN}\,i_{SN}} = \left(\frac{i''_f}{i''_{fN}}\right)^2 \frac{i''_{fN}}{i''_{fo}}\,\frac{\tan(\varepsilon_S-\gamma)}{x_d - x_q}\,\frac{1-\dot{\gamma}/\dot{\gamma}_o}{(\dot{\gamma}/\dot{\gamma}_o)^2} \;. \tag{4.54}$$

Dabei ist

$$i''_{fo} = \frac{u_{SN}}{\omega_{SN}\,L'_{hd}} \tag{4.55}$$

und

$$x_d = \frac{\omega_{SN}\,L_d\,i_{SN}}{u_{SN}} \;, \qquad x_q = \frac{\omega_{SN}\,L_q\,i_{SN}}{u_{SN}} \;.$$

Im Diagramm von Bild 4.7 ist die Abhängigkeit der bezogenen Drehzahl vom bezogenen inneren Drehmoment gemäß (4.54) für $i''_f = i''_{fN}$, $i''_{fN} = 1{,}8\; i''_{fo}$, $x_d = 0{,}95$, $x_q = 0{,}45$, $U_d = \text{const}$ und die beiden Winkel $\varepsilon_S - \gamma = 120°$ und $\varepsilon_S - \gamma = 240°$ dargestellt. Mit der Abkürzung (4.55) kann man die bezogene Leerlaufdrehfrequenz folgendermaßen schreiben

$$\frac{\dot{\gamma}_o}{\omega_{SN}} = -\frac{u_S\cos\alpha}{u_{SN}}\,\frac{i''_{fo}}{i''_f}\,\frac{1}{\sin(\varepsilon_S-\gamma)} \;. \tag{4.56}$$

Dabei wurde die für die Sechspulsbrückenschaltung bei unendlich schneller Kommutierung und sinusförmigem symmetrischem Drehspannungssystem geltende Beziehung

$$U_d = \frac{3\sqrt{2}}{\pi}\,u_S\cos\alpha \tag{4.57}$$

verwendet mit α als Stromrichter-Steuerwinkel. Konstante Gleichspannung U_d bedeutet also, daß das Produkt $u_S\cos\alpha$ konstant ist. Bei Vorgabe des Erregerstroms und des Statorstromraumzeigers einschließlich des Winkels $\varepsilon_S - \gamma$ liegt der Statorflußraumzeiger gemäß (4.13) über die Flußgleichungen (4.2) bei verschwindenden Dämpferströmen fest. Aus dem Statorflußraumzeiger gewinnt man für stationären Betrieb den Statorspannungsraumzeiger gemäß (4.3) mit Hilfe der Spannungsgleichungen (4.1) mit $R_S = 0$ im rotorfesten Bezugssystem

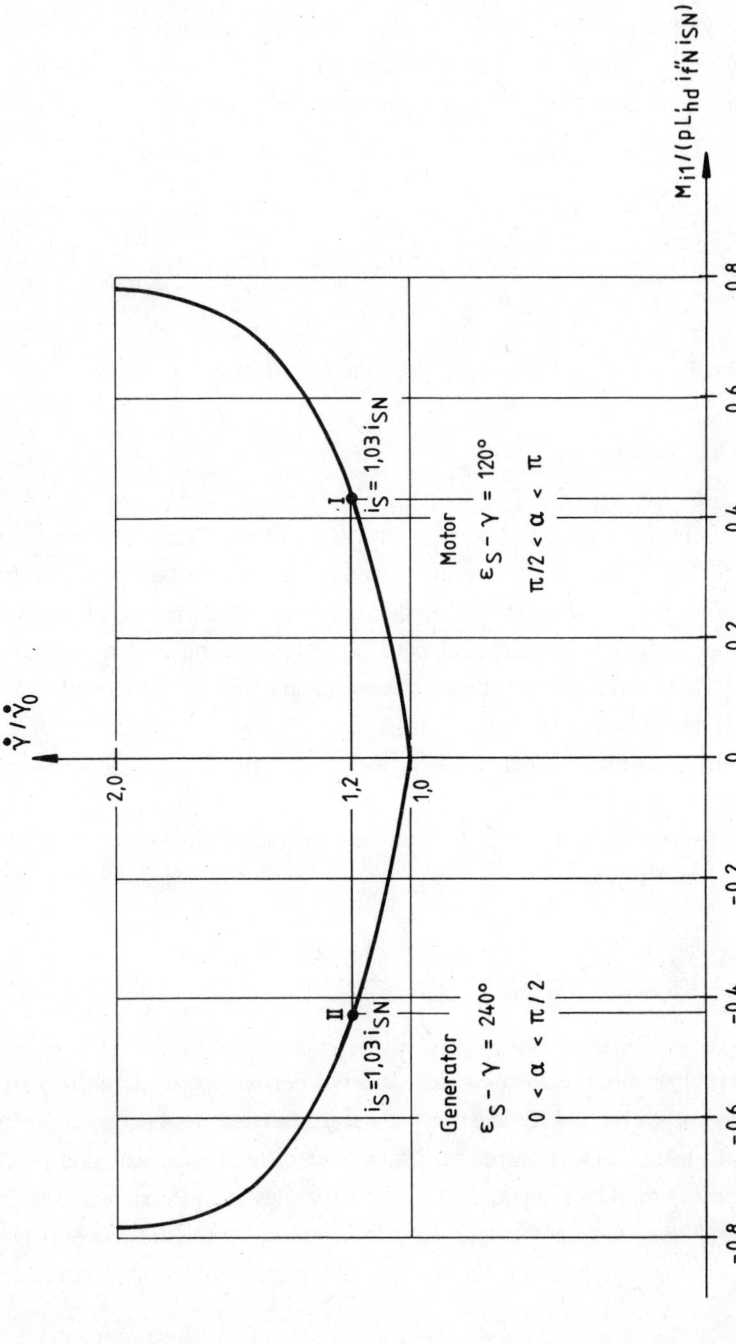

Bild 4.7: Stationäre Drehzahl-Drehmomentkennlinie einer selbstgesteuerten DSM bei konstantem Winkel $\varepsilon_S - \gamma$ unter vereinfachenden Annahmen (Maschinendaten im Text)

$$\underline{u}_{S1} = j\dot{\gamma}\,\underline{\Psi}_{S1} \quad .$$

Diese Gleichung ist invariant bezüglich eines Wechsels des Bezugssystems. Da nun Strom- und Spannungsraumzeiger bestimmt sind, liegt auch der Steuerwinkel α fest. Wählt man für die beiden Fälle obigen Beispiels $i_f'' = i_{fN}''$ und

a) für $\varepsilon_S - \gamma = 120°$: $\quad u_S \cos\alpha \overset{!}{=} -u_{SN}$

b) für $\varepsilon_S - \gamma = 240°$: $\quad u_S \cos\alpha \overset{!}{=} u_{SN}$,

dann ergibt sich jedesmal nach (4.56) die Leerlaufdrehfrequenz

$$\dot{\gamma}_0 = 1{,}11\,\omega_{SN} \quad .$$

Die Wahl eines kleineren Betrags für U_d bzw. $u_S \cos\alpha$ würde einen kleineren Leerlaufwert für die Drehfrequenz liefern. Der ideelle Leerlaufbetriebspunkt ist ein fiktiver Punkt und hat nur theoretische Bedeutung. Es müßten bei $U_d \neq 0$ gleichzeitig M_{i1} und I_d bzw. i_S verschwinden. Obige Festlegung von $u_S \cos\alpha$ bedeutet, daß im Fall a) Wechselrichteraussteuerung und im Fall b) Gleichrichteraussteuerung gefahren werden muß. Bei Vorgabe von $\varepsilon_S - \gamma$ und der Gleichspannung U_d gemäß dem Beispiel stellt sich der Steuerwinkel α selbsttätig entsprechend ein.

Die Größe des bezogenen Statorstroms kann man aus (4.50) mit Hilfe von (4.51), (4.55) und (4.57) ermitteln:

$$\frac{i_S}{i_{SN}} = -\frac{i_{fN}''}{i_{f0}''}\,\frac{u_{SN}}{u_S \cos\alpha}\,\frac{\dot{\gamma}_0}{\omega_{SN}}\,\frac{\dot{\gamma}}{\dot{\gamma}_0}\,\frac{M_{i1}}{p\,L_{hd}'\,i_{fN}''\,i_{SN}} \quad . \tag{4.58}$$

Mit den Daten obigen Beispiels ergibt sich, daß bei der bezogenen Drehfrequenz $\dot{\gamma}/\dot{\gamma}_0 = 1{,}2$ sowohl im Motor- als auch im Generatorbetrieb der bezogene Statorstrom den Wert $i_S/i_{SN} = 1{,}03$ erreicht. Diese beiden Betriebspunkte sind im Diagramm von Bild 4.7 markiert. Außerdem wurden für dieselben Betriebspunkte in den Bildern 4.8 und 4.9 die Raumzeiger von Statorstrom, Statorfluß und Statorspannung in ihrer relativen Lage dargestellt. Die Komponenten des Statorflußraumzeigers (4.13)

$\varepsilon_S - \gamma = 120°$
$\varphi_S'' - \gamma = 17°$
$\alpha \approx 167°$
$\varepsilon_S - \varphi_S'' \approx 103°$
$i_{Sp} < 0$
$i_{Sq} > 0$
$u_S = -\dfrac{u_{SN}}{\cos\alpha} = 1{,}03$

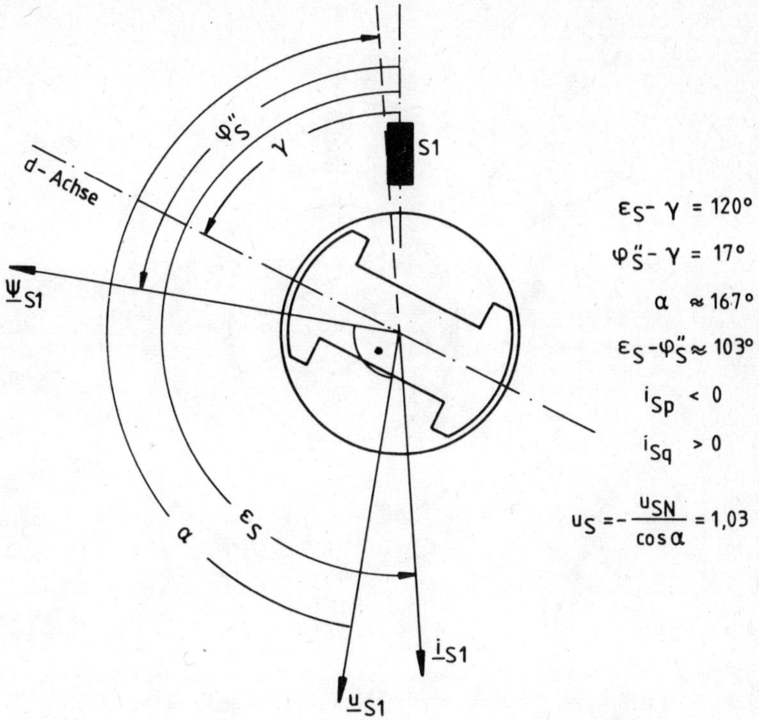

Bild 4.8: Stationärer Motorbetrieb der selbstgesteuerten DSM mit induktiver Blindleistungsabgabe (Betriebspunkt I im Diagramm Bild 4.7 ; $R_S = 0$)

$\varepsilon_S - \gamma = 240°$

$\varphi_S'' - \gamma = -17°$

$\alpha \approx 13°$

$\varepsilon_S - \varphi_S'' \approx 257°$

$i_{Sp} < 0$

$i_{Sq} < 0$

$u_S = \dfrac{u_{SN}}{\cos \alpha} = 1{,}03$

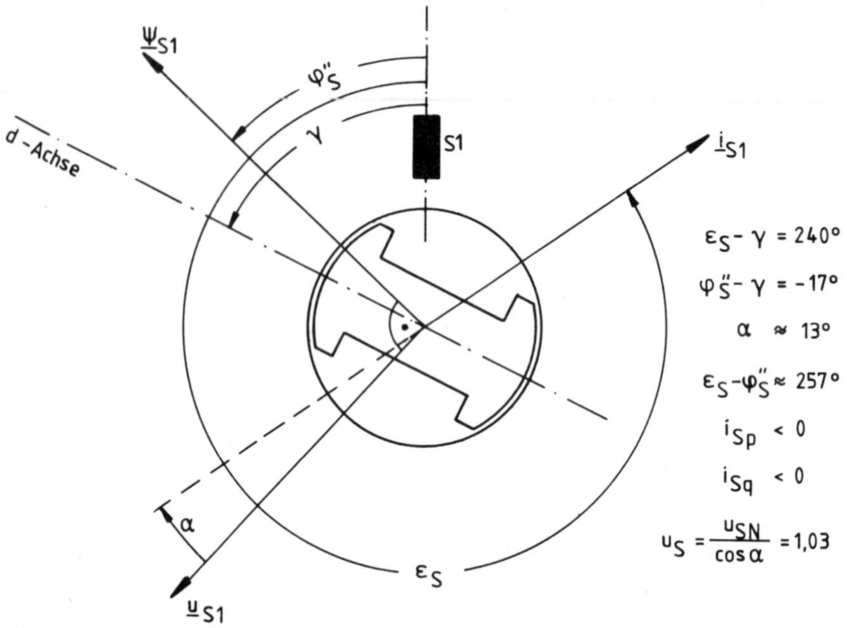

Bild 4.9: Stationärer Generatorbetrieb der selbstgesteuerten DSM mit induktiver Blindleistungsabgabe (Betriebspunkt II im Diagramm Bild 4.7 ; $R_S = 0$)

gewinnt man aus der stationären Form der Flußgleichungen (4.2)

$$\psi_d = L'_{hd}\, i''_f + L_d\, i_S \cos(\varepsilon_S - \gamma)$$

$$\frac{\psi_d}{u_{SN}/\omega_{SN}} = \frac{i''_{fN}}{i''_{fo}} + x_d \frac{i_S}{i_{SN}} \cos(\varepsilon_S - \gamma) \quad , \tag{4.59}$$

$$\psi_q = L_q\, i_S \sin(\varepsilon_S - \gamma)$$

$$\frac{\psi_q}{u_{SN}/\omega_{SN}} = x_q \frac{i_S}{i_{SN}} \sin(\varepsilon_S - \gamma) \quad . \tag{4.60}$$

Die Rechnung ergibt für das Beispiel:

I) Motorbetriebspunkt

$\psi_d = 1{,}31\; u_{SN}/\omega_{SN}$ $\qquad$ $\psi_q = 0{,}40\; u_{SN}/\omega_{SN}$

II) Generatorbetriebspunkt

$\psi_q = 1{,}31\; u_{SN}/\omega_{SN}$ $\qquad$ $\psi_q = -0{,}40\; u_{SN}/\omega_{SN}$.

Den Steuerwinkel α des Stromrichters erhält man bei der hier gewählten Zählrichtung der Statorströme (Bild 4.1) für die stationäre Grundschwingungsbetrachtung mit unendlich schneller Kommutierung als Nacheilwinkel des Raumzeigers $-\underline{i}_{S1}$ gegenüber dem Raumzeiger $\underline{u}_{S1}$. Dieser Winkel ist identisch mit der Phasennacheilung der umgekehrt wie in Bild 4.1 gezählten Strangströme gegenüber den Strangspannungen. Im Motorbetriebspunkt (Bild 4.8) ergibt sich eine Wechselrichteraussteuerung ($\pi/2 < \alpha < \pi$) und im Generatorbetriebspunkt (Bild 4.9) eine Gleichrichteraussteuerung ($0 < \alpha < \pi/2$). Benutzt man einen maschinengeführten Stromrichter, dann muß die Maschine die Kommutierungsblindleistung liefern, d.h. gemäß (4.43) muß i_{Sp} , die statorflußorientierte Komponente von $\sqrt{2}\,\underline{i}_{S1}$, negativ sein. Die maximale Wechselrichteraussteuerung ist dann auf einen Steuerwinkel $\alpha < 180°$ begrenzt. Motorischer Betrieb mit $\alpha = 180°$, was verschwindende Blindleistung bedeutet ($i_{Sp} = 0$) ist nur bei Einsatz eines selbstgeführten Stromrichters möglich [4.4] . Mittels einer sog.

Schonzeitregelung [4.6 , 4.7] kann man beim maschinengeführten Stromrichter $\varepsilon_S - \gamma$ so steuern, daß der Steuerwinkel α im Motorbetrieb immer den maximal zulässigen Wert annimmt, der durch die einzuhaltende Schonzeit der Thyristoren bestimmt ist.

Die unter vereinfachenden Annahmen berechneten Kennlinien von Bild 4.7 zeigen, daß stationärer stabiler Motorbetrieb bei den meisten vorkommenden Lastkennlinien nicht möglich sein wird. Antriebe dieser Art werden deshalb immer mit einer Regelung (z.B. Drehzahlregelung) ausgeführt, die solche Instabilitäten vermeidet.

Anhang

1. Systemgleichungen der Drehstromasynchronmaschine

Für das symmetrische Drehstromasynchronmaschinenmodell mit Schleifringläufer nach Bild 1.1 gilt das in Matrizenform geschriebene Spannungsgleichungssystem

$$\begin{bmatrix} (u_S) \\ (u_R) \end{bmatrix} = \begin{bmatrix} (R_S) & \\ & (R_R) \end{bmatrix} \begin{bmatrix} (i_S) \\ (i_R) \end{bmatrix} + \frac{d}{dt} \left\{ \begin{bmatrix} (L_{SS})+(S_S) & (L_{SR}) \\ (L_{SR})^T & (L_{RR})+(S_R) \end{bmatrix} \begin{bmatrix} (i_S) \\ (i_R) \end{bmatrix} \right\} . \qquad \text{(A-1)}$$

Die Vektoren der Stranggrößen von Stator und Rotor sind

$$(u_S) = \begin{bmatrix} u_{S1} \\ u_{S2} \\ u_{S3} \end{bmatrix}, \quad (i_S) = \begin{bmatrix} i_{S1} \\ i_{S2} \\ i_{S3} \end{bmatrix}, \quad (u_R) = \begin{bmatrix} u_{R1} \\ u_{R2} \\ u_{R3} \end{bmatrix}, \quad (i_R) = \begin{bmatrix} i_{R1} \\ i_{R2} \\ i_{R3} \end{bmatrix} . \qquad \text{(A-2)}$$

Die Widerstantsmatrizen enthalten bei Vernachlässigung der Einflüsse von Stromverdrängung und Temperatur als Elemente konstante Strangwiderstände R_S und R_R :

$$(R_S) = \begin{bmatrix} R_S & & \\ & R_S & \\ & & R_S \end{bmatrix}, \quad (R_R) = \begin{bmatrix} R_R & & \\ & R_R & \\ & & R_R \end{bmatrix} . \qquad \text{(A-3)}$$

Die Induktivitätsmatrizen sind bei Annahme einer Grundwellenmaschine und Vernachlässigung von Sättigungseinflüssen des Eisens in Luftspaltfeldinduktivitäten (L) und Nut- und Stirnfeldinduktivitäten (S) unterteilt:

$$(L_{SS}) = L_S \begin{array}{|c|c|c|} \hline 1 + \sigma_{Sii} & -\frac{1}{2} + \sigma_{Sik} & -\frac{1}{2} + \sigma_{Sik} \\ \hline -\frac{1}{2} + \sigma_{Sik} & 1 + \sigma_{Sii} & -\frac{1}{2} + \sigma_{Sik} \\ \hline -\frac{1}{2} + \sigma_{Sik} & -\frac{1}{2} + \sigma_{Sik} & 1 + \sigma_{Sii} \\ \hline \end{array} \qquad \text{(A-4)}$$

$$L_S = \frac{4 \mu_0 \, l \tau_p}{\pi^2 \, p \, \delta''} (w_S \xi_{S1})^2$$

$$\sigma_{Sii} = \sum_{\nu=2}^{\infty} \left(\frac{\xi_{S\nu}}{\nu \xi_{S1}} \right)^2$$

$$\sigma_{Sik} = \sum_{\nu=2}^{\infty} \left(\frac{\xi_{S\nu}}{\nu \xi_{S1}} \right)^2 \cos \nu \frac{2\pi}{3}$$

Oberwellenverkettungs-Koeff. d. Luftspaltfeldes

$$\xi_{S\nu} = \frac{\sin(\nu q_S \alpha_{nS}/2)}{q_S \sin(\nu \alpha_{nS}/2)} \sin \nu \frac{\pi}{2} \frac{s_S}{\tau_p} \sin^2 \nu \frac{\pi}{2}$$

$$q_S = \frac{N_S}{6 p}$$

$$\alpha_{nS} = \frac{2 p \pi}{N_S}$$

p ist die Polpaarzahl, τ_p die Polteilung, l die aktive Länge, δ'' der Nutung und magnetische Spannung im Eisen pauschal berücksichtigende Ersatzluftspalt der Maschine, N_S die Statornutenzahl, w_S die Strangwindungszahl (Reihenschaltung aller Windungen vorausgesetzt), s_S die Spulenweite und s_S/τ_p die Sehnung der Statorwicklung.

(L_{RR}) ist analog zu (L_{SS}) aufgebaut (Index S ist durch Index R zu ersetzen).

$$(L_{SR}) = L_{SR} \begin{pmatrix} \cos\gamma & \cos(\gamma+2\pi/3) & \cos(\gamma+4\pi/3) \\ \cos(\gamma+4\pi/3) & \cos\gamma & \cos(\gamma+2\pi/3) \\ \cos(\gamma+2\pi/3) & \cos(\gamma+4\pi/3) & \cos\gamma \end{pmatrix} \qquad \text{(A-5)}$$

$$L_{SR} = \frac{4\,\mu_0\, l\,\tau_p}{\pi^2\, p\, \delta''}\, w_S \xi_{S1}\, w_R \xi_{R1}\, \chi_1$$

$$\chi_1 = \frac{\sin\rho}{\rho}$$

ρ ist der elektrische Schrägungswinkel von Stator oder Rotor ($\rho \neq 0$ und $\chi_1 < 1$, wenn Stator- oder Rotornuten geschrägt).

$$(S_S) = \begin{pmatrix} S_{Sii} & S_{Sik} & S_{Sik} \\ S_{Sik} & S_{Sii} & S_{Sik} \\ S_{Sik} & S_{Sik} & S_{Sii} \end{pmatrix} \qquad \text{(A-6)}$$

S_{Sii} ist die Nut- und Stirnfeldeigeninduktivität eines Statorstrangs und S_{Sik} die Nut- und Stirnfeldwechselinduktivität zwischen zwei Statorsträngen.

(S_R) ist analog zu (S_S) aufgebaut (Index S ist durch Index R zu ersetzen).

Die aufgeführten Induktivitätsmatrizen sind alle zyklisch, (L_{SS}), (L_{RR}), (S_S) und (S_R) zusätzlich auch noch symmetrisch.

Die innere mechanische Leistung und das innere Drehmoment der Maschine gewinnt man aus einer L e i s t u n g s b i l a n z . Zunächst schreibt man das Spannungsgleichungssystem (A-1) in Hypermatrizenform

$$(u) = (R)\,(i) + \frac{d}{dt}\left\{(L)\,(i)\right\} \quad . \qquad \text{(A-7)}$$

Daraus resultiert der Zeitwert der gesamten von der Maschine aufgenommenen elektrischen Leistung

$$P_{el} \equiv (i)^T(u) = (i)^T(R)\,(i) + (i)^T \frac{d}{dt}\left\{(L)\,(i)\right\} \quad . \qquad \text{(A-8)}$$

Spaltet man von diesem Ausdruck die Stromwärmeverluste

$$P_v = (i)^T (R)\,(i) \tag{A-9}$$

ab, dann bleibt die Summe aus innerer mechanischer Leistung und Änderung der gespeicherten magnetischen Energie pro Zeiteinheit übrig:

$$P_{mechi} + \frac{dW_m}{dt} = (i)^T \frac{d}{dt}\{(L)\,(i)\} \quad . \tag{A-10}$$

Setzt man den für die magnetische Energie geltenden Ausdruck

$$W_m = \frac{1}{2}\,(i)^T (L)\,(i) \tag{A-11}$$

in (A-10) ein, dann ergibt sich für die innere mechanische Leistung

$$P_{mechi} = \frac{1}{2}\,(i)^T \frac{d\,(L)}{dt}\,(i) \quad . \tag{A-12}$$

Aus

$$P_{mechi} = \frac{1}{p}\,\dot{\gamma} M_{i1} \tag{A-13}$$

folgt dann mit (A-12) für das i n n e r e D r e h m o m e n t

$$M_{i1} = \frac{p}{2}\,(i)^T \frac{d\,(L)}{d\gamma}\,(i) \quad . \tag{A-14}$$

Durch Einsetzen von (i) und (L) gemäß (A-1) erhält man daraus

$$M_{i1} = p\,(i_S)^T \frac{d\,(L_{SR})}{d\gamma}\,(i_R) \quad .$$

Die m e c h a n i s c h e G l e i c h u n g lautet dann bei Annahme eines starren mechanischen Verbands

$$M_{i1} = \frac{1}{p}\,J\ddot{\gamma} + M_L \quad . \tag{A-15}$$

J bedeutet das axiale Trägheitsmoment des gesamten Antriebs und M_L das

Lastmoment der Arbeitsmaschine. In M_L kann man auch das Verlustmoment infolge Lagerreibung und Lüftung einbeziehen.

Die Systemgleichungen (A-1) und (A-15) mit (A-14) beschreiben das Verhalten des zugrundegelegten Modells der Drehstromasynchronmaschine vollständig. Die mathematische Handhabbarkeit ist jedoch wegen der vollbesetzten und zeitvarianten Systemmatrix (L) sehr schlecht. Da die Untermatrizen von (R) und (L) alle zyklisch und zum Teil zusätzlich noch symmetrisch sind, kann man jedoch eine geeignete Transformation finden, die das Gleichungssystem in eine einfacher handhabbare Form überführt.

Die hierfür geeignete Transformation der Systemgleichungen der Drehstromasynchronmaschine wird im folgenden erläutert. Die Spannungs- und Stromvariablen werden nach folgenden Vorschriften transformiert:

$$\begin{pmatrix}(u_S)\\(u_R)\end{pmatrix} = \begin{pmatrix}(C_S) & \\ & \frac{1}{\ddot{u}}(C_R)\end{pmatrix}\begin{pmatrix}(\underline{u}_S)\\(\underline{u}'_R)\end{pmatrix} , \qquad \text{(A-16)}$$

$$\begin{pmatrix}(i_S)\\(i_R)\end{pmatrix} = \begin{pmatrix}(C_S) & \\ & \ddot{u}\,(C_R)\end{pmatrix}\begin{pmatrix}(\underline{i}_S)\\(\underline{i}'_R)\end{pmatrix} . \qquad \text{(A-17)}$$

Die komplexen Transformationsmatrizen werden hier ohne Herleitung angegeben:

$$(C_S) = \frac{1}{\sqrt{3}}\begin{pmatrix}1 & 1 & 1\\ \underline{a}^2 & \underline{a} & 1\\ \underline{a} & \underline{a}^2 & 1\end{pmatrix}\begin{pmatrix}e^{-j\gamma_S} & & \\ & e^{j\gamma_S} & \\ & & 1\end{pmatrix} \qquad \text{(A-18)}$$

$$(C_R) = \frac{1}{\sqrt{3}}\begin{pmatrix}1 & 1 & 1\\ \underline{a}^2 & \underline{a} & 1\\ \underline{a} & \underline{a}^2 & 1\end{pmatrix}\begin{pmatrix}e^{-j\gamma_R} & & \\ & e^{j\gamma_R} & \\ & & 1\end{pmatrix} \qquad \text{(A-19)}$$

$$\underline{ü} = \frac{w_S\, \xi_{S1}}{w_R\, \xi_{R1}} \frac{1}{\chi_1}$$

$$\underline{a} = e^{j\,2\pi/3} \quad .$$

Die Bedeutung der Winkel γ_S und γ_R ist Bild 1.1 zu entnehmen. Die beiden Matrizen (C_S) und (C_R) sind unitär, so daß für die Inversen gilt

$$(C_S)^{-1} = (C_S)^{*T} \quad , \qquad (C_R)^{-1} = (C_R)^{*T} \quad . \tag{A-20}$$

Damit lassen sich auch leicht die Umkehrungen der Transformationsbeziehungen (A-16) und (A-17) gewinnen. Da die Transformation leistungsinvariant ist, muß für die durch (A-8) definierte aufgenommene elektrische Leistung gelten:

$$P_{el} \equiv (i)^T(u) = (\underline{i})^{*T}(\underline{u}) \tag{A-21}$$

oder

$$P_{el} \equiv (i_S)^T(u_S) + (i_R)^T(u_R) = (\underline{i}_S)^{*T}(\underline{u}_S) + (\underline{i}'_R)^{*T}(\underline{u}'_R) \quad . \tag{A-22}$$

Die durch die Transformationen (A-16) , (A-17) entstandenen neuen Variablen sind folgendermaßen definiert:

$$(\underline{u}_S) = \begin{bmatrix} \underline{u}_{S1} \\ \underline{u}^*_{S1} \\ u_{So} \end{bmatrix}, \quad (\underline{i}_S) = \begin{bmatrix} \underline{i}_{S1} \\ \underline{i}^*_{S1} \\ i_{So} \end{bmatrix}, \quad (\underline{u}'_R) = \begin{bmatrix} \underline{u}'_{R1} \\ \underline{u}'^*_{R1} \\ u'_{Ro} \end{bmatrix}, \quad (\underline{i}'_R) = \begin{bmatrix} \underline{i}'_{R1} \\ \underline{i}'^*_{R1} \\ i'_{Ro} \end{bmatrix} \tag{A-23}$$

In sämtlichen Vektoren ist das zweite Element gleich dem konjugiert komplexen ersten Element, das als R a u m z e i g e r bezeichnet wird. Das dritte Element sämtlicher Vektoren ist reell und wird N u l l k o m p o n e n t e genannt. Die Umkehrung von (A-16) und (A-17) liefert den Zusammenhang zwischen den Raumzeigern bzw. den Nullkomponenten und den Stranggrößen:

$$\left.\begin{aligned}
\underline{u}_{S1} &= \frac{1}{\sqrt{3}}(u_{S1} + \underline{a}\,u_{S2} + \underline{a}^2\,u_{S3})\,e^{j\gamma_S} \\
\underline{i}_{S1} &= \frac{1}{\sqrt{3}}(i_{S1} + \underline{a}\,i_{S2} + \underline{a}^2\,i_{S3})\,e^{j\gamma_S} \\
\underline{u}'_{R1} &= \frac{ü}{\sqrt{3}}(u_{R1} + \underline{a}\,u_{R2} + \underline{a}^2\,u_{R3})\,e^{j\gamma_R} \\
\underline{i}'_{R1} &= \frac{1}{ü\sqrt{3}}(i_{R1} + \underline{a}\,i_{R2} + \underline{a}^2\,i_{R3})\,e^{j\gamma_R}
\end{aligned}\right\} \qquad \text{(A-24)}$$

$$\left.\begin{aligned}
u_{So} &= \frac{1}{\sqrt{3}}(u_{S1} + u_{S2} + u_{S3}) \\
i_{So} &= \frac{1}{\sqrt{3}}(i_{S1} + i_{S2} + i_{S3}) \\
u'_{Ro} &= \frac{ü}{\sqrt{3}}(u_{R1} + u_{R2} + u_{R3}) \\
i'_{Ro} &= \frac{1}{ü\sqrt{3}}(i_{R1} + i_{R2} + i_{R3}) \quad .
\end{aligned}\right\} \qquad \text{(A-25)}$$

Jedes beliebige dreiphasige Spannungs- oder Stromsystem wird somit durch einen Raumzeiger und eine Nullkomponente vollständig und eindeutig beschrieben. In vielen praktischen Fällen verschwinden die Nullkomponenten. Mit den Variablen (A-23) erhält die aufgenommene elektrische Leistung nach (A-22) die Form

$$P_{el} = 2\,\mathrm{Re}\left\{\underline{i}^*_{S1}\,\underline{u}_{S1}\right\} + i_{So}\,u_{So} + 2\,\mathrm{Re}\left\{\underline{i}'^*_{R1}\,\underline{u}'_{R1}\right\} + i'_{Ro}\,u'_{Ro} \quad .$$

Ersetzt man die Spannungen und Ströme in dem Gleichungssystem (A-1) durch (A-16) und (A-17) und führt man dabei noch Raumzeiger und Nullkomponenten der Flüsse ein, dann ergibt sich das t r a n s f o r m i e r t e S p a n n u n g s g l e i - c h u n g s s y s t e m:

$$\begin{bmatrix}(\underline{u}_S)\\ (\underline{u}'_R)\end{bmatrix} = \begin{bmatrix}(R_S) & \\ & \ddot{u}^2 (R_R)\end{bmatrix}\begin{bmatrix}(\underline{i}_S)\\ (\underline{i}'_R)\end{bmatrix} + \begin{bmatrix}(\underline{F}_S) & \\ & (\underline{F}_R)\end{bmatrix}\begin{bmatrix}(\underline{\Psi}_S)\\ (\underline{\Psi}'_R)\end{bmatrix} + \frac{d}{dt}\begin{bmatrix}(\underline{\Psi}_S)\\ (\underline{\Psi}'_R)\end{bmatrix} \qquad (A\text{-}26)$$

mit der Flußbeziehung

$$\begin{bmatrix}\underline{\Psi}_{S1}\\ \underline{\Psi}^*_{S1}\\ \Psi_{So}\\ \underline{\Psi}'_{R1}\\ \underline{\Psi}'^*_{R1}\\ \Psi'_{R0}\end{bmatrix} = \begin{bmatrix} L_{SS} & & & L_{Sh} & & \\ & L_{SS} & & & L_{Sh} & \\ & & L_{So} & & & \\ L_{Sh} & & & L'_{RR} & & \\ & L_{Sh} & & & L'_{RR} & \\ & & & & & L'_{Ro}\end{bmatrix}\begin{bmatrix}\underline{i}_{S1}\\ \underline{i}^*_{S1}\\ i_{So}\\ \underline{i}'_{R1}\\ \underline{i}'^*_{R1}\\ i'_{Ro}\end{bmatrix} \qquad (A\text{-}27)$$

und

$$(\underline{F}_S) = j\begin{bmatrix}-\dot{\gamma}_S & & \\ & \dot{\gamma}_S & \\ & & 0\end{bmatrix}, \quad (\underline{F}_R) = j\begin{bmatrix}-\dot{\gamma}_R & & \\ & \dot{\gamma}_R & \\ & & 0\end{bmatrix}. \qquad (A\text{-}28)$$

Die Elemente der zeitinvarianten und nicht mehr vollbesetzten transformierten Induktivitätsmatrix nach (A-27) können aus den Elementen der ursprünglichen Induktivitätsmatrix nach (A-1) ermittelt werden:

$$L_{SS} = L_{Sh} + L_{S\sigma}$$

$$L_{Sh} = \frac{3}{2} L_S = \frac{6\,\mu_o\, l\tau_p}{\pi^2\, p\, \delta''}\,(w_S\, \xi_{S1})^2$$

$$L_{S\sigma} = S_{Sii} - S_{Sik} + \sigma_{OS}\, L_{Sh}$$

$$\sigma_{OS} = \frac{2}{3}\,(\sigma_{Sii} - \sigma_{Sik}) = \sum_{\nu=2}^{\infty}\left(\frac{\xi_{S\nu}}{\nu\xi_{S1}}\right)^2 \frac{2}{3}\,(1 - \cos\nu\,\frac{2\pi}{3})$$

$$L'_{RR} = L_{Sh} + L'_{R\sigma}$$

$$L'_{R\sigma} = \ddot{u}^2\,(S_{Rii} - S_{Rik}) + \frac{\sigma_{OR}}{\chi_1^{\,2}}\,L_{Sh} + \frac{1-\chi_1^{\,2}}{\chi_1^{\,2}}\,L_{Sh}$$

$$\sigma_{OR} = \frac{2}{3}\,(\sigma_{Rii} - \sigma_{Rik}) = \sum_{\nu=2}^{\infty}\left(\frac{\xi_{R\nu}}{\nu\xi_{R1}}\right)^2 \frac{2}{3}\,(1-\cos\nu\,\frac{2\pi}{3})$$

$$L_{So} = S_{Sii} + 2\,S_{Sik} + \sigma_{OSo}\,L_{Sh}$$

$$\sigma_{OSo} = \frac{2}{3}\,(\sigma_{Sii} + 2\,\sigma_{Sik}) = \sum_{\nu=2}^{\infty}\left(\frac{\xi_{S\nu}}{\nu\xi_{S1}}\right)^2 \frac{2}{3}\,(1 + 2\cos\nu\,\frac{2\pi}{3})$$

$$L'_{Ro} = \ddot{u}^2\,(S_{Rii} + 2\,S_{Rik}) + \frac{\sigma_{ORo}}{\chi_1^{\,2}}\,L_{Sh}$$

$$\sigma_{ORo} = \frac{2}{3}\,(\sigma_{Rii} + 2\,\sigma_{Rik}) = \sum_{\nu=2}^{\infty}\left(\frac{\xi_{R\nu}}{\nu\xi_{R1}}\right)^2 \frac{2}{3}\,(1+2\cos\nu\,\frac{2\pi}{3})$$

L_{Sh} ist die statorbezogene Hauptinduktivität, $L_{S\sigma}$ die Statorstreuinduktivität und $L'_{R\sigma}$ die auf den Stator umgerechnete Rotorstreuinduktivität. Die mit σ_{O} ... bezeichneten Ziffern bestimmen den Anteil der räumlichen Harmonischen des Luftspaltfelds an den Streu- und Nullinduktivitäten.

Das transformierte Spannungsgleichungssystem (A-26) kann wegen des Aufbaus der Vektoren (A-23) auf vier Gleichungen reduziert werden:

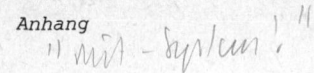

"mit -System"

$$\begin{pmatrix} \underline{u}_{S1} \\ u_{So} \\ \underline{u}'_{R1} \\ u'_{Ro} \end{pmatrix} = \begin{pmatrix} R_S & & & \\ & R_S & & \\ & & R'_R & \\ & & & R'_R \end{pmatrix} \begin{pmatrix} \underline{i}_{S1} \\ i_{So} \\ \underline{i}'_{R1} \\ i'_{Ro} \end{pmatrix} + j \begin{pmatrix} -\dot{\gamma}_S & & & \\ & 0 & & \\ & & -\dot{\gamma}_R & \\ & & & 0 \end{pmatrix} \begin{pmatrix} \underline{\psi}_{S1} \\ \psi_{So} \\ \underline{\psi}'_{R1} \\ \psi'_{Ro} \end{pmatrix} + \begin{pmatrix} \underline{\dot{\psi}}_{S1} \\ \dot{\psi}_{So} \\ \underline{\dot{\psi}}'_{R1} \\ \dot{\psi}'_{Ro} \end{pmatrix}, \quad (A-29)$$

mit

$$\begin{pmatrix} \underline{\psi}_{S1} \\ \psi_{So} \\ \underline{\psi}'_{R1} \\ \psi'_{Ro} \end{pmatrix} = \begin{pmatrix} L_{SS} & & L_{Sh} & \\ & L_{So} & & \\ L_{Sh} & & L'_{RR} & \\ & & & L'_{Ro} \end{pmatrix} \begin{pmatrix} \underline{i}_{S1} \\ i_{So} \\ \underline{i}'_{R1} \\ i'_{Ro} \end{pmatrix} \quad (A-30)$$

und

$$R'_R = \ddot{u}^2 R_R \quad .$$

Das **i n n e r e D r e h m o m e n t** nach (A-14) nimmt, wenn man die Ströme gemäß (A-17) durch die transformierten Ströme ersetzt, folgende einfache Form an:

$$M_{i1} = 2 p L_{Sh} \operatorname{Im} \{\underline{i}_{S1} \underline{i}'^{*}_{R1}\} \quad . \quad (A-31)$$

Durch die Transformation ist es gelungen, die Systemgleichungen der Drehstromasynchronmaschine in eine wesentlich besser mathematisch handhabbare Form zu überführen. Einer Erläuterung bedarf noch die Frage nach der **W a h l d e s B e z u g s s y s t e m s**. Die Bezugsachse kann durch beliebige Vorgabe eines der beiden Winkel γ_S, γ_R festgelegt werden, der andere bestimmt sich dann aus der Beziehung

$$\gamma_R - \gamma_S = \gamma \quad .$$

In dem transformierten Spannungsgleichungssystem (A-26) oder (A-29) kann man zwischen transformatorischen und rotatorischen Spannungen unterscheiden. Wählt man $\gamma_S = 0$, dann verschwindet die rotatorische Spannung im Stator, bei $\gamma_R = 0$ verschwindet sie im Rotor. Die Wahl der Bezugsachse beeinflußt auch die Transformationsmatrizen (A-18), (A-19). Im Fall $\gamma_S = 0$ werden die Statorspannungen und -ströme und im Fall $\gamma_R = 0$ die Rotorspannungen und -ströme zeitinvariant transformiert. Liegt ein symmetrisches sinusförmiges System vor, dann verschwindet die Nullkomponente und der Raumzeiger nimmt gemäß (A-24) eine besonders einfache Form an, wie folgendes Beispiel zeigt. Mit

$$\begin{bmatrix} u_{S1} \\ u_{S2} \\ u_{S3} \end{bmatrix} = \sqrt{2}\, U_S \begin{bmatrix} \cos \omega_S t \\ \cos(\omega_S t - 2\pi/3) \\ \cos(\omega_S t - 4\pi/3) \end{bmatrix}$$

erhält man den Raumzeiger

$$\underline{u}_{S1} = \sqrt{\tfrac{3}{2}}\, U_S\, e^{j(\omega_S t + \gamma_S)} \quad ,$$

der bei statorfester Bezugsachse ($\gamma_S = 0$) in der komplexen Ebene als Ortskurve einen Kreis mit der Winkelgeschwindigkeit ω_S beschreibt und bei rotorfester Bezugsachse ($\gamma_R = 0$) einen Kreis mit der Winkelgeschwindigkeit $\omega_S - \dot{\gamma}$. Wählt man $\gamma_S = -\omega_S t$, also eine mit ω_S relativ zum Stator umlaufende Bezugsachse, dann wird der Raumzeiger zeitlich konstant. Bei Annahme kurzgeschlossener Rotorwicklung und konstanter Drehzahl ($\dot{\gamma}$ = const) resultiert dann aus (A-29) ein System zweier linearer Differentialgleichungen mit konstanten Koeffizienten und für den stationären Zustand die beiden Gleichungen

$$\underline{u}_{S1} = R_S\, \underline{i}_{S1} + j\,\omega_S\, \underline{\Psi}_{S1}$$

$$0 = R'_R\, \underline{i}'_{R1} + j\,(\omega_S - \dot{\gamma})\, \underline{\Psi}'_{R1} \quad ,$$

die zusammen mit (A-30) zu dem bekannten Ersatzschaltbild der Drehstromasynchronmaschine führen.

Ist ein Wicklungssystem im Stern geschaltet und der Sternpunkt nicht angeschlossen, dann verschwindet die Nullkomponente des Stroms und gemäß (A-29) auch die Nullkomponente der Spannung. Bei Dreieckschaltung verschwindet die Nullkomponente der Spannung und gemäß (A-29) auch die Nullkomponente des Stroms. Die jeweils aus der Nullkomponentengleichung von (A-29) resultierende Bedingung ist an die Voraussetzung einer Grundwellenmaschine gebunden und deshalb im praktischen Fall experimentell nicht exakt verifizierbar.

Ist die Drehstrommaschine mit einem K u r z s c h l u ß l ä u f e r ausgestattet, dann gilt unter der Voraussetzung einer Grundwellenmaschine ebenfalls das transformierte Spannungsgleichungssystem (A-26) oder (A-29), wobei im Rotor keine Nullkomponenten auftreten können. R'_R und $L'_{R\sigma}$ sind dann nach folgenden Beziehungen aus den Daten des Käfigläufers zu ermitteln:

$$R'_R = \frac{3\,(w_S\,\xi_{S1})^2}{N_R\,(1/2)^2\,\chi_1^2}\left[\frac{R_r}{2\sin^2(\alpha_{nR}/2)} + R_s\right]$$

$$\alpha_{nR} = \frac{2\,p\pi}{N_R}$$

$$L'_{R\sigma} = \frac{3\,(w_S\,\xi_{S1})^2}{N_R(1/2)^2\,\chi_1^2}\left[\frac{L_r}{2\sin^2(\alpha_{nR}/2)} + L_s\right] + \sigma_{ORK}L_{Sh}$$

$$\sigma_{ORK} = \frac{1 - \left(\dfrac{\sin\alpha_{nR}/2}{\alpha_{nR}/2}\,\chi_1\right)^2}{\left(\dfrac{\sin\alpha_{nR}/2}{\alpha_{nR}/2}\,\chi_1\right)^2}.$$

N_R ist die Rotornutenzahl. R_r und L_r sind Widerstand und Induktivität eines Kurzschlußringstückes zwischen zwei benachbarten Stäben. R_s und L_s sind Widerstand und Induktivität eines Stabes. Die Maschen- oder Ringströme der Käfigwicklung können nach folgender Beziehung aus dem Rotorstromraumzeiger gewonnen werden:

$$i_{Rk} = \frac{2\,\ddot{u}_k}{\sqrt{N_R}}\,\mathrm{Re}\left\{ \underline{a}_R^{-(k-1)\,p}\ \underline{i}'_{R1}\ e^{-j\,\gamma_R} \right\}$$

$$k = 1, 2, 3, \ldots, N_R$$

$$\ddot{u}_k = \frac{3\,w_S\,\xi_{S1}}{\sqrt{3\,N_R}\ \sin(p\pi/N_R)}\,\frac{1}{\chi_1}$$

$$\underline{a}_R = e^{j\,2\pi/N_R} \quad .$$

Die Rotorbezugsachse, gegen die γ gemessen wird, halbiert den durch die Stäbe der Masche $k = 1$ gebildeten Winkel. Die weitere Zählung der Käfigmaschen erfolge in mathematisch positivem Sinn.

Im folgenden wird ein Zusammenhang zwischen dem Magnetisierungsstromraumzeiger und dem Luftspaltfeld hergeleitet. Beim Schleifringläufermotor kann man mit den Strangströmen die Felderregerkurven sämtlicher Stränge von Stator und Rotor in Abhängigkeit vom elektrischen Umfangswinkel α (vergl. Bild 1.1) und der Zeit angeben. Bei Beschränkung auf die 1. Harmonischen erhält man:

$$\begin{bmatrix} v_{S1} \\ v_{S2} \\ v_{S3} \end{bmatrix} = \frac{2\,w_S\,\xi_{S1}}{p\pi} \begin{bmatrix} i_{S1}\,\cos\alpha \\ i_{S2}\,\cos(\alpha - 2\pi/3) \\ i_{S3}\,\cos(\alpha - 4\pi/3) \end{bmatrix} \qquad \text{(A-32)}$$

$$\begin{bmatrix} v_{R1} \\ v_{R2} \\ v_{R3} \end{bmatrix} = \frac{2\,w_R\,\xi_{R1}}{p\pi} \begin{bmatrix} i_{R1}\,\cos(\alpha - \gamma) \\ i_{R2}\,\cos(\alpha - \gamma - 2\pi/3) \\ i_{R3}\,\cos(\alpha - \gamma - 4\pi/3) \end{bmatrix} \qquad \text{(A-33)}$$

Die resultierende Felderregerkurve

$$v = v_{S1} + v_{S2} + v_{S3} + v_{R1} + v_{R2} + v_{R3}$$

führt durch Umformung zu dem Ausdruck

$$v = \sqrt{3}\, \frac{w_S \xi_{S1}}{p\pi}\, 2 \,\mathrm{Re} \left\{ (\underline{i}_{S1} + \underline{i}'_{R1})\, e^{-j(\alpha + \gamma_S)} \right\} .$$

Mit der Definition des M a g n e t i s i e r u n g s s t r o m r a u m z e i g e r s

$$\underline{i}_\mu = \underline{i}_{S1} + \underline{i}'_{R1} \tag{A-34}$$

folgt

$$v = \sqrt{3}\, \frac{w_S \xi_{S1}}{p\pi}\, 2 \,\mathrm{Re} \left\{ \underline{i}_\mu\, e^{-j(\alpha + \gamma_S)} \right\}$$

und daraus die L u f t s p a l t i n d u k t i o n

$$B(\alpha, t) = \sqrt{3}\, \mu_0\, \frac{w_S \xi_{S1}}{p\, \pi\, \delta''}\, 2 \,\mathrm{Re} \left\{ \underline{i}_\mu\, e^{-j(\alpha + \gamma_S)} \right\} . \tag{A-35}$$

Wählt man im Falle symmetrischer sinusförmiger Speisung und stationären Betriebs bei kurzgeschlossenem Rotor eine mit ω_S relativ zum Stator umlaufende Bezugsachse ($\gamma_S = -\omega_S t$), dann werden - wie in obigem Beispiel erläutert - die Stromraumzeiger $\underline{i}_{S1}$ und $\underline{i}'_{R1}$ und damit auch der Magnetisierungsstromraumzeiger $\underline{i}_\mu$ zeitlich konstant. $B(\alpha, t)$ beschreibt dann eine räumlich sinusförmige mit ω_S relativ zum Stator umlaufende Induktionswelle (Kreisdrehfeld).

2. Systemgleichungen der Drehstromsynchronmaschine mit Schenkelpolen

Das in Bild 4.1 dargestellte zweipolige Synchronmaschinenmodell wird durch folgendes in Matrizenform angegebene S p a n n u n g s g l e i c h u n g s s y s t e m mathematisch beschrieben:

$$\begin{bmatrix} (u_S) \\ u_f \\ 0 \\ 0 \end{bmatrix} = \begin{bmatrix} (R_S) & & & \\ & R_f & & \\ & & R_{Dd} & \\ & & & R_{Dq} \end{bmatrix} \begin{bmatrix} (i_S) \\ i_f \\ i_{Dd} \\ i_{Dq} \end{bmatrix} + \frac{d}{dt} \left\{ \begin{bmatrix} (L_{SS})+(S_S) & (L_{Sf}) & (L_{SDd}) & (L_{SDq}) \\ (L_{Sf})^T & L_{ff} & L_{fDd} & \\ (L_{SDd})^T & L_{fDd} & L_{Dd} & \\ (L_{SDq})^T & & & L_{Dq} \end{bmatrix} \begin{bmatrix} (i_S) \\ i_f \\ i_{Dd} \\ i_{Dq} \end{bmatrix} \right\} \tag{A-36}$$

Die Vektoren der Statorgrößen (u_S), (i_S) sowie die Widerstandsmatrix (R_S) und die Induktivitätsmatrix (S_S) sind wie bei der Drehstromasynchronmaschine definiert. Für die Luftspaltfeldinduktivitäten werden folgende Ansätze benutzt:

$$(L_{SS}) = L_{SA} \begin{bmatrix} 1 + \sigma_{Sii} & -\frac{1}{2} + \sigma_{Sik} & -\frac{1}{2} + \sigma_{Sik} \\ -\frac{1}{2} + \sigma_{Sik} & 1 + \sigma_{Sii} & -\frac{1}{2} + \sigma_{Sik} \\ -\frac{1}{2} + \sigma_{Sik} & -\frac{1}{2} + \sigma_{Sik} & 1 + \sigma_{Sii} \end{bmatrix} +$$

$$L_{SB} \begin{bmatrix} \cos 2\gamma & \cos(2\gamma - \frac{2\pi}{3}) & \cos(2\gamma - \frac{4\pi}{3}) \\ \cos(2\gamma - \frac{2\pi}{3}) & \cos(2\gamma - \frac{4\pi}{3}) & \cos 2\gamma \\ \cos(2\gamma - \frac{4\pi}{3}) & \cos 2\gamma & \cos(2\gamma - \frac{2\pi}{3}) \end{bmatrix}$$

σ_{Sii}, σ_{Sik} sind analog zur Asynchronmaschine definiert.

$$L_{SA} = \frac{2}{3} \cdot \frac{1}{2} (L_{hd} + L_{hq})$$

$$L_{SB} = \frac{2}{3} \cdot \frac{1}{2} (L_{hd} - L_{hq})$$

Die beiden Hauptinduktivitäten L_{hd}, L_{hq} lassen sich über sog. Feldfaktoren mit der Hauptinduktivität L_{Sh} verbinden, die wie bei der Asynchronmaschine für den Minimalluftspalt $\delta'' = \delta''_{min}$ der Synchronmaschine zu berechnen ist:

$$L_{hd} = c_d \, L_{Sh} \quad , \quad L_{hq} = c_q \, L_{Sh} \quad .$$

Für die Feldfaktoren gilt

$$c_q < c_d < 1 \quad .$$

$$(L_{Sf}) = \frac{1}{ü_f} \frac{2}{3} L_{hd} \begin{bmatrix} \cos \gamma \\ \cos(\gamma - \frac{2\pi}{3}) \\ \cos(\gamma - \frac{4\pi}{3}) \end{bmatrix} ,$$

$$(L_{SDd}) = \frac{1}{ü_{Dd}} \frac{2}{3} L_{hd} \begin{bmatrix} \cos \gamma \\ \cos(\gamma - \frac{2\pi}{3}) \\ \cos(\gamma - \frac{4\pi}{3}) \end{bmatrix} ,$$

$$(L_{SDq}) = -\frac{1}{ü_{Dq}} \frac{2}{3} L_{hq} \begin{bmatrix} \sin \gamma \\ \sin(\gamma - \frac{2\pi}{3}) \\ \sin(\gamma - \frac{4\pi}{3}) \end{bmatrix} .$$

Die Übersetzungsverhältnisse $ü_f$, $ü_{Dd}$, $ü_{Dq}$ lauten mit den jeweiligen wirksamen Windungszahlen:

$$ü_f = \frac{w_S \, \xi_{S1}}{w_f \, \xi_{f1}} \quad , \quad ü_{Dd} = \frac{w_S \, \xi_{S1}}{w_{Dd} \, \xi_{Dd1}} \quad , \quad ü_{Dq} \quad \frac{w_S \, \xi_{S1}}{w_{Dq} \, \xi_{Dq1}} \quad .$$

Das i n n e r e D r e h m o m e n t wird nach (A-14)

$$M_{i1} = \frac{p}{2}\,(i_S)^T \,\frac{d\,(L_{SS})}{d\gamma}\,(i_S) + p\,(i_S)^T\,\frac{d\,(L_{Sf})}{d\gamma}\,i_f \quad +$$

$$p\,(i_S)^T\,\frac{d(L_{SDd})}{d\gamma}\,i_{Dd} + p\,(i_S)^T\,\frac{d\,(L_{SDq})}{d\gamma}\,i_{Dq} \quad . \tag{A-37}$$

Der erste Term ist das bei konstantem Luftspalt verschwindende Reaktionsmoment, der zweite das normale synchrone Drehmoment und der dritte und vierte Term beschreiben das von der Dämpferwicklung bewirkte Drehmoment (asynchrones Drehmoment).

Auf die Spannungen und Ströme des Originalsystems wird folgende leistungsinvariante Transformation angewandt:

$$\begin{pmatrix} (u_S) \\ u_f \\ 0 \\ 0 \end{pmatrix} = \begin{pmatrix} (C_S)\,(K) & & & \\ & \sqrt{\frac{2}{3}}\,\frac{1}{\ddot{u}_f\,\ddot{u}_{fDd}} & & \\ & & \sqrt{\frac{2}{3}}\,\frac{1}{\ddot{u}_{Dd}\,\ddot{u}_{fDd}} & \\ & & & \sqrt{\frac{2}{3}}\,\frac{1}{\ddot{u}_{Dq}} \end{pmatrix} \begin{pmatrix} (\bar{u}_S) \\ u''_f \\ 0 \\ 0 \end{pmatrix} \tag{A-38}$$

$$\begin{pmatrix} (i_S) \\ i_f \\ i_{Dd} \\ i_{Dq} \end{pmatrix} = \begin{pmatrix} (C_S)\,(K) & & & \\ & \sqrt{\frac{3}{2}}\,\ddot{u}_f\,\ddot{u}_{fDd} & & \\ & & \sqrt{\frac{3}{2}}\,\ddot{u}_{Dd}\,\ddot{u}_{fDd} & \\ & & & \sqrt{\frac{3}{2}}\,\ddot{u}_{Dq} \end{pmatrix} \begin{pmatrix} (\bar{i}_S) \\ i''_f \\ i''_{Dd} \\ i''_{Dq} \end{pmatrix} \tag{A-39}$$

$$\ddot{u}_{fDd} = \frac{2}{3}\,\frac{L_{hd}}{\ddot{u}_f\,\ddot{u}_{Dd}\,L_{fDd}} < 1$$

(C_S) nach (A-18) mit $\gamma_S = -\gamma$

$$(K) = \frac{1}{\sqrt{2}} \begin{pmatrix} 1 & j & 0 \\ 1 & -j & 0 \\ 0 & 0 & \sqrt{2} \end{pmatrix}$$

Die resultierende reelle Transformationsmatrix $(C_S)\,(K)$ ist orthogonal:

$$(C_S)\,(K) = \sqrt{\frac{2}{3}} \begin{pmatrix} \cos\gamma & -\sin\gamma & \frac{1}{\sqrt{2}} \\ \cos(\gamma - \frac{2\pi}{3}) & -\sin(\gamma - \frac{2\pi}{3}) & \frac{1}{\sqrt{2}} \\ \cos(\gamma - \frac{4\pi}{3}) & -\sin(\gamma - \frac{4\pi}{3}) & \frac{1}{\sqrt{2}} \end{pmatrix}$$

$$\left[(C_S)\,(K)\right]^{-1} = \left[(C_S)\,(K)\right]^{T} \quad .$$

Die durch die Transformationen (A-38), (A-39) entstandenen neuen Statorvariablen sind

$$(\bar{u}_S) = \begin{pmatrix} u_d \\ u_q \\ u_o \end{pmatrix} , \qquad (\bar{i}_S) = \begin{pmatrix} i_d \\ i_q \\ i_o \end{pmatrix} ,$$

wobei u_o und i_o die bereits von der Asynchronmaschine her bekannten Nullkomponenten sind. Mit Hilfe der Transformationen (A-38), (A-39) wird das Originalspannungsgleichungssystem (A-36) in das folgende transformierte Spannungsgleichungssystem überführt:

$$\begin{bmatrix} u_d \\ u_q \\ u_o \\ u_f'' \\ 0 \\ 0 \end{bmatrix} = \begin{bmatrix} R_S & & & & & \\ & R_S & & & & \\ & & R_S & & & \\ & & & R_f'' & & \\ & & & & R_{Dd}'' & \\ & & & & & R_{Dq}'' \end{bmatrix} \begin{bmatrix} i_d \\ i_q \\ i_o \\ i_f'' \\ i_{Dd}'' \\ i_{Dq}'' \end{bmatrix} + \begin{bmatrix} -\dot{\gamma}\psi_q \\ \dot{\gamma}\psi_d \\ 0 \\ 0 \\ 0 \\ 0 \end{bmatrix} + \begin{bmatrix} \dot{\psi}_d \\ \dot{\psi}_q \\ \dot{\psi}_o \\ \dot{\psi}_f'' \\ \dot{\psi}_{Dd}'' \\ \dot{\psi}_{Dq}'' \end{bmatrix} \quad (A-40)$$

$$\begin{bmatrix} \psi_d \\ \psi_q \\ \psi_o \\ \psi_f'' \\ \psi_{Dd}'' \\ \psi_{Dq}'' \end{bmatrix} = \begin{bmatrix} L_d & & & L_{hd}' & L_{hd}' & \\ & L_q & & & & L_{hq} \\ & & L_{So} & & & \\ L_{hd}' & & & L_{ff}'' & L_{hd}' & \\ L_{hd}' & & & L_{hd}' & L_{Dd}'' & \\ & L_{hq} & & & & L_{Dq}'' \end{bmatrix} \begin{bmatrix} i_d \\ i_q \\ i_o \\ i_f'' \\ i_{Dd}'' \\ i_{Dq}'' \end{bmatrix} \quad (A-41)$$

$L_d = L_{hd} + L_{S\sigma}$

$L_q = L_{hq} + L_{S\sigma}$

$L_{S\sigma}$, Statorstreuinduktivität

$L_{hd}' = ü_{fDd} L_{hd}$

$R_f'' = \frac{3}{2} ü_f^2 ü_{fDd}^2 R_f \quad , \quad L_{ff}'' = \frac{3}{2} ü_f^2 ü_{fDd}^2 L_{ff}$

$$R''_{Dd} = \frac{3}{2}\,\ddot{u}^2_{Dd}\,\ddot{u}^2_{fDd}\,R_{Dd} \quad , \quad L''_{Dd} = \frac{3}{2}\,\ddot{u}^2_{Dd}\,\ddot{u}^2_{fDd}\,L_{Dd}$$

$$R''_{Dq} = \frac{3}{2}\,\ddot{u}^2_{Dq}\,R_{Dq} \quad , \quad L''_{Dq} = \frac{3}{2}\,\ddot{u}^2_{Dq}\,L_{Dq}$$

L_{So} , analog zur Asynchronmaschine definiert

Das innere Drehmoment (A-37) erhält durch Anwendung der Transformation (A-39) die einfache Form

$$M_{i1} = p\,(\Psi_d\,i_q - \Psi_q\,i_d) \quad . \tag{A-42}$$

Die Gleichungen (A-40) , (A-41) und (A-42) liefern zusammen mit der mechanischen Gleichung (A-15) die vollständige mathematische Beschreibung des Snynchronmaschinenmodells. Abweichungen vom Verhalten realer Maschinen können auftreten, da Sättigungseinflüsse, Temperatureinflüsse und Stromverdrängungseffekte nicht berücksichtigt sind und die Ersatzdämpferwicklung die wirklichen Dämpfungsverhältnisse nur näherungsweise wiedergibt.

Literaturverzeichnis

[1.1] Blaschke, F.: Das Verfahren der Feldorientierung zur Regelung der Drehfeldmaschine, Dissertation T.U. Braunschweig 1973.

[1.2] Hasse, K.: Drehzahlregelverfahren für schnelle Umkehrantriebe mit stromrichtergespeisten Asynchron-Kurzschlußläufermotoren, Regelungstechnik 20 (1972), S. 60 - 66.

[1.3] Abraham, L.: Verfahren zur Steuerung des von einer Asynchronmaschine abgegebenen Drehmoments, Deutsches Patentamt, Patentschrift 1563228 (Anmeldung 1966).

[1.4] Späth, H.: Elektrische Maschinen, Hochschultext Springer-Verlag, Berlin, Heidelberg, New York 1973.

[1.5] Langweiler, F. u. Richter, M.: Flußerfassung in Asynchronmaschinen, Siemens-Zeitschrift 45 (1971), S. 768 - 771.

[1.6] Sawaki, N. u. Sato, N.: Steady - State and Stability Analysis of Induction Motor Driven by Current Source Inverter, IEEE Transactions on Industry Applications Vol IA - 13 (1977), S.244 - 253.

[1.7] Nguyen Trong, T.: Theoretische Untersuchung des Schwingungsverhaltens der Drehstromasynchronmaschine bei Spannungs- und bei Stromspeisung, Diplomarbeit Nr. 657 (1977), Elektrotechnisches Institut Universität Karlsruhe.

[1.8] Blaschke, F. u. Böhm, K.: Verfahren der Felderfassung bei der Regelung stromrichtergespeister Asynchronmaschinen, IFAC Symposium Düsseldorf 1974, Reprints S. 635 - 649.

[1.9] Schnabel, P.: Flußerfassung in Drehfeldmaschinen, Diplomarbeit Nr. 621 (1973), Elektrotechnisches Institut Universität Karlsruhe.

[1.10] Garcés, L. J.: Ein Verfahren zur Parameteranpassung bei der Drehzahlregelung der umrichtergespeisten Käfigläufermaschine, Dissertation T.H. Darmstadt 1979.

[1.11] Gabriel, R.: Verfahren und Vorrichtung zum Bestimmen der Läuferzeitkonstanten einer feldorientierten Drehfeldmaschine, Deutsches Patentamt Patentanmeldung DPA P 3130692.6, 3.8.1981

[1.12] Flügel, W.: Steuerung des Flusses von umrichtergespeisten Asynchronmaschinen über Entkopplungsnetzwerke, etz-Archiv (1979), S. 347 - 350.

[1.13] Mäder, G.: Regelung einer Asynchronmaschine unter alleiniger Verwendung an den Klemmen meßbarer Größen, Dissertation T.H. Darmstadt 1979

[1.14] Gabriel, R., Leonhard, W. u. Nordby, C.: Regelung der stromrichtergespeisten Drehstrom-Asynchronmaschine mit einem Mikrorechner, Regelungstechnik 27 (1979), S. 379 - 386.

[1.15] Schröder, D.: Selbstgeführter Stromrichter mit Phasenfolgelöschung und eingeprägtem Strom, ETZ-A 96 (1975), S. 520 - 523.

[1.16] Schönung, A. u. Stemmler, H.: Geregelter Drehstrom-Umkehrantrieb mit gesteuertem Umrichter nach dem Unterschwingungsverfahren, BBC-Nachrichten 46 (1964), S. 699 - 721.

[1.17] Müller, E. u. Ricke, F.: Die Auswirkung verschiedener Steuertechniken des Unterschwingungsverfahrens auf die Wechselrichter-Ausgangsspannung, Brown Boveri Mitt. 60 (1973), S. 35 - 44.

[1.18] Blaschke, F. u. Bayer, K.-H.: Die Stabilität der Feldorientierten Regelung von Asynchronmaschinen, Siemens Forsch.- u. Entwickl.-Ber. 7 (1978), S. 77 - 81.

[1.19] Benzing, R.: Über den Einfluß von spannungseinprägenden Pulsumrichtern auf den Betrieb von Käfigläufermotoren, Dissertation T.H. Darmstadt 1978.

[2.1] Zwicky, R.: Systematik regelbarer Antriebe mit Induktionsmaschinen, Informationstagung des SEV u. 46. Tagung der SGA über Geregelte Drehstromantriebe ETH Zürich 1979, Tagungsband S. 55 - 70.

[2.2] Bellomi, A.: Theoretische Untersuchung über die Stabilität der doppeltgespeisten Asynchronmaschine, Diplomarbeit Nr. 724 (1981) Elektrotechnisches Institut Universität Karlsruhe.

[2.3] Prescott, J. C. Raju, B. P.: The inherent instability of induction motors under conditions of double supply, The Institution of Electrical Engineers, Monograph No. 282 U (1958), S. 319 - 329.

[2.4] Mansell, A.D. u. Power, H.M.: Stabilisation of double-fed slip-ring machines using the datum-shift method, IEE Proc. 127 Pt. B (1980), S. 293 - 298.

[2.5] Zimmermann, P.: Über- und untersynchrone Stromrichterkaskade als schneller Regelantrieb, Dissertation T.H. Darmstadt 1979.

[2.6] Läuger, A.: The commutatorless DC-motor with three-phase current excitation, IFAC Symposium Düsseldorf 1977, Pergamon Press, S. 619 - 627.

[2.7] Stemmler, H.: Wirk- und Blindleistungsregelung von Netzkupplungsumformern 50 / 16 2/3 Hz mit Umrichterkaskade, Neue Technik 1974, S. 215 - 227.

[2.8] Leonhard, W.: Regelung in der elektrischen Energieversorgung, Teubner Studienbücher, Stuttgart 1980.

[4.1] Jones, C.V.: The unified theory of electrical machines, Butterworth London 1967.

[4.2] Canay, M.: Ersatzschemata der Synchronmaschine sowie Vorausberechnung der Kenngrößen mit Beispielen, Dissertation ETH Lausanne 1968.

[4.3] Salzmann, Th.: Geregelte Drehstrommaschinen am Direktumrichter, Informationstagung des SEV u. 46. Tagung der SGA über Geregelte Drehstromantriebe ETH Zürich 1979 Tagungsband S. 71 - 87.

[4.4] Leimgruber, J.: Untersuchung des stationären und dynamischen Verhaltens drehzahlgeregelter Stromrichter-Synchronmotoren unter Berücksichtigung verschiedener Regelverfahren Dissertation ETH Zürich 1977.

[4.5] Panicke, J. u. Gölz, G.: Untersuchung des Betriebsverhaltens der stromrichtergespeisten Synchronmaschine am praxisbezogenen Rechenmodell, Wiss. Ber. AEG-Telefunken 51 (1978), S. 47 - 55.

[4.6] Leder, H.-W.: Untersuchung des mit verstellbarem Durchflutungswinkel und konstanter Erregerspannung betriebenen Stromrichtermotors Dissertation Universität Karlsruhe 1979.

[4.7] Saupe, R.: Die Drehzahlgeregelte Synchronmaschine - optimaler Leistungsfaktor durch Einsatz einer Schonzeitregelung etz 102 (1981), S. 14 - 18.

Namen- und Sachverzeichnis

Abkürzungen: DAM , Drehstromasynchronmaschine mit Kurzschlußläufer

DDM , doppeltgespeiste Drehstrommaschine

DDMD, doppeltgespeiste Drehstrommaschine mit Dämpferwicklung

DSM , Drehstromsynchronmaschine mit Schenkelpolen und Dämpferwicklung